Python Web 自动化测试

入门与实战

杨定佳　编著

清華大學出版社
北京

内 容 简 介

本书由一线测试工程师结合工作实践精心编撰。全书基于 Python 语言，从环境搭建、基础知识、常用框架、项目实战、持续集成等方面详细介绍了 Web 自动化测试的必备知识。全书共三篇 14 章，第一篇（第 1~第 7 章）为基础篇，介绍 Python 语言基础、Selenium 和 WebDriver 的使用以及两个流行的单元测试框架 UnitTest 和 Pytest；第二篇（第 8 章~第 10 章）为实践篇，主要以数据驱动模型和 PO 模型为例介绍自动化测试项目的流程和应用；第三篇（第 11 章~第 14 章）为卓异篇，介绍了测试人员如何拓展自己的知识面、提高项目代码质量的建议以及一些与自动化测试相关的面试题。

本书技术先进，通俗易懂，示例丰富，特别适合于想入行自动化测试岗位的初学者和在校学生，也适合掌握了一定的测试基础知识希望快速提升实战能力的读者使用。

图书在版编目（CIP）数据

Python Web 自动化测试入门与实战 / 杨定佳编著.—北京：清华大学出版社，2020.5 (2025.2重印)
ISBN 978-7-302-55295-6

Ⅰ.①P… Ⅱ.①杨… Ⅲ.①软件工具—自动检测 Ⅳ.①TP311.561

中国版本图书馆 CIP 数据核字（2020）第 056504 号

责任编辑：王金柱
封面设计：王 翔
责任校对：闫秀华
责任印制：杨 艳
出版发行：清华大学出版社
网 址：https://www.tup.com.cn, https://www.wqxuetang.com
地 址：北京清华大学学研大厦 A 座 邮 编：100084
社 总 机：010-83470000 邮 购：010-62786544
投稿与读者服务：010-62776969，c-service@tup.tsinghua.edu.cn
质 量 反 馈：010-62772015，zhiliang@tup.tsinghua.edu.cn
印 装 者：三河市君旺印务有限公司
经 销：全国新华书店
开 本：190mm×260mm **印 张**：21.5 **字 数**：550 千字
版 次：2020 年 6 月第 1 版 **印 次**：2025 年 2 月第 4 次印刷
定 价：79.00 元

产品编号：087970-01

前　　言

随着互联网的快速发展，软件研发模型越来越完善，软件质量也越来越受到各公司的重视，在这种情况下，软件测试技术特别是自动化测试技术在产品研发过程中扮演了极为重要的角色。自动化测试能够快速、全面地对软件进行测试，从而在保证产品质量的前提下进行软件的快速迭代。与此同时，软件测试岗位吸引了大量从业者。本书正是为满足初入自动化测试行业的从业者的需求而精心编撰。

本书基于 Python 语言编写，对于 Web 自动化测试相关技术做了整体详细的介绍，从基础到提升、从理论到实践、从单个知识点到项目运用，既可以让读者快速上手又能够运用于实际项目，从而提高读者的实战技能。

本书结构

本书内容分为 3 大篇，共计 14 章。各部分内容概述如下：

基础篇（第 1 章~第 7 章）——自动化测试基础知识。本篇主要讲述自动化测试人员需要掌握的基本知识，从代码使用层面进行介绍，包括 Python 基础、WebDriver API 的使用及单元测试框架等知识。

第 1 章~第 3 章是自动化测试的入门知识。第 1 章为开始自动化工作前的准备工作——环境搭建。第 2 章和第 3 章分别介绍 Python 的使用和 WebDriver API 的使用，掌握了基础内容就可以写一些简单的自动化测试脚本。

第 4 章~第 7 章是在学习完第 1 章~第 3 章入门知识后的进阶知识。第 4 章和第 6 章分别介绍了经常使用的两种单元测试框架 UnitTest 和 Pytest，学完单元测试框架便可以对项目有个基本的构思。第 5 章介绍 Selenium Grid 测试的分布式执行。第 7 章介绍了 Python 的一些常用模块。

基础篇主要是为自动化测试实践运用打下牢固的基础，适合初学自动化测试的人员学习。

实践篇（第 8 章~第 10 章）——自动化测试项目实战。

实践篇是在掌握了基础篇的基本知识后，在自动化测试项目的应用。从项目层面进行介绍，以数据驱动模型和 PO 模型为基础进行实战练习，然后对其进行持续集成。

第 8 章使用数据驱动模型，从项目解析、框架搭建、用例组织、数据操作等几个方面进行介绍，主要使读者对数据驱动模型有一个认识，这是在实际项目中经常使用的一个模型。

第 9 章使用 PO 模型，通过一个简单的后台管理系统从项目解析、框架搭建、常用结构封装、页面封装、用例组织、生成测试报告等几个方面进行介绍。很多公司在项目中都会以 PO 模型为基础，混合数据驱动模型和其他的一些方式进行项目操作，建议读者对本章内容进行深入学习。

第 10 章介绍了目前最流行的持续集成工具 Jenkins，对第 9 章产生的项目测试脚本进行持续集成，从项目创建、任务定时、邮件发送等几个方面进行实战应用。

本篇属于项目实战篇，适合具有一定基础的自动化测试人员学习。学完实践篇读者会对项目解析、自动化框架搭建、模块封装、用例组织、测试报告生成和持续集成有一定程度的认知，由此便可以在中小型项目上进行实际操作。

卓异篇（第 11 章~第 14 章）——拓展知识面并提高项目质量。

卓异篇主要用来提高读者的知识面，一个完整的自动化测试项目不只是写好测试脚本，还需要一些辅助的知识技能，本篇将介绍 6 种测试模型、如何写一手高质量的代码和以 GitHub 为例讲解 Git 的基本使用，此外，还介绍了一些初级测试人员求职必备的面试题。

第 11 章介绍的是 6 种基本自动化测试模型，即线性模型、模块化驱动模型、数据驱动模型、混合驱动模型、关键字驱动模型及行为驱动模型。

第 12 章介绍如何提高自己的编码质量，从编码规范、项目层次结构、个人学习几个方面进行说明。

第 13 章介绍了一个开源的分布式版本控制系统 Git，并以 GitHub 为例介绍 Git 命令的使用。

第 14 章精选了一些常见的自动化测试经典面试题，涵盖 Python、Selenium 和开放性三个方面，以帮助有求职需求的读者应对面试。

卓异篇旨在拓展知识，不仅适合自动化测试人员，对于从事测试工作的从业者也同样适合。

本书特色

本书的特点主要体现在以下几方面：

- 内容编排循序渐进，从基础知识、框架到项目应用，针对 Web 自动化测试新手量身打造。
- 知识点全面，涵盖了 Web 自动化测试体系中的大部分知识点。从基础知识到框架结构、持续集成等都进行了讲解。
- 理论与应用结合，知识点讲解中整合了许多示例进行演示说明。
- 技术新，本书所讲解的知识都是目前比较流行的，用到的技术比较新。
- 代码丰富，实用性和系统性较强。
- 实例代码开源，参考附录可获取开发示例源码。
- 项目实战应用，学完基础知识，可以在项目中进行实战练习，即学即用，迅速获得项目经验。
- 结合笔者实际经验进行示例讲解。
- 扩展性，学完本书后不但会运用本书技术还能够写出高质量的代码，并应对求职面试。

目标读者

本书主要适合以下读者：

- 希望进入自动化测试行业的初学者和在校学生。
- 有一定基础希望提升自己的测试从业者。
- 培训机构学员。

本书资源下载

本书配书资源可以扫描下面的二维码下载：

如果在下载过程中遇到问题，可发送邮件至 booksaga@126.com 获得帮助，邮件标题为“Python Web 自动化测试入门与实战”。

希望读者通过阅读本书都能够快速进入 Web 自动化测试领域，对 Web 自动化测试有一个清晰地理解，并且具备承担 Web 自动化测试开发的能力。

由于编者水平所限，书中难免存在错误或解释不到位的地方，恳请广大读者批评指正。

tynam

2019 年 12 月

目　录

第一篇　基础篇

第二篇 实践篇

第三篇 卓异篇

第一篇　基础篇

第1章

学习环境的搭建

在软件研发过程中，无论是程序开发、程序测试还是运维，在使用之前都需要做一些准备工作，确保接下来的工作可以顺利进行。当然在软件自动化测试过程中也需要做同样的准备工作——环境搭建。因为本书是基于 Python 语言讲解，所以本章在介绍自动化测试中使用的 Selenium 库的基础上还重点介绍 Python 语言的安装，最后介绍流行的 Python 编辑器 PyCharm。环境搭建成功后会使用一个简单的实例进行演示，以使读者了解真实的 Web 自动化测试项目的工作流程。

1.1　环境搭建

环境搭建是开始一个项目之前准备工作的一部分，任何项目的开始都需要做好准备工作，以确保后续工作的顺利展开。本节主要介绍自动化测试常用库 Selenium 和 Python 的概念及其安装。

1.1.1 Selenium 简介

1. Selenium Suite

Selenium 是一个用于 Web 系统自动化测试的工具集，现在所说的 Selenium 通常是指 Selenium Suite，其包含 Selenium IDE、Selenium WebDriver 和 Selenium Grid 三部分。

- Selenium IDE：Selenium IDE 是一个 Firefox 插件，可以根据用户的基本操作自动录制脚本，然后在浏览器中进行回放。
- Selenium WebDriver：WebDriver 的前身是 Selenium RC，其可以直接给浏览器发送命令模拟用户的操作。Selenium RC 为 WebDriver 的核心部分，它可以使用编程语言如 Java、C#、PHP、Python、Ruby 和 Perld 的强大功能来创建更复杂的测试。Selenium RC 分为 ClientLibraries（编写测试脚本）和 Selenium Server（控制浏览器行为）两部分。
- Selenium Grid：Selenium Grid 是一个用于运行在不同的机器、不同的浏览器并行测试的工具，用于加快测试用例的运行速度。

2. Selenium 的历史

Selenium 发展至今一共发行了三个版本，分别是 Selenium 1.0、Selenium 2.0 和 Selenium 3.0。Selenium 1.0 由 Selenium Grid、Selenium IDE 和 Selenium RC 组成，如图 1-1 所示。

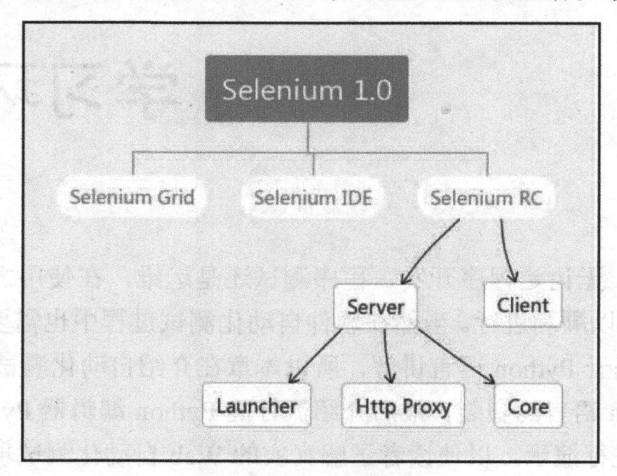

图 1-1 Selenium 1.0 组成

2007 年，WebDriver 诞生。WebDriver 的设计理念是将端到端的测试与底层具体的测试工具隔离，并采用设计模式 Adapter 适配器来达到目标。

2009 年，Selenium RC 和 WebDriver 合并组成了 Selenium 2.0，简称 Selenium WebDriver，其主要特性是将 WebDriver API 集成进 Selenium RC。

Selenium 3.0 移除了原有的 Selenium Core 的实现部分，并且 Selenium RC 的 API 也被去掉，如图 1-2 所示。我们所说的 Selenium WebDriver 指的就是 Selenium 3.0。

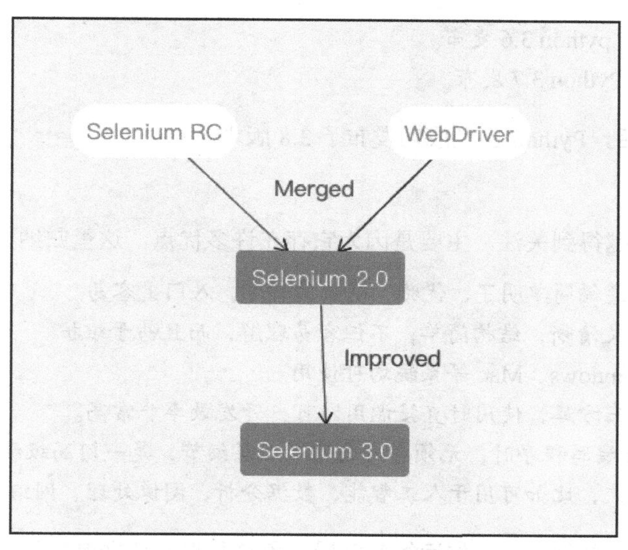

图 1-2　Selenium 3.0 发展历史

3. Selenium 的特点

Selenium 主要有以下特点：

- 开源，免费。
- 多浏览器支持：可支持 Firefox、Chrome、IE、Opera、Edge、Android 手机浏览器等。
- 多平台支持：可支持 Linux、Windows、MAC、Andriod 等系统。
- 多语言支持：可支持 Java、Python、Ruby、C#、JavaScript 编程语言等。

由于 Selenium 的上述特点，其在软件自动化测试工作中得到了广泛的应用，已经成为软件测试人员的必备工具。

1.1.2　Python 简介

Python 是一种高级程序设计语言，是一种解释型、面向对象、动态数据类型的语言，具有很强的可读性，其显著的特点是比其他语言完成相同的任务代码量最少。比如，打印一句“hello world”，C 语言需要写 4 行代码，Java 需要 4 行，而 Python 只需要 1 行。

1. 历史

Python 从 1989 年构思到现在已经有 30 多年的历史了，这中间也发布过许多版本：

- 1989 年，吉多·范罗苏姆将自己的构思开始实现，写出 Python 的雏形。
- 1991 年 2 月，Python 代码对外公布，此时版本为 0.9.0。
- 1994 年 1 月，Python 1.0 正式发布。
- 2000 年，Python 2.0 发布。
- 2008 年 12 月，Python 3.0 正式发布。
- 2010 年 7 月，Python 2.7 发布。

- 2016 年 12 月，python 3.6 发布。
- 2018 年 6 月，Python 3.7 发布。

在笔者完成本书后，Python 已经成功发布了 3.8 版本。

2. 特点

如今 Python 越来越得到关注，主要是因为它存在许多优点，这里归纳如下：

- 语言在设计上遵循简单明了、优雅、明确的哲学，入门更容易。
- Python 代码定义清晰，结构简单，不但容易理解，而且易于维护。
- 跨平台，在 Windows、Mac 等系统均可使用。
- 拥有丰富的第三方库，使用时直接调用即可，开发效率非常高。
- 在使用 Python 编写程序时，无须考虑内存等底层细节，是一门高级编程语言。
- 适用领域比较广，比如可用于人工智能、数据分析、图像处理、网络服务、爬虫开发等。

当然 Python 也有它的缺点，比如运行速度慢（和 C 程序相比非常慢），因为 Python 是解释型语言，执行时需要先翻译成 CPU 能理解的机器码，而翻译过程非常耗时，所以导致运行速度很慢。

但瑕不掩瑜，对于测试人员来说，Python 还是一门非常值得学习的语言。

3. Python 解释器

当我们编写 Python 代码时，得到的是一个包含 Python 代码的以.py 为扩展名的文本文件。要运行代码，就需要 Python 解释器去执行.py 文件。

解释器，英文为 Interpreter，是一种计算机程序，能够把高级编程语言一行一行转译成计算机可以识别的机器码，然后再运行。解释器就像一个中间商，转译一行代码计算机运行一行代码，然后再转译下一行，再运行，如此不断地进行。因为 Python 是一种解释型语言，所以使用 Python 生成的.py 文件，运行时也就需要 Python 解释器。现在也存在许多种 Python 解释器，下面分别做一简要介绍。

（1）CPython

CPython 是官方版本解释器，也就是从 Python 官方网站上下载并安装好 Python 3.6 后直接获得的解释器。因为它是用 C 语言开发的，所以叫 CPython。在命令行中运行 Python 实际上就是启动 CPython 解释器，CPython 是使用最广泛的 Python 解释器。本书中所有代码都是在 CPython 下运行的。

（2）JPython

JPython 是运行在 Java 平台上的 Python 解释器，可以直接把 Python 编译成 Java 字节码执行。

（3）PyPy

PyPy 是另一个 Python 解释器，它的目标是提升 Python 语言的执行速度。PyPy 采用 JIT 技术，对 Python 代码进行动态编译（注意不是解释），所以可以显著提高 Python 代码的执行速度。绝大部分 Python 代码都可以在 PyPy 下运行，但是 PyPy 和 CPython 有一些是不同的，这就导致相同的 Python 代码在两种解释器下执行可能会有不同的结果。

（4）IronPython

IronPython 是运行在 Windows 系统.Net 平台上的 Python 解释器，可以直接把 Python 代码编译成.Net 的字节码。

1.1.3　Python 的安装

要使用 Python 语言编程，必须在自己的计算机上安装好 Python，下面介绍具体的安装步骤。

1. 下载

进入 Python 官网：https://www.python.org。

选择需要的系统环境，一共提供了三种环境：Source code（适用于 linux 系统）、Windows、Mac。如图 1-3 所示是 Python 支持的系统环境。

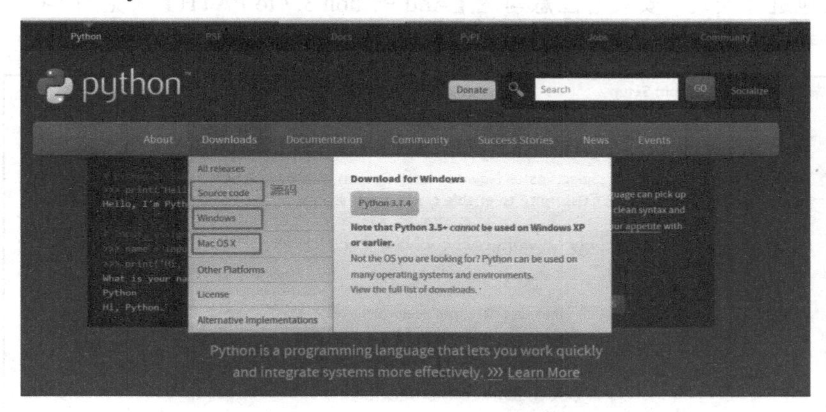

图 1-3　Python 支持的系统环境

选择要安装的 Python 版本，如图 1-4 所示。如果没有特殊要求建议选择最新版本，当前最新版本是 Python 3.7.4（如果项目需要也可以选择 Python 2.x 版本）。

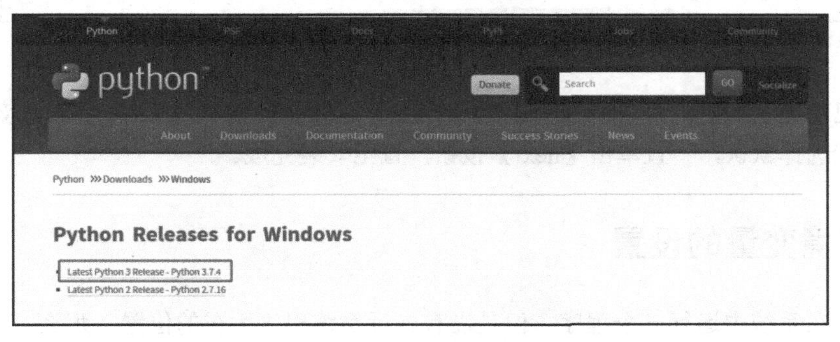

图 1-4　Python 版本选择

接下来选择 Python 安装包进行下载，如图 1-5 所示。如果没有特殊要求，建议选择 Windows x86-64 executable installer 包，因为它已经集成了 pip 和一些必要的库。如果是 Mac 平台，则选择 Mac OS X 64-bit/32-bit installer。将安装包下载到本地。

Files

Version	Operating System	Description	MD5 Sum	File Size	GPG
Gzipped source tarball	Source release		68111671e5b2db4aef7b9ab01bf0f9be	23017663	SIG
XZ compressed source tarball	Source release		d33e4aae66097051c2eca45ee3604803	17131432	SIG
macOS 64-bit/32-bit installer	Mac OS X	for Mac OS X 10.6 and later	6428b4fa7583daff1a442cba8cee08e6	34898416	SIG
macOS 64-bit installer	Mac OS X	for OS X 10.9 and later	5dd605c38217a45773bf5e4a936b241f	28082845	SIG
Windows help file	Windows		d63999573a2c06b2ac56cade6b4f7cd2	8131761	SIG
Windows x86-64 embeddable zip file	Windows	for AMD64/EM64T/x64	9b00c8cf6d9ec0b9abe83184a40729a2	7504391	SIG
Windows x86-64 executable installer	Windows	for AMD64/EM64T/x64	a702b4b0ad76debdb3043a583e563400	26680368	SIG
Windows x86-64 web-based installer	Windows	for AMD64/EM64T/x64	28cb1c608bbd73ae8e53a3bd351b4bd2	1362904	SIG
Windows x86 embeddable zip file	Windows		9fab3b81f8841879fda94133574139d8	6741626	SIG
Windows x86 executable installer	Windows		33cc602942a54446a3d6451476394789	25663848	SIG
Windows x86 web-based installer	Windows		1b670cfa5d317df82c30983ea371d87c	1324608	SIG

图 1-5　Python 安装包选择

2. 安装

双击安装包进行安装。安装时注意勾选【Add Python 3.7 to PATH】（见图 1-6），意思是添加 Python 到环境变量中，添加后可以在系统的任意目录中使用 Python。

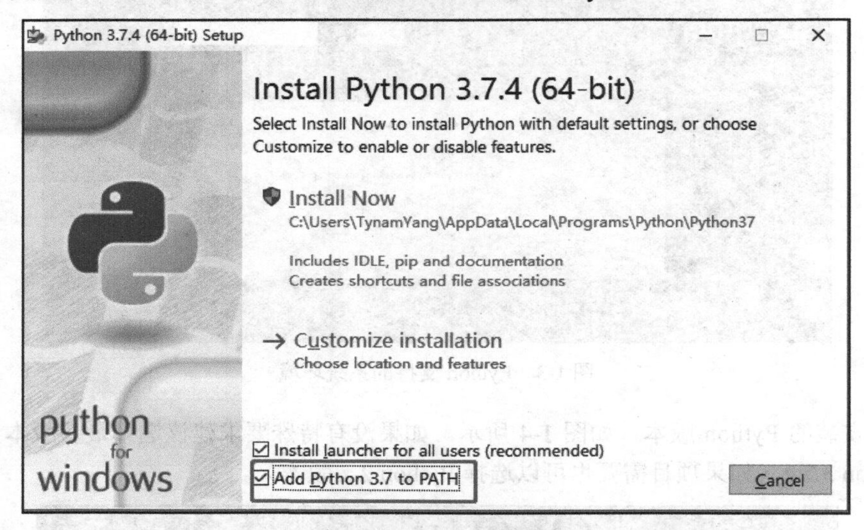

图 1-6　设置环境变量

如果忘记勾选了，需要手动进行环境变量的配置，具体步骤请参考 1.1.4 小节环境变量的设置。其余步骤选择默认，一直单击【next】按钮，直至安装完成。

1.1.4　环境变量的设置

当我们要在系统中运行一个程序，但是没有告诉系统程序所在的位置，那么，系统在运行程序时除了在当前目录下查找该程序外，还会在对应的 path 中指定的路径去查找，我们通过设置环境变量，可使系统在运行程序时能够找到该程序，从而运行进程。设置环境变量的具体步骤如下：

（1）选择【计算机】，右键单击，在打开的菜单中选择【属性】选项。

（2）单击【高级系统设置】选项，打开【系统属性】对话框。

（3）在【高级】选项卡中单击【环境变量】按钮，打开【环境变量】对话框。

（4）在【环境变量】对话框中选择【Path】，如图 1-7 所示。

（5）在对话框中单击【编辑】按钮，在路径后面添加英文分号“;”，分号后面添加 Python 安装的路径，如图 1-8 所示。

（6）单击【确定】按钮并进行保存。

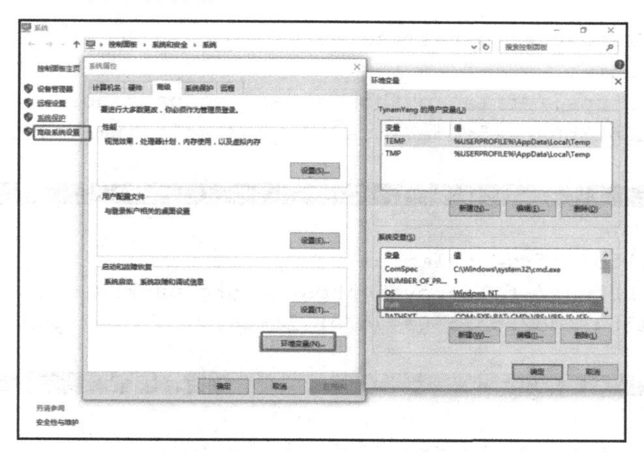

图 1-7　设置系统环境变量

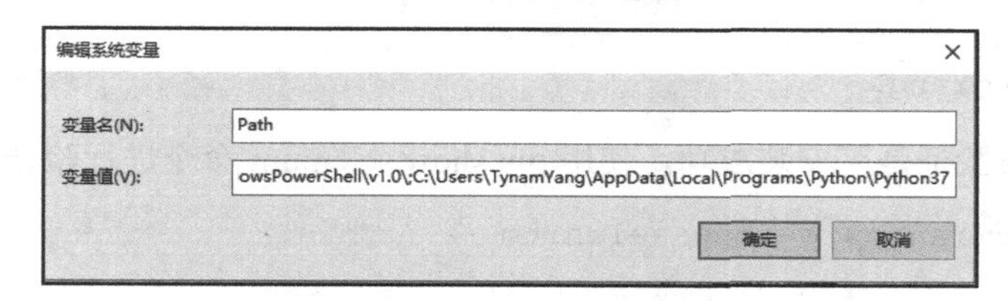

图 1-8　【编辑环境变量】对话框

环境变量配置完成后，需要验证 Python 是否安装成功，环境变量配置是否正确。

在计算机的开始菜单中单击【运行】，在打开的【运行】对话框中（或者使用快捷键“win+R”也可以进入【运行】对话框）输入“cmd”，在命令行窗口提示符下输入“python”后回车，如下所示：

```
    C:\Users\TyanmYang>python
    Python 3.7.4 (tags/v3.7.4:e09359112e, jul 8 2019, 20:34:47) [MSC v.1916 64 bit (AMD64)] on win32
    Type "help", "copyright", "credits" or "license" for more information.
    >>>
```

如果出现 Python 版本信息，则表示 Python 安装成功且环境变量配置成功。

1.1.5　Selenium 的安装

因为 Selenium 是 Python 的一个第三方包，所以需要通过 pip 命令进行安装。由于在 Python 安装中已经将 pip.exe 安装在 Python 的 scripts 路径下，因此可以直接使用 pip 包。

提 示

如果安装 Python 时没有安装 pip 包，则需要重新安装 pip 包，安装步骤请参考 7.4 节导入第三方库 pip。

在命令行窗口中输入 pip install selenium 命令安装 Selenium，如下所示：

```
    C:\Users\TyanmYang>pip install selenium
    Collecting selenium
      Downloading https://files.pythonhosted.org/packages/80/d6/4294f0b4bce4de
0abf13e17190289f9d0613b0a44e5dd6a7f5ca98459853/selenium-3.141.0-py2.py3-none-a
ny.whl (904kB)
        100% |████████████████████████████████
| 911kB 1.7MB/s
    Collecting urllib3 (from selenium)
      Downloading https://files.pythonhosted.org/packages/e6/60/247f23a7121ae6
32d62811ba7f27d75e58a94d329d51550a47d/urllib3-1.25.3-py2.py3-none-any.whl (150
kB)
        100% |████████████████████████████████
| 153kB 822kB/s
    Installing collected packages: urllib3, selenium
    Successfully installed selenium-3.141.0 urllib3-1.25.3

    C:\Users\TyanmYang>
```

安装完成后需要验证是否安装成功，使用 pip show selenium 命令进行验证，如下所示：

```
    C:\Users\TyanmYang>pip show selenium
    Name: selenium
    Version: 3.141.0
    Summary: Python bindings for Selenium
    Home-page: https://github.com/SeleniumHQ/selenium/
    Author: UNKNOWN
    Author-email: UNKNOWN
    License: Apache 2.0
    Location: c:\users\tynamyang\appdata\local\programs\python\python37\lib\si
te-packages
    Requires: urllib3
    Required-by:
    C:\Users\TyanmYang>
```

如果出现上述 Selenium 相关信息，则表示安装成功。

1.1.6 浏览器驱动的安装

只有安装了浏览器驱动才能使用 Selenium 发送指令模拟人类行为操作浏览器。注意，不同的浏览器需要安装各自的驱动，这里以 Chrome 浏览器为例安装 chromedriver.exe。

1. 查看 Chrome 版本

由于安装的 chromedriver.exe 版本需要和 Chrome 浏览器版本匹配，所以我们需要知道 Chrome 的版本。

从 Chrome 浏览器右上角的菜单中选择【关于 Google Chrome（G）】，查看浏览器的版本，如图 1-9 所示。

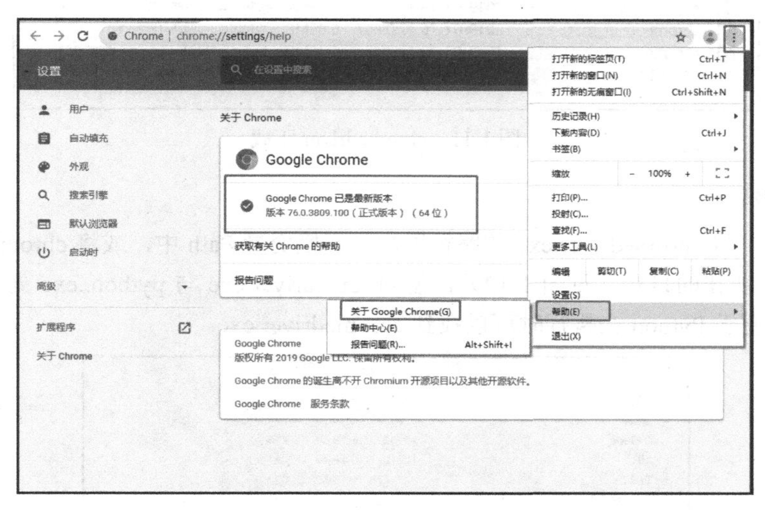

图 1-9　查看 Chrome 版本

从图 1-9 中可以得到 Chrome 的版本为 76.0.3809。

2. 下载 chromedriver.exe

进入 chromedriver 下载地址：https://chromedriver.storage.googleapis.com/index.html。如果访问失败可使用淘宝镜像地址：https://npm.taobao.org/mirrors/chromedriver/。选择对应的版本号进入，如图 1-10 所示。

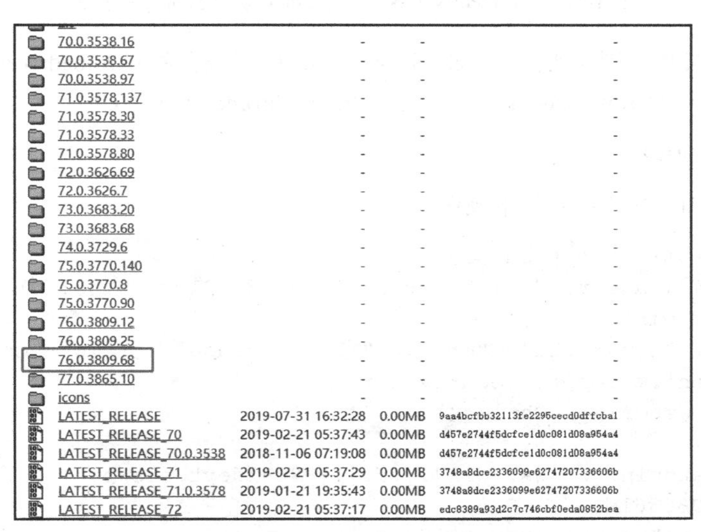

图 1-10　Chromedriver 版本号选择

根据自己的系统选择对应的 zip 文件进行下载，如图 1-11 所示。例如笔者的系统是 win32，则选择 chromedriver_win32.zip 下载。

Index of /76.0.3809.68/

Name	Last modified	Size	ETag
Parent Directory		-	
chromedriver_linux64.zip	2019-07-16 17:09:55	4.99MB	5886442a2710185db5b07c8bf42b2484
chromedriver_mac64.zip	2019-07-16 17:09:57	6.88MB	7370f0173e096e5a15f992b3ffae4501
chromedriver_win32.zip	2019-07-16 17:09:58	4.44MB	60cf267c91730fd926edc0340273c137
notes.txt	2019-07-16 17:10:02	0.00MB	1882d2b10afc33b9a42d8983e5778d6c

图 1-11　chromedriver 下载

3．配置环境

下载完成后，将 chromedriver.exe 的路径添加到环境变量 Path 中，或将 chromedriver.exe 移动至 Python 编辑器所在的目录（见图 1-12），使 chromedriver.exe 与 python..exe 处于同一目录下，这样做的目的是便于 Python 在执行时可以找到 chromedriver.exe。

名称	修改日期	类型	大小
DLLs	2018/7/16 19:31	文件夹	
Doc	2018/7/16 19:30	文件夹	
include	2018/7/16 19:30	文件夹	
Lib	2018/7/16 19:30	文件夹	
libs	2018/7/16 19:30	文件夹	
Scripts	2019/12/17 9:59	文件夹	
tcl	2018/7/16 19:31	文件夹	
Tools	2018/7/16 19:30	文件夹	
chromedriver.exe	2019/12/3 13:27	应用程序	8,629 KB
geckodriver.exe	2019/12/3 14:56	应用程序	3,483 KB
LICENSE.txt	2018/6/27 5:11	文本文档	30 KB
NEWS.txt	2018/6/27 5:11	文本文档	595 KB
python.exe	2018/6/27 5:08	应用程序	96 KB
python3.dll	2018/6/27 5:07	应用程序扩展	58 KB
python37.dll	2018/6/27 5:07	应用程序扩展	3,582 KB
pythonw.exe	2018/6/27 5:08	应用程序	94 KB
vcruntime140.dll	2018/6/27 5:02	应用程序扩展	85 KB

图 1-12　chromedriver.exe 与 python.exe 处于同一目录下

如果不想配置环境，则在实例化 webdriver.Chrome( )时需要将 chromedriver.exe 的路径作为参数传入，即 webdriver.Chrome(executable_path='./driver/chromedriver.exe')。

4．使用 WebDriver

打开命令行窗口，依次执行如下操作：

```
C:\Users\TyanmYang>python
Python 3.7.4 (tags/v3.7.4:e09359112e, jul 8 2019, 20:35:20) [MSC v.1916 64
bit (AMD64)] on win32
Type "help", "copyright", "credits" or "license" for more information.
>>>from selenium import webdriver
>>>driver = webdriver.Chrome()

DevTools listening on ws://127.0.0.1:49988/devtools/browser/ed29509f-10ea-
4567-8a12-9aa80066361d
>>>driver.get("https://www.baidu.com")
```

```
>>>driver.quit()
>>>
```

说明：

（1）输入“python”后进入到 Python 编译器。

（2）输入“from selenium import webdriver”后，系统不会有什么反应，因为只是导入 WebDriver，并没有实际性命令的发出。

（3）输入“driver = webdriver.Chrome()”后 Chrome 浏览器会启动，如图 1-13 所示。首次使用时会弹出防火墙提示，默认同意即可。

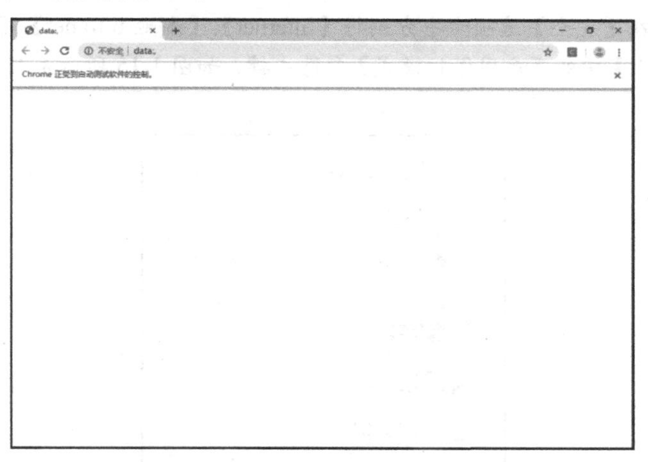

图 1-13　Chrome 浏览器启动

（4）输入“driver.get("https://www.baidu.com")”后浏览器打开了百度首页，如图 1-14 所示。

图 1-14　打开百度首页

（5）输入“driver.quit()”后关闭浏览器。

如果可以打开浏览器并且访问百度首页，则 chromedriver.exe 与所使用的浏览器版本匹配，说明安装成功。

5．其他浏览器驱动下载地址

在软件的自动化测试过程中，往往需要在当前流行的各个浏览器中都进行测试，为便于读者使用，这里列出两种常用的浏览器驱动的下载地址。

IE 浏览器驱动下载网址：http://www.nuget.org/packages/Selenium.WebDriver.IEDriver/。

注　意

在使用 IEDriver 时，即使环境变量、版本都正确，启动浏览器时还是会失败，这时需要检查浏览器是否开启了保护模式，如果是，请将其关闭。关闭方法是，进入 IE 浏览器的【Interent 选项】对话框，在【安全】选项卡中分别将【Internet】、【本地 Intranet】、【受信任的站点】和【受限制的站点】中的【启用保护模式】勾选去掉，如图 1-15 所示是 IE 浏览器关闭保护模式的示例。

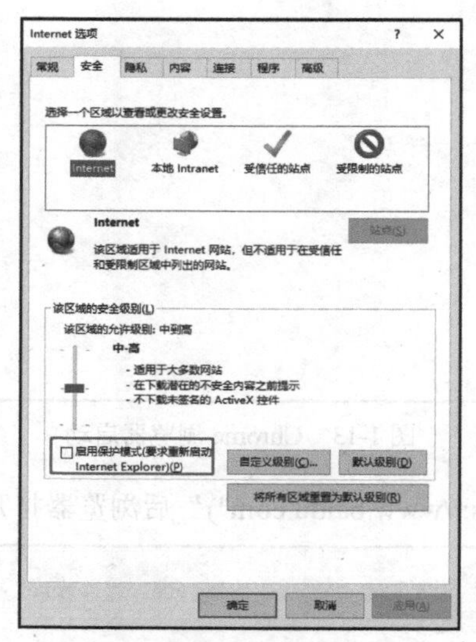

图 1-15　IE 浏览器关闭保护模式

Firefox 浏览器驱动的下载网址：https://github.com/mozilla/geckodriver/releases/。

1.1.7　PyCharm 的安装

PyCharm 是 JetBrains（一家捷克的软件开发公司）开发的一款 Python IDE，其提供了丰富的功能，可以帮助开发人员编写简洁且可维护的代码，提高工作效率，Python IDE 主要有以下优点：

- 智能 Python 辅助：包括智能代码补全、代码检查、实时错误高亮显示和快速修复。
- 版本控制系统整合：针对 Mercurial、Git、SVN、Perforce 和 CVS 等大多数版本控制系统的统一用户界面。
- 跨平台：支持 Windows、Mac OS X 和 Linux 平台。
- 能够与调试、测试、部署和数据库集成在一起。
- 界面可定制。

- 丰富的社区。

PyCharm 的具体安装步骤如下。

1．下载安装包

PyCharm 官网地址：http://www.jetbrains.com/pycharm/download/#section=windows。

进入 PyCharm 官网，根据自己计算机的操作系统选择下载安装包。以 Windows 系统社区版为例，如图 1-16 所示。

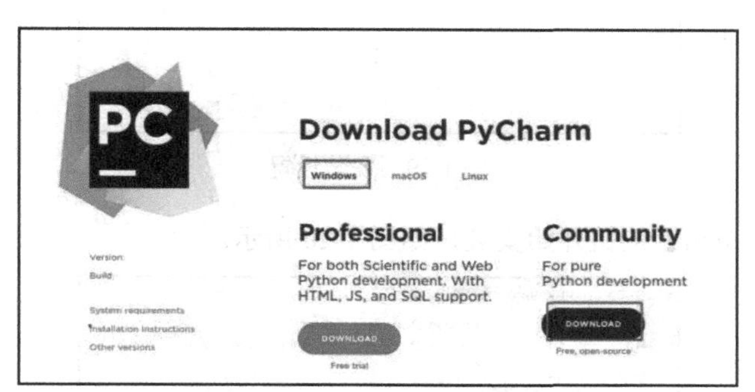

图 1-16　PyCharm 社区版选择

2．安装

双击 PyCharm 安装包进行安装。PyCharm 的安装包如图 1-17 所示。

图 1-17　PyCharm 安装包

选择安装路径后，单击【Next】按钮进入下一步，如图 1-18 所示。

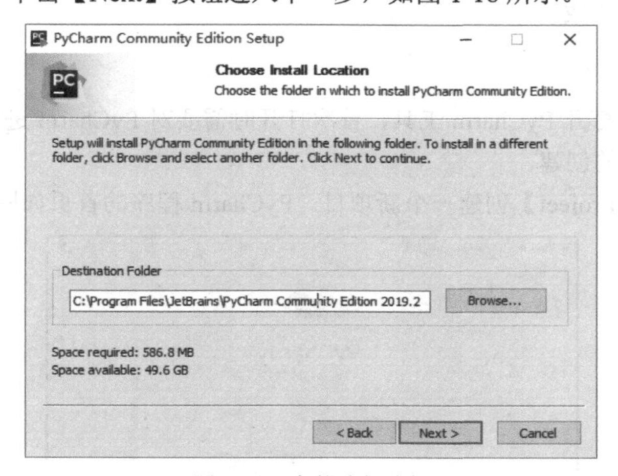

图 1-18　安装路径选择

勾选创建桌面快捷方式（Create Desktop Shortcut）下的【64-bit launcher】复选框，单击【Next】按钮进入下一步，如图 1-19 所示。

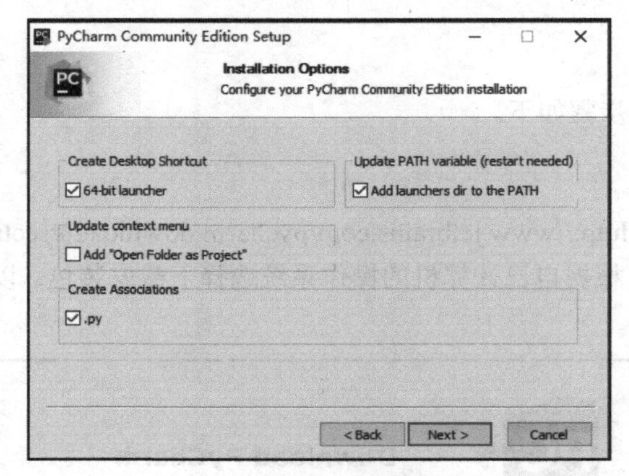

图 1-19　安装设置

最后一步单击【Install】按钮开始安装，如图 1-20 所示。

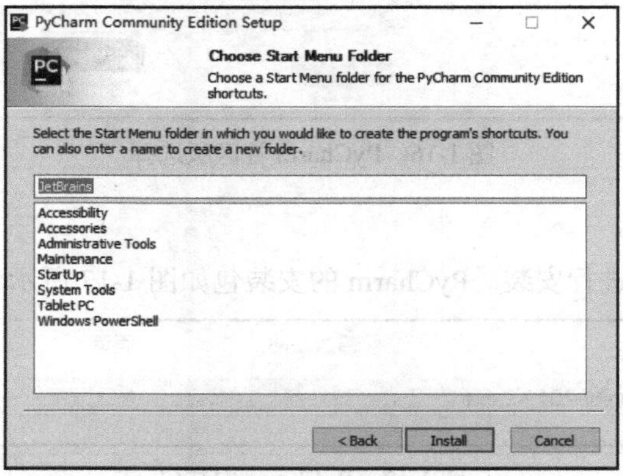

图 1-20　开始安装

大约 2 分钟后安装完成。

3. 创建项目

双击桌面快捷方式打开 PyCharm 工具，首次打开时需要对 PyCharm 进行一些简单的配置，配置完成后即可进行项目的创建。

选择【Create New Project】创建一个新项目。PyCharm 程序的首页如图 1-21 所示。

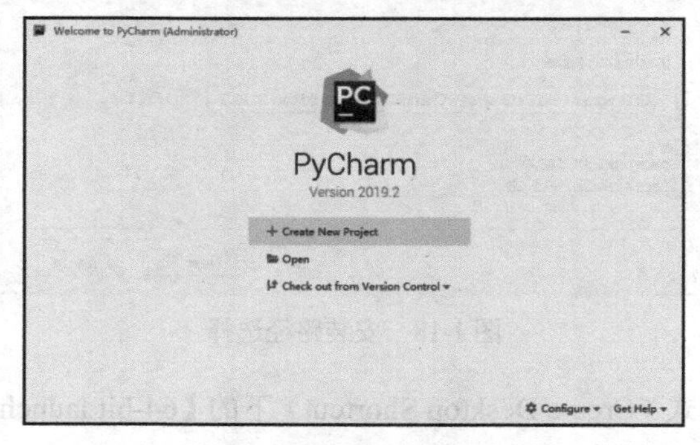

图 1-21　PyCharm 程序首页

在【Location】中选择项目存放的路径，然后单击【Create】按钮创建项目，如图 1-22 所示。

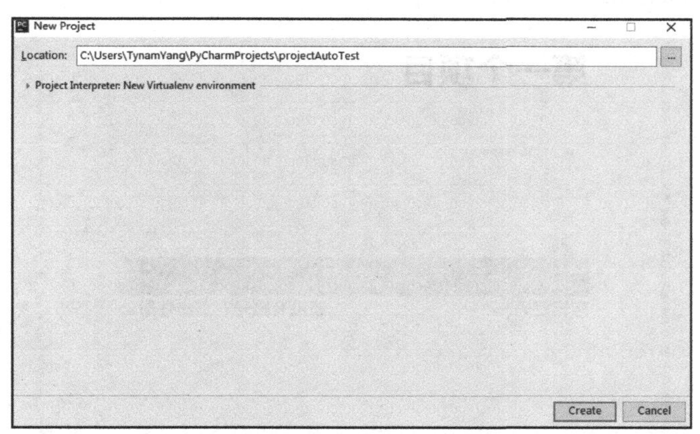

图 1-22　新建项目

创建完成后进入 projectAutoTest 项目，如图 1-23 所示。最上面是菜单栏，左边是项目结构，右边最大的区域为文本编辑区域。

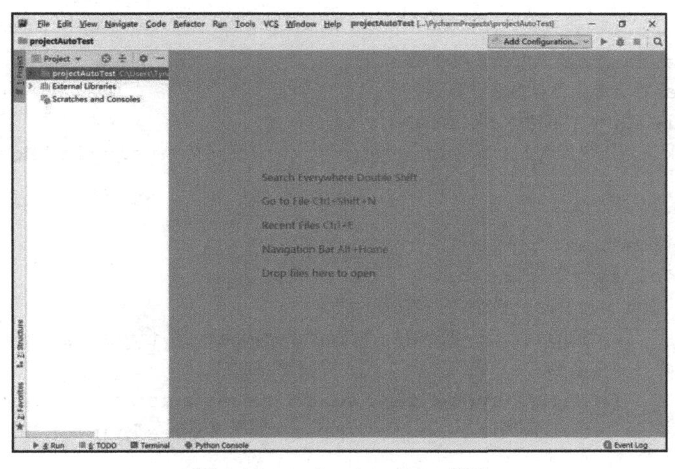

图 1-23　projectAutoTest 项目

1.2　开始你的第一个项目

环境搭建完成后，本节使用一个简单的实例初步认识一下自动化测试。

我们以如图 1-24 所示的第一个项目页面为例开发第一个自动化测试脚本。

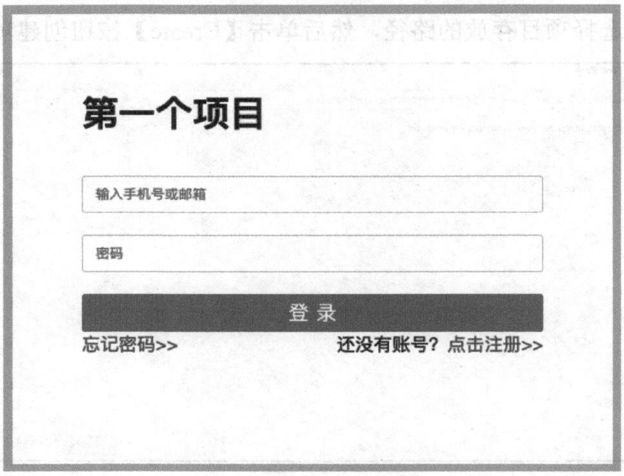

图 1-24　第一个项目

页面的 HTML 脚本如下：

```
<html>
    <head>
        <meta charset="utf-8" />
        <meta content="IE=edge">
        <title>第一个项目</title>
        <link rel="stylesheet" type="text/css" href="index.css" />
    </head>
    <body>
        <div id="main">
            <h1>第一个项目</h1>
             <div class="mail-login">
                 <input id="email" name="email" type="text" placeholder="输入手机号或邮箱">
                 <input type="password" name="password" placeholder="密码">
                 <a id="btn-login" href="#" type="button" onclick="alert('登录成功')">
                     <span class="text">登　录</span>
                 </a>
             </div>
            <div id="forget-pwd">
                <a class="forget-pwd" href="#">忘记密码>></a>
            </div>
            <div id="register">
                <span class="no-account"></span>还没有账号？</span>
                <a class="register" href="#">单击注册>></a>
            </div>
        </div>
    </body>
</html>
```

开始编写测试脚本。新建一个 py 文件，输入如下代码：

```
# -*-coding:utf-8-*-

from selenium import webdriver
import time

driver = webdriver.Chrome()
driver.get("http://localhost:63342/projectAutoTest/projectHtml/chapter1/pe
riod2/index.html")

time.sleep(1)
driver.find_element_by_id('email').send_keys('tynam@test.com')
driver.find_element_by_name('password').send_keys('123')
driver.find_element_by_id('btn-login').click()
time.sleep(30)

driver.quit()
```

在 PyCharm 中运行上述脚本，运行过程为：

（1）WebDriver 驱动 Chrome 浏览器打开登录页面。

（2）在 email 输入框中输入值：tynam@test.com。

（3）密码输入框中输入值：123。

（4）单击登录后页面弹出登录成功。

（5）退出浏览器。

以上脚本中的代码含义解释：

- From selenium import webdriver：导入 webdriver。
- import time：导入 time。
- driver = webdriver.Chrome( )：打开谷歌浏览器。
- driver.get(url)：在浏览器中输入访问的 URL 并且打开。
- time.sleep(num)：等待 num 时间（单位：秒），主要是为了让页面加载完成。
- driver.find_element_by_id('email')：定位所要操作的元素。
- .send_keys(str)：输入内容 str。
- .click( )：单击元素。
- driver.quit( )：关闭浏览器并且结束进程。

第 2 章

Python 基础

Python 是一门开源免费的脚本编程语言，简单易用且功能强大。本章将从 Python 基础语法开始逐步介绍函数、类和模块，最后讲解异常处理以及一些 Python 编程的实用技巧。通过本章内容的学习，读者能够快速掌握 Python 语言的基本编程方法，为做好测试工作夯实基础。

2.1 基础语法

学习任何一门语言都需要从基础语法开始，与大多数编程语言类似，Python 语言也包括变量、字符串、运算符、语句等这些基本的结构，本节将对这些基本内容进行详细介绍。

2.1.1 打印

打印是在控制台上输出一系列值，默认调用 sys.stdout.write( )方法。

用法：print( )，括号里面是要打印的内容。

例如，输入：print("学习 web 自动化测试")，控制台会输出“学习 web 自动化测试”。输入：print(999)，控制台会输出“999”。

在打印过程中字符串需要使用引号，单引号、双引号均可用。数字不需要引号，如果将数字置于引号中，就会被当作字符串数字输出。

注意，括号、引号一定要在英文输入法中输入。如果是中文符号则在执行时会报错：SyntaxError: invalid character in identifier。

示例：

```
>>> print("学习 Web 自动化测试")
```

```
学习 Web 自动化测试
>>> print(999)
999
```

在 Python 中，还可以使用格式化符号进行格式化输出。所谓格式化输出，是指将数字或字符串按照一定的格式进行输出。比如保留一位小数输出。

示例：输出字符串、保留一位小数输出、整数输出。

```
>>> print('%s' %'hello world')
hello world
>>> print('%.1f' %1.11)
1.1
>>> print('%d' %20.2)
20
```

上面示例中用到的格式化符号的含义：

- %s：字符串输出。
- %.1f：保留一位小数输出。
- %d：整数输出。

这些格式化符号用于 Python 的格式化输出，Python 语言常用的字符串格式化符号如表 2-1 所示。

表 2-1　Python 语言常用的格式化符号

符号	描述
%s	字符串
%c	字符
%d	十进制整数
%f	浮点数字
%o	八进制整数
%x	十六进制整数
%e	科学技术法浮点数字

2.1.2　编码

编码是信息从一种形式或格式转换为另一种形式的过程，也称为计算机编程语言的代码，简称编码。常见的编码有 ASCII、GBK、Unicode、UTF-8 等。

- ASCII 编码：是一种标准的单字节字符编码方案，用于基于文本的数据，后来它被国际标准化组织定为国际标准，适用于所有拉丁文字字母。
- GBK 编码：使用了双字节编码方案，支持国际标准 ISO/IEC10646-1 和国家标准 GB13000-1 中的全部中日韩汉字。
- Unicode 编码：是国际组织制定的可以容纳世界上所有文字和符号的字符编码方案，能够使计算机实现跨语言、跨平台的文本转换及处理。
- UTF-8 编码：是针对 Unicode 的一种可变长度字符编码。

在 Python 中，Python 2 和 Python 3 采用的默认编码格式是不同的。Python 2 编码默认脚本文件都是 ANSCII 编码的。如果要使用非 ANSCII 字符则需要在.py 文件中进行声明。Python 3 编码默认脚本文件都是 UTF-8 编码的。如果要使用非 UTF-8 字符，需要在.py 文件中进行声明。编码声明的方法是：# -*-coding:utf-8-*-或# -*- coding=utf-8 -*-。

示例：声明文件编码为 utf-8。

```
# -*- coding=utf-8 -*-
```

如上示例代码的编码声明，表明该文件的编码格式为 utf-8。

Python 中更为详细的编码声明可以参考 Python 官方文档 PEP263: https://www.python.org/dev/peps/pep-0263/。

2.1.3 数据类型

在 Python 3 中有 6 种基本的数据类型：数字（number）、字符串（string）、列表（list）、元组（tuple）、字典（dictionary）、集合（set）。其中列表、元组、字典和集合会在后面小节中单独讲解。

1. 数字

数字（number）包含：整型（int）、浮点型（float）、布尔型（bool）、复数类型（complex）。

- 整型：用 int 表示，实例 1、2、-1、-2。
- 浮点型：用 float 表示，实例 1.1、3.24。
- 布尔型：用 bool 表示，返回值只有 true 和 false。
- 复数类型：用 complex 表示，由实数和虚数组成，虚数需要在数字后面加上字母 j 构成，例如 2+2j。

示例：使用 type( )函数查看 2、2.2、2+2j 的数据类型和 bool(0)、bool('a')的返回值。

```
>>> type(2)
<class 'int'>
>>> type(2.2)
<class 'float'>
>>> bool(0)
False
>>> bool('a')
True
>>> type(2+2j)
<class 'complex'>
>>>
```

2. 字符串

字符串（String）就是一系列字符，使用时需要写在单引号、双引号或者三引号里面。

示例：分别用单引号、双引号、三引号表示一串字符，并且使用 type( )查看其数据类型。

```
>>> str1 = '这里是单引号表示的字符串'
```

```
>>> str2 = "这里是双引号表示的字符串"
>>> str3 = """这里是三引号表示的字符串"""
>>> type(str1)
<class 'str'>
>>> type(str2)
<class 'str'>
>>> type(str3)
<class 'str'>
```

2.1.4　变量

变量是一个存储数据的内存空间对象，可使用等号“=”为变量赋值，等号左边是变量名，右边是变量值。例如：a=1，s= 'str'。

变量的命名规则如下：

- 变量名只能包括字母、数字和下画线。
- 不能以数字开头。
- 不能包含空格，可以使用下画线来分隔多个单词。
- 系统关键字及内置函数名不能作为变量名。
- 变量名要见名知义。
- Python 中的变量名区分大小写。

2.1.5　注释

注释是指对某些代码加标注说明，以增强程序的可读性，被注释的代码在程序运行过程中不会被执行，也不会显示出来。注释分为单行注释和多行注释。

单行注释：使用#符，符号后面接注释的内容。

多行注释：三对单引号，形式为'''被注释的内容'''，或三对双引号，形式为"""被注释的内容"""。

以下是注释的一些示例：

```
# 单行注释

'''
三对单引号注释
三对单引号注释
三对单引号注释
'''

"""
三对双引号注释
三对双引号注释
三对双引号注释
"""
```

2.1.6 缩进

在 Python 中根据缩进来决定代码的作用域范围。如果代码的缩进相同，就会被当作一个语句块处理。缩进一般建议使用空格，不建议使用 tab 键设置。在不同的编辑器里 tab 的长度可能不一致，所以在一个编辑器里使用 tab 设置缩进后，在其他编辑器里缩进可能会出现乱码，而空格不会出现此类问题，因为一个空格只占一个字符的位置。

缩进的示例：

```
if True:
    print("自动化测试")
else:
    print("手动点点点")
```

2.2 运 算 符

运算符用于执行程序代码的运算，是针对大于一个操作项的运算。运算符有很多类型，比如算术运算符、比较运算符、逻辑运算符等。

2.2.1 算术运算符

算术运算符用于两个对象算数的运算，如加、减、乘、除等运算。常见的算术运算符号如下：

- +：加法
- -：减法
- *：乘法
- /：除法
- **：取幂
- %：取余，返回除法的余数
- //：取整除，返回商的部分

示例：将 a 赋值 5。对 a 分别进行加法、减法、乘法、除法、取幂、取余、取整除运算。

```
>>> a = 5
>>> print(a + 2)
7
>>> print(a - 2)
3
>>> print(a * 2)
10
>>> print(a / 2)
2.5
```

```
>>> print(a ** 2)
25
>>> print(a % 2)
1
>>> print(a // 2)
2
```

2.2.2　比较运算符

比较运算符用于两个对象之间的比较，如大于、小于、等于等，返回结果为 True 或 False。常见的比较运算符号如下：

- >：大于
- <：小于
- ==：等于
- ！=：不等于
- >=：大于等于
- <=：小于等于

示例：将 a 赋值 3，b 赋值 5。对 a 和 b 分别进行大于、小于、等于、大于等于、小于等于、不等于比较。

```
>>> a = 3
>>> b = 5
>>> a > b
False
>>> a < b
True
>>> a == b
False
>>> a >= 3
True
>>> a <= 3
True
>>> a != b
True
```

2.2.3　逻辑运算符

逻辑运算符用于进行逻辑运算，包括 And（与）、Or（或）、Not（非）等运算，3 种逻辑运算符说明如下：

- And（与），例如，x and y（只有 x 和 y 全为真，则返回值）
- Or（或），例如，x or y（x 和 y 中有一个为真，则返回真）
- Not（非），例如，not x（x 为真则返回假，x 为假则返回真）

示例：将 a 赋值 0，b 赋值 1，对 a 和 b 分别进行与、或、非的运算。

```
>>> a = 0
>>> b = 1
>>> a and b
0
>>> a or b
1
>>> not a
True
>>> not b
False
```

2.2.4 Is 与 ==

Is 与“==”都是比较两个对象是否相等，但两者的比较又有区别。

is 是比较对象是否相同，即比较地址是否相同，以 id 进行比较。如果相同则返回 True，不同则返回 False。

“==”是比较两个对象的值是否相等，实际上执行的是__eq__()方法。

示例：

```
>>> a = b = ['a', 'b', 'c']
>>> c = ['a', 'b', 'c']
>>> a is b
True
>>> a is c
False
>>> a == b
True
>>> a == c
True
>>> print(id(a))
4514133384
>>> print(id(b))
4514133384
>>> print(id(c))
4513459016
```

2.3 条件语句

Python 语言的条件语句是通过一条或多条语句的执行结果（True 或者 False）来决定执行的代码块。

2.3.1　单项判断

单项判断使用 if...语句，可以理解为如果...就...。

语法：

if【条件判断】：

【代码块】

如果【条件判断】为真，则执行【代码块】，否则执行代码块下面的语句。

示例：如果 2 大于 1，则输出“结果为真”。

```
if 2 > 1:
    print("结果为真")

# 输出结果：结果为真
```

2.3.2　双项判断

双项判断使用 if...else...语句，如果满足 if 条件则执行 if 代码块；若不满足 if 的条件则执行 else 代码块。

语法：

if【条件判断】：

【代码块 1】

else：

【代码块 2】

如果【条件判断】为真，则执行【代码块 1】，否则执行【代码块 2】。

示例：如果 2 大于 1，则输出“自动化测试”，否则输出“手动点点点”。

```
if 2 > 1:
    print("自动化测试")
else:
    print("手动点点点")

# 输出结果：自动化测试
```

2.3.3　多项判断

多项判断使用 if...elif...else...语句，如果不满足 if 条件，则向下判断是否满足 elif 条件，如果还不满足则执行 else 代码块。

语法：

if【条件判断 1】：

【代码块 1】

elif【条件判断 2】：

【代码块 2】

else：

【代码块 3】

如果【条件判断 1】为真，则执行代码块 1，其他条件不再判断；如果【条件判断 1】为假，则进行【条件判断 2】，直到有一个条件判断为真，则执行其下的语句块，否则执行【代码块 3】。

示例：输入一个年龄，如果年龄小于等于 0 则输出“您还未出生”；如果年龄大于 0 且小于等于 20 则输出“您可以点点点了”；如果年龄大于 20 且小于 60 则输出“您是测试工程师”，否则输出“您已退休“。

```
input_age = input("请输入您的年龄：")
age = int(input_age)

if age <= 0:
    print("您还未出生")
elif age <= 20:
    print("您可以点点点了")
elif age < 60:
    print("您是测试工程师")
else:
    print("您已退休")
```

运行代码，输入年龄为 20，结果如下：

```
请输入您的年龄：20
您可以点点点了

Process finished with exit code 0
```

输入年龄为 61，结果如下：

```
请输入您的年龄：61
您已退休

Process finished with exit code 0
```

2.4 循环语句

循环语句由循环体和循环终止条件组成。循环体是一组被重复执行的语句，终止条件是决定循环能否继续执行。

2.4.1 for 语句

for 循环用于遍历字符串、列表、元组、字典、集合等序列类型，并且逐个获取序列中的各个元素。

语法：

for【迭代变量】in【字符串|列表|元组|字典|集合】：

　　【代码块】

当【迭代变量】在【字符串|列表|元组|字典|集合】中，则执行【代码块】，然后进入下一个循环。

示例：使用 for 循环计算 1 到 100 的和。

```
result = 0

for i in range(101):
    result += i

print(result)

# 输出结果：5050
```

2.4.2　while 语句

while 语句用于循环执行程序，如果满足某个条件则循环执行代码块。

语法：

　　while【条件判断】：

　　　　【代码块】

当【条件判断】为真时就执行【代码块】，然后进入下一个循环。

示例：使用 while 语句循环打印 1 到 5。

```
i = 0

while i < 5:
    i += 1
    print("当前循环的数是：" + str(i))

print("循环结束")
```

执行代码后控制台输出结果：

```
当前循环的数是：1
当前循环的数是：2
当前循环的数是：3
当前循环的数是：4
当前循环的数是：5
循环结束

Process finished with exit code 0
```

2.4.3 continue 和 break

在 while 循环中，continue 和 break 都用于跳出循环，但是两者又稍微有区别。其中，continue 用于退出本次循环，而 break 则用于退出循环。

示例：循环打印 1 到 5 之间的奇数，当循环变量 i=2 时跳过，循环变量 i=4 时结束，退出循环。

```
i = 0

while i < 5:
    i += 1

    # i == 2 时结束本次循环，执行下一循环
    if i == 2:
        continue

    # i == 4 时结束循环退出
    if i == 4:
        break

    print("当前循环的数是：" + str(i))

print("循环结束")
```

执行代码后控制台输出结果：

```
当前循环的数是：1
当前循环的数是：3
循环结束

Process finished with exit code 0
```

2.5 列 表

列表是指由一系列按特定顺序排列的元素组成的有序集合，用中括号[ ]表示，元素之间用逗号分开。可以对列表进行诸如添加元素、删除元素、切片等操作。

2.5.1 创建列表

可以用中括号[ ]来创建一个列表，列表中的元素之间使用逗号分隔。

示例：创建列表 list = ['hello', 'python', 321, "您好"]。

```
>>> list = ['hello', 'python', 321, "您好"]
>>> type(list)
<class 'list'>
```

```
>>> list
['hello', 'python', 321, '您好']
```

2.5.2　获取元素

可以使用索引获取列表中的元素，注意索引是从 0 开始。

示例：获取列表中的第三个元素，再获取列表中的最后一个元素。

```
>>> list = ['hello', 'python', 321, "您好"]
>>> list[2]
321
>>> list[-1]
'您好'
```

2.5.3　添加元素

可以通过 append( )、extend( )、insert( )方法为列表添加元素，其中：

- append( )：在列表最后位置添加，并且每次只能添加一个元素。
- extend( )：在列表最后位置添加，一次可以添加多个元素。
- insert( )：在列表的特定位置添加元素。

示例：

（1）使用 append( )方法在 list 最末尾添加元素 selenium。

（2）使用 extend( )方法在 list 最末尾添加['auto', 'test']。

（3）使用 insert( )方法在 list 第 5 个元素位置添加元素 insert。

```
>>> list = ['hello', 'python', 321, "您好"]
>>> list.append('selenium')
>>> list
['hello', 'python', 321, '您好', 'selenium']
>>> list.extend(['auto', 'test'])
>>> list
['hello', 'python', 321, '您好', 'selenium', 'auto', 'test']
>>> list.insert(4, 'insert')
>>> list
['hello', 'python', 321, '您好', 'insert', 'selenium', 'auto', 'test']
```

2.5.4　删除元素

可以使用 remove(name)、del list[index]、pop( )方法删除列表中的元素，其中：

- remove(name)：移除特定元素。
- del list[index]：移除索引为 index 的元素。
- pop( )：移除最后一个元素，并且可以将最后一个元素返回。

示例：

（1）使用 remove(name)方法移除 list 中的“python”元素。

（2）使用 del list[index]方法移除索引为 2 的元素。

（3）使用 pop( )方法移除 list 的最后一个元素，并且将最后一个元素赋值给 temp。

```
>>> list = ['hello', 'python', 321, "您好"]
>>> list.remove('python')
>>> list
['hello', 321, '您好']
>>> del list[2]
>>> list
['hello', 321]
>>> temp = list.pop()
>>> temp
321
>>> list
['hello']
```

2.5.5 列表切片

通过列表切片可以获取列表中的部分元素，并且返回一个新的列表。使用方法如下：

- list[startIndex:endIndex]：其中，startIndex 表示截取列表的开始索引并且包括该位置元素；endIndex 截取列表的结束索引但是不包括该位置元素。
- list[:endIndex]：从索引为 0 处开始截取，到索引 endIndex 处结束。
- list[startIndex:]：截取索引 startIndex 之后的所有元素。

示例：

（1）获取列表['hello', 'python', 321, "您好"]中索引为 1 和 2 的元素并且组成一个新的列表。

（2）获取列表['hello', 'python', 321, "您好"]中索引为 1、包含 1 之后的所有元素并且组成一个新的列表。

（3）获取列表['hello', 'python', 321, "您好"]中索引为 3、不包含 3 之前的所有元素并且组成一个新的列表。

```
>>> list = ['hello', 'python', 321, "您好"]
>>> temp = list[1:3]
>>> temp
['python', 321]
>>> temp = list[1:]
>>> temp
['python', 321, '您好']
>>> temp = list[:3]
>>> temp
['hello', 'python', 321]
```

2.5.6　其他操作

列表除上述操作，还有一些其他的操作，参见表 2-2 所示。

表 2-2　列表的其他操作

方法	描述
len(list)	获取 list 的元素个数
max(list)	返回列表中最大的元素值
min(list)	返回列表中最小的元素值
list.count(obj)	返回元素 obj 在 list 中出现的次数
list.reverse()	将列表元素进行反转

2.6　元　组

元组是不能被修改元素值的数据结构，其长度固定，用小括号( )表示。元组的操作包括创建、删除、拼接等。

2.6.1　创建元组

可以用小括号( )来创建元组，元素之间使用逗号分隔。与列表类似，但是元组中元素不允许被修改。由于元组的不可修改，所以使用元组代码会更安全。

示例：

（1）创建一个元组：tup = ('hello', 'python', 321, "您好")。

（2）创建一个空元组：tup =( )。

```
>>> tup = ('hello', 'python', 321, "您好")
>>> type(tup)
<class 'tuple'>
>>> tup = ()
>>> type(tup)
<class 'tuple'>
```

2.6.2　获取元素

可以使用索引获取元组的元素，索引从 0 开始。

示例：获取元组中第三个元素。

```
>>> tup = ('hello', 'python', 321, "您好")
>>> tup[2]
```

```
321
```

2.6.3 拼接元组

拼接元组是将两个元组拼接成一个新的元组。例如：tup3 = tup1 + tup2 就是将元组 tup1 和元组 tup2 拼接起来构成一个新的元组 tup3。

示例：将 tup1 = ('hello', 'python')和 tup2 = ('web', 'selenium')进行拼接，构成一个新的元组 tup3。

```
>>> tup1 = ('hello', 'python')
>>> tup2 = ('web', 'selenium')
>>> tup3 = tup1 + tup2
>>> tup3
('hello', 'python', 'web', 'selenium')
```

2.6.4 删除元组

如果要将元组删除，可以使用命令 del tup，表示删除元组 tup。

示例：删除元组 tup = ('hello', 'python', 321, "您好")。

```
>>> tup = ('hello', 'python', 321, "您好")
>>> del tup
>>> tup
Traceback (most recent call last):
  File "<stdin>", line 1, in <module>
NameError: name 'tup' is not defined
>>>
```

2.6.5 其他操作

除上述有关元组的操作外，关于元组还有一些其他的常见操作，参见表 2-3 所示。

表 2-3 元组的其他操作

方法	描述
len(tup)	获取 tup 的元素个数
max(tup)	返回元组中最大的元素值
min(tup)	返回元组中最小的元素值
tuple(list)	将列表 list 转换成元组
tup[startIndex:endIndex]	截取元组中元素

2.7　字　典

字典由关键字（key）和值（value）两部分组成，中间用冒号分隔。字典是一个可变的数据结构，可存储任意类型的对象。字典用大括号{ }表示。

2.7.1　创建字典

可以用大括号{ }来创建字典，其中的键/值对之间使用逗号分隔，键与值之间使用冒号(:)表示。键是唯一的不允许重复，但是值可以是任何数据类型。

示例：创建字典 dict = {'py':'python', 'sel':'selenium', 'at':'auto'}。

```
>>> dict = {'py':'python', 'sel':'selenium', 'at':'auto'}
>>> type(dict)
<class 'dict'>
```

2.7.2　获取元素

通过键 key 可以获取对应的值 value。如果访问的键在字典中不存在，则会报 KeyError 错误。

示例：获取字典{'py':'python', 'sel':'selenium', 'at':'auto'} 中 key 为 py 的值，然后获取一个不存在的 key。

```
>>> dict = {'py':'python', 'sel':'selenium', 'at':'auto'}
>>> dict['py']
'python'
>>> dict['p']
Traceback (most recent call last):
  File "<stdin>", line 1, in <module>
KeyError: 'p'
```

2.7.3　修改元素

使用 dict[key] = value 可以修改字典的值，如果 key 在字典中存在则更新它的值；如果 key 在字典中不存在，则将此键/值对添加进字典。

示例：

（1）将键为 py 的值修改为['py','python']。

（2）添加新的元素，新元素为'w': 'web'。

```
>>> dict = {'py':'python', 'sel':'selenium', 'at':'auto'}
>>> dict['py'] = ['py', 'python']
>>> dict
{'py': ['py', 'python'], 'sel': 'selenium', 'at': 'auto'}
```

```
>>> dict['w'] = 'web'
>>> dict
{'py': ['py', 'python'], 'sel': 'selenium', 'at': 'auto', 'w': 'web'}
```

2.7.4 删除元素

字典操作中可以通过 del dict[key]删除键 key 元素，也可以直接使用 dict.clear( )清空字典中的元素。

示例：删除 key 为 py 的元素，然后清空字典中元素。

```
>>> dict = {'py':'python', 'sel':'selenium', 'at':'auto'}
>>> del dict['py']
>>> dict
{'sel': 'selenium', 'at': 'auto'}
>>> dict.clear()
>>> dict
{}
```

2.7.5 其他操作

关于字典除上述操作之外，还有一些其他的操作，参见表 2-4 所示。

表 2-4 字典的其他操作

方法	描述
del dict	删除字典
len(dict)	返回字典中元素的个数
key in dict	如果 key 在 dict 中存在则返回 true，反之返回 false
dict.items()	以列表形式返回可遍历的（key，value）元组数组
dict1.update(dict2)	把字典 dict2 的键/值对更新到 dict 里
dict.keys()	以列表形式返还所有的 key
dict.values()	以列表形式返还所有的 value

2.8 集 合

集合是一个无序的不重复元素序列，用大括号{ }表示。可以对集合进行创建、移除元素和添加元素等操作。

2.8.1 创建集合

可以使用大括号{ }或者 set( )函数创建集合。如果要创建一个空集合必须用 set( )，如果使用{ }则表示创建了一个空字典。

示例：创建集合{'python', 'selenium', 'auto'}和集合{'m', 'o', 'a', 'y', 'h', '-', 'i', 'e', 'l', 'n', 't', 'u', 'p', 's'}。

```
>>> test = {'python', 'selenium', 'auto'}
>>> print(test)
{'auto', 'selenium', 'python'}
>>> t = set('python-selenium-auto')
>>> print(t)
{'m', 'o', 'a', 'y', 'h', '-', 'i', 'e', 'l', 'n', 't', 'u', 'p', 's'}
```

2.8.2 添加元素

可以使用下列方式向集合中添加元素：

- s.add(x)：将 x 添加到 s 集合中，如果 x 已经存在则不执行此操作。
- s.update(x)：将 x 添加到 s 集合中，x 可以为列表、元组、字典等。

示例：

（1）使用 add( )将'grid'添加到 test 集合中。

（2）使用 update( )将['web', 'UI']添加到 test 集合中。

```
>>> test = {'python', 'selenium', 'auto'}
>>> test.add('grid')
>>> print(test)
{'auto', 'grid', 'selenium', 'python'}
>>> test.update(['web', 'UI'])
>>> print(test)
{'grid', 'web', 'auto', 'python', 'UI', 'selenium'}
```

2.8.3 移除元素

可以使用下列方式移除集合中的元素：

- s.remove(x)：移除元素 x，如果 x 不存在则报错。
- s.discard(x)：移除元素 x，如果 x 不存在不报错。
- s.pop( )：随机移除一个元素。
- s.clear( )：移除集合中的所有元素。

示例：从 test 集合中移除元素'web'和'UI'，再随机移除一个元素，最后清空集合。

```
>>> print(test)
{'grid', 'web', 'auto', 'python', 'UI', 'selenium'}
```

```
>>> test.remove('web')
>>> print(test)
{'grid', 'auto', 'python', 'UI', 'selenium'}
>>> test.discard('UI')
>>> print(test)
{'grid', 'auto', 'python', 'selenium'}
>>> test.pop()
'grid'
>>> print(test)
{'auto', 'python', 'selenium'}
>>> test.clear()
>>> print(test)
set()
```

2.8.4 其他操作

集合除上述所介绍的操作之外，还有一些其他的操作，参见表 2-5 所示。

表 2-5 集合的其他操作

方法	描述
copy()	拷贝一个集合
difference()	返回多个集合的差集
intersection()	返回集合的交集
union()	返回两个集合的并集

2.9 推 导 式

推导式（comprehensions）又称解析式，是 Python 的一种独有特性。推导式是可以从一个数据序列构建另一个新的数据序列的结构体，具有语言简洁、速度快等优点。推导式包括列表推导式、字典推导式和集合推导式。

2.9.1 列表推导式

列表推导式提供了一种方便的列表创建方法，列表推导式可使用中括号[ ]生成，返回的是一个列表。

语法：

[【表达式】for【变量】in【对象】if【条件】]

使用【变量】对【对象】进行迭代，当【条件】满足时返回【表达式】。

示例 1：将'python'以列表形式输出为单个字母。

```
>>> str = 'python'
```

```
>>> [i for i in str]
['p', 'y', 't', 'h', 'o', 'n']
```

示例 2：求出所有小于 20 的偶数。

```
list = [i for i in range(20) if i % 2 == 0]
print(list)

# 打印结果: [0, 2, 4, 6, 8, 10, 12, 14, 16, 18]
```

使用列表推导式可以使代码更简洁、更有利于阅读。再来看一个不使用列表推导式求出所有小于 20 的偶数的写法：

```
list = []
for i in range(20):
    if i % 2 ==0:
        list.append(i)
print(list)

# 打印结果: [0, 2, 4, 6, 8, 10, 12, 14, 16, 18]
```

很显然，如果不使用列表推导式写更多的代码，那么在阅读性和简洁性上也差了很多。

2.9.2 字典推导式

字典推导式和列表推导式的使用类似，使用大括号{ }生成，返回的是一个字典。

语法：

{ 【键表达式】: 【值表达式】 for 【变量】 in 【对象】 if 【条件】 }

使用【变量】对【对象】进行迭代，当【条件】满足时返回【键表达式: 值表达式】。

示例：互换字典中的 key 和 value。

```
dict = {'py': 'python', 'sel': 'selenium', 'at': 'autotest'}
dict_conversion = {v: k for k, v in dict.items()}
print(dict_conversion)

# 打印结果: {'python': 'py', 'selenium': 'sel', 'autotest': 'at'}
```

2.9.3 集合推导式

集合推导式和列表推导式的使用也是类似的，使用{ }生成，返回的是一个集合。

语法：

{ 【表达式】 for 【变量】 in 【对象】 if 【条件】 }

使用【变量】对【对象】进行迭代，当【条件】满足时返回【表达式】。

示例：求出小于 10 的所有数的平方。

```
>>> {x**2 for x in range(1, 10)}
{64, 1, 4, 36, 9, 16, 49, 81, 25}
```

2.10 生 成 器

生成器（generator）是 Python 初学者最难理解的概念之一。生成器表达式与列表推导式非常像，但是它们返回的对象不一样，前者返回生成器对象，后者返回列表对象。在 Python 中生成器是一个以简单的方式来完成迭代并且返回可以迭代对象的函数，是一种一边循环一边计算的机制。

2.10.1 创建生成器

方法 1：和列表推导式创建方法类似，只要将列表推导式中的[ ]改为( )，便可创建一个生成器。示例：

```
>>> gen = (x for x in range(5))
>>> type(gen)
<class 'generator'>
```

调用生成器时需要使用 next(generator)方法，每调用一次获取一次生成器的下一个返回值，直到计算到最后一个元素。如果生成器中的元素被调用完，再一次调用则会抛出 StopIteration 异常。

```
>>> gen = (x for x in range(5))
>>> next(gen)
0
>>> next(gen)
1
>>> next(gen)
2
>>> next(gen)
3
>>> next(gen)
4
>>> next(gen)
Traceback (most recent call last):
  File "<stdin>", line 1, in <module>
StopIteration
```

生成器也是一个可迭代对象，既然是可迭代对象，那么也就可以使用 for 循环获取返回值。

```
>>> gen = (x for x in range(5))
>>> for i in gen:
...     print(i)
...
0
1
2
3
4
```

```
>>>
```

方法 2：通过在函数中使用 yield 创建生成器。

示例：使用生成器定义一个步长为 3，从 0 开始递增的数列。

```
>>> def sequence(numb):
...     for i in range(numb):
...         i = i * 3
...         yield i
...
>>> g = sequence(3)
>>> next(g)
0
>>> next(g)
3
>>> next(g)
6
>>>
```

在上面的实例中，调用函数后在 yield 处会保存当前函数的执行状态，当函数返回值后，又回到之前保存的状态继续执行。当调用包含 yield 语句的函数时不会立即执行，只是返回一个生成器，当程序通过 next( )函数调用或遍历生成器时，函数才会真正执行，每使用一次 next( )函数返回一个值，然后冻结执行，直到下次使用 next( )函数才会继续执行。

2.10.2　send 方法

send 方法用于传递参数，实现与生成器的交互。send( )可以接收一个参数，并将参数传递给接收 yield 语句返回值的变量，这就使得程序要有一个变量来接收 yield 语句的值。

示例：

```
def sequence(numb):
    for i in range(numb):
        i = i * 3
        temp = yield i
        print(temp)

g = sequence(5)
print(next(g))
print(next(g))
print(g.send("send 发送参数"))
print(g.send(None))
```

执行代码后控制台输出结果如下：

```
0
None
3
send 发送参数
6
```

```
None
9

Process finished with exit code 0
```

由上述实例可以看出，当程序运行到 yield 时会被暂时挂起，等待生成器调用 send 方法，当使用 send( )再次调用时，send( )中的参数会被传递给用来临时接收的变量 temp，然后继续下一步操作，直到没有参数可传递时发送 None。从例中可以看出，next( )等价于 send(None)。

除了 send 方法外，生成器还提供了 close 和 throw 两个常用方法，其中：

- close( )：该方法用于停止生成器。
- throw( )：该方法用于在生成器内部（yield 语句内）引发一个异常。

2.11 迭代器

迭代器（Iterator）用于迭代操作的对象，它像列表一样可以迭代获取其中的每一个元素，任何实现了__next__方法的对象都可以称为迭代器。迭代器对象从集合的第一个元素开始访问，直到所有的元素被访问完结束。迭代器只能往前不会后退。生成器也是一个迭代器。

2.11.1 可迭代对象

Python 中通常使用 for 循环对某个对象进行遍历，此时被遍历的这个对象就是可迭代对象。通俗来讲只要是实现了__iter__( )或__getitem__( )方法的对象，就可以成为可迭代对象。常见的可迭代对象有：

- 序列：字符串、列表、元组等。
- 非序列：字典、文件。
- 自定义类：用户自定义的类实现了__iter__( )或__getitem__( )方法的对象。

2.11.2 创建迭代器

使用 iter( )函数创建迭代器。使用语法：iter(iterable)，iterable 是一个参数并且这个参数必须是可迭代的类型。

和生成器一样，也使用 next(iterator)从迭代器 iterator 中获取下一个记录，如果无法获取下一条记录，那么则触发 stoptrerator 异常。

示例：

```
>>> list = [1, 2, 3, 4, 5]
>>> it = iter(list)
>>> type(it)
<class 'list_iterator'>
```

```
>>> next(it)
1
>>> next(it)
2
>>> next(it)
3
>>> next(it)
4
>>> next(it)
5
>>> next(it)
Traceback (most recent call last):
  File "<stdin>", line 1, in <module>
StopIteration
```

在上述示例中，需要通过 iter 方法将 list 转换成迭代器，而不是直接将 list 作为迭代器使用。这因为 Python 的 Iterator 对象表示的是一个数据流，只有在使用 next( )获取下一个数据时它才会计算，所以 Iterator 的计算是惰性的。其存储的数据流可以无限大，甚至可以存储全体自然数，而 list 存储的数据是有限的。

2.12 函 数

函数是一段事先组织完整的，用来实现某些功能的代码块，具有可重复操作、封装完好、模块化程度高等一系列的优点。

2.12.1 函数

定义函数需要使用关键字 def 实现。

语法：

def 【函数名(参数)】:
  """【函数说明】"""
  【代码块】
  return 【返回值】

在函数定义中，以 return【返回值】结束函数。如果函数中没有 return【返回值】，则相当于 return None。

示例：定义一个打印自己名字的函数 say_name(tynam)。

```
def say_name(name):
    "打印自己名字"
    print("我的名字叫: " + name)
```

函数定义完成，现在执行函数，也就是调用函数。直接用【函数名（参数）】的方法调用，如果没有参数，则参数不用填写。

示例：调用打印自己名字的函数 say_name(tynam)。

```
def say_name(name):
    "打印自己名字"
    print("我的名字叫：" + name)

say_name('tynam')
```

执行后控制台的输出结果如下：

```
我的名字叫：tynam

Process finished with exit code 0
```

2.12.2 参数

在定义函数的时候需要确定参数的名称和位置，调用函数时只需要将正确的参数传入函数就能得到预期的返回值，而对于被封装在函数内部的复杂逻辑我们不需要太多关注。通过使用不同的参数定义函数就能得到想要的结果，使得函数的使用更加灵活。在 Python 中函数参数主要有位置参数、缺省参数、可变参数和关键字参数。

1. 位置参数

位置参数在使用时所有参数都遵循位置一一对应的原则。

示例：定义一个打招呼的函数，将需要打招呼的人名以参数的形式传入函数。

```
>>> def say_hello(name):
...     return (name + '您好')
...
>>> say_hello('泰楠')
'泰楠您好'
>>>
```

在上面的示例中，参数 name 就是函数 say_hello(name)中的一个位置参数。当调用这个函数时就必须传入 name 参数，且其数量、位置都要匹配对应，所以位置参数也叫必须参数。

2. 缺省参数

缺省参数是给参数设置缺省值，当调用函数时，该参数可以选择不传递值而使用缺省值，当然也可以传递值不使用缺省值。

语法：

【参数名】=【缺省值】

当一个函数中既有位置参数也有缺省参数时，缺省参数要写在位置参数之后。

示例：定义一个打招呼的函数，并且给招呼语设置一个默认参数。

```
def say_hello(name, say=' hello'):
    return name + say

print(say_hello('tynam'))
```

```
print(say_hello(name="泰楠", say="你好"))
```

运行代码后控制台输出结果：

```
tynam hello
泰楠你好

Process finished with exit code 0
```

在上述示例中参数 say 设置了缺省值，是 say_hello(name, say=' hello') 的一个缺省参数。在调用 say_hello(name, say=' hello') 时招呼语不传递值则使用缺省值 hello。当重新传递值“你好”后则使用传递值“你好”。

3. 可变参数

如果不知道传入的参数个数，则定义参数时需要将参数设置为可变参数，可变参数需要以元组形式传递。

语法：

*【参数名】

使用时很简单，只需要在参数名前加一个星号（*）。

示例：定义一个计算数字相加的函数。由于不知道有多少数字进行相加，所以需要使用可变参数。

```
def get_sum(*numb):
    sum = 0
    for i in numb:
        sum += i
    return sum

print(get_sum(1, 3, 53, 23, 12))
print(get_sum())
```

运行代码后控制台的输出结果如下：

```
92
0

Process finished with exit code 0
```

如上述示例在对参数个数不确定的情况下使用了可变参数，非常灵活，也允许传入的参数为空。

在 Python 中如果已经定义了一个元组或列表并且需要将其作为可变参数传入函数，那么只需要在元组或列表前面加一个星号（*）即可。

示例：

```
list = [3, 23, 54, 62, 71]
print(get_sum(*list))
```

运行代码后控制台的输出结果如下：

```
213
```

```
Process finished with exit code 0
```

4．关键字参数

关键字参数和可变参数类似，只不过可变参数以元组形式传递，而关键字参数需要以字典形式传递。

语法：

**kw

示例：定义一棵数，可以确定的是树编号、栽种时间，当然还有一些不清楚的属性，对于这些不清楚的属性就可以使用关键字参数。

```
def tree_info(id, date, **kw):
    return ('id:', id, 'date:', date, 'ps:', kw)

print(tree_info(1, '2018/06/03'))
print(tree_info(21, '2018/07/11', local = 'beijing', to = 'shanghai'))
```

运行代码后控制台的输出结果如下：

```
id: 1 date: 2018/06/03 ps: {}
id: 21 date: 2018/07/11 ps: {'local': 'beijing', 'to': 'shanghai'}

Process finished with exit code 0
```

和可变参数一样，关键字参数可以接受 0 个或多个参数。

5．参数组合

Python 还可以在定义函数时可以传递位置参数、缺省参数、可变参数和关键字参数中的一种或者多种参数的组合。如果有多种参数组合则需要对参数的顺序进行把控，这样可以避免不必要的错误，也可以提高代码的可读性。

定义函数时参数组合传入的顺序是：位置参数、缺省参数、可变参数、关键字参数。当然调用函数时也需要按照此顺序进行传递参数。请看如下示例：

```
def tree_info(id, date, local='beijing', *args, **kw):
    print ('id:', id, 'date:', date, 'local:', local, 'args:', args, 'ps:',
kw)

tree_info(1, '2018/06/03')
tree_info(21, '2018/07/11', 'nanjing')
tree_info(23, '2018/07/11', 'nanjing', 'highway', 'path')
tree_info(43, '2018/07/11', 'nanjing', 'highway', kind='pine')
```

运行代码后控制台的输出结果如下：

```
id: 1 date: 2018/06/03 local: beijing args: () ps: {}
id: 21 date: 2018/07/11 local: nanjing args: () ps: {}
id: 23 date: 2018/07/11 local: nanjing args: ('highway', 'path') ps: {}
id: 43 date: 2018/07/11 local: nanjing args: ('highway',) ps: {'kind': 'pine'}
```

```
Process finished with exit code 0
```

2.12.3 匿名函数

匿名函数，顾名思义指的是没有名字的函数，在实际开发中使用的频率非常高。可以使用 lambda 创建匿名函数。

语法：

lambda 参数 1，参数 2，…，参数 n：表达式

特点：

- lambda 只能包含一条语句。
- 参数可选，可以为 0。
- 不需要写 return，直接返回后面的表达式。
- lambda 和 def 定义的函数一样都需要调用的时候才会被执行。
- 表达的生成函数一般都比较简单。

示例：实现 x 与 y 的乘积。

```
>>> lam = lambda x, y : x * y
>>> lam(2, 3)
6
```

2.12.4 参数类型

参数类型是注明传入函数的参数是什么类型。

语法：

【参数】：【数据类型】

例 numb：int。但是参数后面的数据类型只是一种建议类型并非强制规定和检查，所以当实际传入的参数与建议参数不一致时，程序是不会抛出异常的。

示例：定义一个函数并且有一个参数，该参数的建议数据类型为 int；然后调用两次该函数，分别传入 int、str 类型的参数。

```
def par_type(numb:int):
    print(type(numb))
    return

par_type(3)
par_type('tynam')
```

运行代码后控制台的输出结果如下：

```
<class 'int'>
<class 'str'>

Process finished with exit code 0
```

由结果中得知，即使传入的参数类型与定义函数时建议的参数类型不一致，程序也没有抛出异常，还是会继续执行。

2.12.5 返回值类型

返回值类型是用来表明函数返回的数据是什么类型。

语法：

def 【函数名（参数）】-> 【数据类型】:

例如，def re_type( ) -> string:，和参数类型的使用是一样的，只是一种建议类型，并非强制规定。

示例：定义一个函数并且返回值的建议数据类型为 string；然后调用两次该函数，分别使返回值类型为 string 和 int。

```
def re_type(name) -> str:
    return name

print(type(re_type('tynam')))
print(type(re_type(321)))
```

运行代码后控制台的输出结果如下：

```
<class 'str'>
<class 'int'>

Process finished with exit code 0
```

2.13 类和对象

类是用来描述具有相同属性和方法的对象的集合，其定义了该集合中每个对象所共有的属性和方法。比如，类是一个动物，这个动物包括各种动物。

对象是类的实例，是具体的一个事物。比如，猫，它属于动物类，是动物类的具体化。

2.13.1 创建类

使用 class 可以创建一个类，class 后为类名并且以冒号结尾。

语法：

class 【类名】（【父类名】）：

　　　　"""【类说明】"""

　　　　【代码块】

【父类名】为所要继承的类，【类说明】一般都是对此类进行说明，表明该类是做什么、有什么用等。

示例：定义一个动物类。

```
# -*- coding: UTF-8 -*-

class Animal:
    """这是一个动物类"""
    food = "粮食"

    def __init__(self, name):
        self.name = name

    def eat(self):
        print("%s 正在吃%s" % (self.name, Animal.food))
```

如上述示例，定义了一个 Animal 的类。

food 为类属性，如果类被实例化后也会拥有 food 属性。

__init__( )方法是一个构造方法，也叫初始化。当 Animal 类被实例化时调用。

self 是类的实例。

eat( )为类的一个方法。

2.13.2　创建实例对象

使用类名就可以创建一个类的实例，并且可以通过__init__方法接收参数。

示例：创建 Animal 类的一个对象 cat。

```
cat = Animal("猫咪")
```

实例化后就可以通过使用点(.)来访问对象的属性或方法。

```
cat = Animal("猫咪")
cat.eat()
print(cat.food)
```

运行代码后控制台的输出结果如下：

```
猫咪正在吃粮食
粮食

Process finished with exit code 0
```

实例化后，当然也可以对它的属性进行增删改。

语法：

添加属性：【实例对象】.【新属性名】=【属性值】

修改属性值：【实例对象】.【属性名】=【新值】

删除属性：del【实例对象】.【属性名】

示例 1：创建一个 cat 实例对象，将其 food 属性修改为“猫粮”；然后添加一个属性 do，值为“捉老鼠”；最后删除 do 属性。

```
cat = Animal("猫咪")
cat.food = "猫粮"
```

```
print(cat.food)
cat.do = "捉老鼠"
print(cat.do)
del cat.do
print(cat.do)
```

运行代码后控制台的输出结果如下：

```
Traceback (most recent call last):
猫粮
捉老鼠
  File "C:\Users\TynamYang\PycharmProjects\projectAutoTest\test.py", line
21, in <module>
    print(cat.do)
AttributeError: 'Animal' object has no attribute 'do'

Process finished with exit code 1
```

如上结果可以得知，对 food 属性值进行了修改，然后添加了 do 属性。当删除了 do 属性后再使用 do 属性程序抛出异常，提示没有 do 属性。

2.13.3 类的私有化

Python 在默认情况下，类的成员变量和方法都可以公开访问，但是有时候有些属性和方法不希望被访问，则需要设置为私有。在 Python 中，定义私有变量和方法很简单，只需要在名称前加上两个下划线（__）就可完成私有。

示例：定义一个 Persion 类，类中定义一个私有变量__name 和一个私有方法__eat( )。

```
# -*- coding: UTF-8 -*-

class Persion(object):
    def __init__(self):
        self.__name = "persion"

    def __eat(self):
        print("吃粮食")
```

实例化一个类对象，并访问__name 属性。

```
xiao_ming = Persion()
xiao_ming.__name
```

运行代码后控制台的输出结果如下：

```
Traceback (most recent call last):
  File "C:\Users\TynamYang\PycharmProjects\projectAutoTest\test.py", line
13, in <module>
    xiao_ming.__name
AttributeError: 'Persion' object has no attribute '__name'

Process finished with exit code 1
```

再实例化一个类对象，并访问__eat( )方法。

```
xiao_hua = Persion()
xiao_hua.__eat()
```

运行代码后控制台的输出结果如下：

```
Traceback (most recent call last):
  File "C:\Users\TynamYang\PycharmProjects\projectAutoTest\test.py", line
14, in <module>
    xiao_hua.__eat()
AttributeError: 'Persion' object has no attribute '__eat'

Process finished with exit code 1
```

上面示例运行结果和预期的结果一致，私有化的变量__name 和方法__eat( )不会被访问，使用时程序会报错，表示属性或方法不存在。

以下是 Python 中使用下划线命名变量和方法的规则：

- xx：公有变量。
- _x：前置单下划线，保护性属性或方法。只有类实例和子类实例能访问到这些变量，需通过类提供的接口进行访问，不能使用 from module import *导入。
- __xx：前置双下划线，类中的私有变量或方法。只有类对象自己可以访问，即便是子类对象也不能访问。
- __xx__：前后双下划线，系统定义的名字。代表 Python 中特殊方法专用的标识，比如构造方法__init__( )。

2.13.4　类继承

类继承即一个派生类（derived class）继承基类（base class）的字段和方法。继承也允许把一个派生类的对象作为一个基类对象对待。

语法：

class 【派生类名】（【继承基类名】）：

　　　　　　　　【代码块】

【派生类】会继承【继承基类】的所有属性和方法。如果派生类没有实现自己的构造函数(__init__(self))，那么在实例化子类时会调用父类的构造函数。

示例：创建一个 Persion 类，然后创建一个 Student 类并继承 Persion 类。

```
# -*- coding: UTF-8 -*-

class Persion:
    def __init__(self):
        pass

    def eat(self):
        print("吃粮食")
```

```
class Student(Persion):
    pass

xiao_ming = Student()
xiao_ming.eat()
```

运行代码后控制台的输出结果如下：

```
吃粮食

Process finished with exit code 0
```

由上述示例可知，Student 类中没有 eat( )方法，但是继承了 Persion 类，Persion 中有 eat( )方法，所以实例化后的对象也具有 eat( )方法。

上面示例是单类继承，还有一种是多重继承。即子类可以同时继承多个父类。

示例：Student 类同时继承 Persion1 类和 Persion2 类。

```
# -*- coding: UTF-8 -*-

class Persion1:
   def __init__(self):
       pass

   def eat(self):
       print("吃粮食")

class Persion2:
        pass


class Student(Persion1, Persion2):
    pass
```

除了上面的继承，类继承还可以是一层一层地继承，即由上到下的继承，最终都是继承 Object 类。

示例：定义三个类 Persion 类、Youth 类和 Student 类，Persion 类继承 Object 类，Youth 类继承 Persion 类，Student 类继承 Youth 类。

```
# -*- coding: UTF-8 -*-

class Persion(object):
   def __init__(self):
       pass

   def eat(self):
       print("吃粮食")

class Youth(Persion):
        pass
```

```
class Student(Youth):
    pass

xiao_ming = Student()
xiao_ming.eat()
```

运行代码后控制台的输出结果如下：

```
吃粮食

Process finished with exit code 0
```

由上述示例可知，虽然 Student 类没有直接继承 Persion 类，但是通过 Youth 类间接地继承了 Persion 类，因此也拥有 Persion 类的方法。

2.13.5　类的重写

类的重写是指在父类中已经有了这个属性或方法，子类想修改其内容，但是直接修改父类可能又会影响其他继承类，所以就需要对其属性或方法进行重写。重写的方式很简单，在子类中使用与父类中相同的变量或方法名，就可以重新定义父类中的属性和方法。

示例：定义 Pesion 类，有一个 name 属性和一个 eat( )方法，定义一个 Student 类继承 Persion 类，并对继承的 name 属性和 eat( )方法进行重写。

```
# -*- coding: UTF-8 -*-

class Persion(object):
    def __init__(self):
        self.name = "persion"

    def eat(self):
        print("吃粮食")

class Student(Persion):
    def __init__(self):
        # super() 用于继承父类中的属性
        super(Student, self).__init__()
        print(self.name)

        # name 属性重写
        self.name = "student"
        print(self.name)

    # eat 方法重写
    def eat(self):
        print("吃有营养的粮食")

xiao_ming = Student()
xiao_ming.eat()
```

运行代码后控制台的输出结果如下：

```
persion
student
吃有营养的粮食

Process finished with exit code 0
```

由上述示例可知，在重写 name 属性和 eat( )方法后，再次使用则调用的是重写后的属性和方法。

上述示例中，super( )方法用于继承父类的属性。因为__init__( )构造函数是每个类的默认方法，当子类中重写了__init__( )方法后，其默认方法被重写，导致父类中的默认方法无法被调用，如果想要继续调用父类的属性和方法则需要使用 super( )方法。

2.14 模　块

从逻辑上来讲，Python 中的模块（Module）是一组功能的组合，简单来说就是一个以.py 结尾的 Python 文件。本节主要介绍模块的分类和导入方法。

2.14.1 模块的分类

Python 中的模块分为以下三类：

- 标准模块：Python 基本库，使用时直接用 import 引用。
- 第三方模块：一般情况，第三方库都会在 Python 官方的 pypi.python.org 网站注册，使用时需要先用 pip 安装到本地，再用 import 引用到文件中。
- 用户自定义模块：用户自己定义的 py 文件。

2.14.2 模块的导入

可以使用以下三种方法导入所需要的模块：

语法 1：import 【模块名】 as 【别名】
直接导入模块，别名可有可无，如果模块名在使用时比较麻烦则可使用别名代替。
语法 2: from 【模块名】 import【指定部分】
从模块中导入【指定部分】的内容。
语法 3: from 【模块名】 import *
将模块中的所有内容导入。

示例：
（1）导入 sys 模块并且设置一个别名 sy。

（2）同时导入 os 模块和 time 模块。

（3）从 selenium 中导入 webdriver。

（4）导入 sys 的所有内容。

```
# 直接导入 sys 模块
import sys as sy
# 导入 os 模块和 time 模块
import os, time

# 从 selenium 中导入 webdriver
from selenium import webdriver

# 模糊导入
from sys import *
```

2.15　作用域

作用域是指变量的有效范围，Python 的作用域是静态的，变量被赋值、创建的位置决定了其被访问的范围，即变量作用域由其所在的位置决定。

Python 的作用域一共有 4 层：

- L（Local）：局部作用域。
- E（Enclosing）：嵌套的父级函数局部作用域，即包含此函数的上级函数的局部作用域，但不是全局的（闭包常见）。
- G（Global）：全局作用域。
- B（Built-in）：内建作用域，系统内解释器定义的变量。

例如：

```
built_in_str = str('tynam')  # 内建作用域，查找 str 函数

global_str = 'selenium'  # 全局作用域

def func1():
    enclosing_str = 'web'  # 嵌套的父级函数局部作用域

    def func2():
        local_str = 'auto'  # 局部作用域
```

Python 在查找变量时会按照 local → enclosing → global → built-in 的顺序进行查找。也就是说，在查找变量时会先在 local 局部区域查找，如果未找到则会向上一层 enclosing 查找，如果还是没有查找到，会接着向 global 全局区域查找，最后在内建 built-in 中查找。

示例：

```
sel = 'selenium'  # 全局作用域
```

```
def func():
    sel = 'selenium test'  # 局部作用域

func()
print(sel)

# 打印结果：selenium
```

先定义一个变量 sel，并且在函数 func( )给 sel 重新赋值。打印 sel 值，结果为全局变量中的值。因为局部变量只在局部区域生效，出了局部区域则不生效。

如果需要将局部变量变成全局变量，只需要在变量前添加 global 即可。

示例：先定义一个变量 sel，再定义一个函数，在函数内再次使用变量 sel 并且在 sel 前添加 global 使之变为全局变量。

```
sel = 'selenium'

def func():
    global sel
    sel = 'selenium test'

print(sel)
func()
print(sel)

"""
打印结果：
selenium
selenium test
"""
```

当打印变量 sel 时，首先会在本地搜索变量，所以打印结果是 selenium。在调用函数 func( )后，由于 sel 设置成了全局变量，其在重新赋值后会覆盖之前全局变量的值，所以打印结果是 selenium test。

2.16 异常机制

异常机制可以使程序在运行过程中顺利执行，即使遇到错误也能很好地处理，提高了程序的健壮性和可用性。

2.16.1 try-except

Python 内置了一套 try…except…的处理异常机制，其基本语法如下：

try：

【代码块】

except Exception as ex：

【处理异常代码块】

Python 会先执行 try 里面的代码块，当出现异常时，系统会生成一个异常对象并且将异常对象提交给 Python 解释器，Python 解释器会寻找能处理该异常对象的 except 块。如果找到合适的 except 块，则把该异常对象交给该 except 块处理；如果未找到捕获异常的 except 块，则环境终止，Python 解释器退出。

示例：定义一个处理除法的异常处理函数。

```
def func(a, b):
    try:
        return a / b
    except ZeroDivisionError as e:
        return e

print(func(3, 2))
print(func(3, 0))
```

运行代码后控制台的输出结果如下：

```
1.5
division by zero

Process finished with exit code 0
```

当没有发生异常时，代码执行 try 子句，忽略 except 子句。当异常发生时，忽略 try 子句余下的部分，如果异常的类型和 except 后的名称相符，那么对应的 except 子句将被执行；如果异常的类型不在捕获列表中，那么程序会抛出其他异常。

2.16.2　else

try...except 可以结合 else 一起使用。else 子句会在 try 子句没有发生任何异常的时候执行，一旦 try 子句出现异常，else 子句将不会执行。else 使用时需要放在 except 子句之后。

示例：

```
def func(a, b):
    try:
        print(a / b)
    except:
        print('error')
    else:
        print(' try...else')

func(2, 1)
func(2, 0)
```

运行代码后控制台的输出结果如下：

```
2.0
```

```
try...else
error

Process finished with exit code 0
```

如上述示例可知，当 try 子句正常执行时，才执行 else 子句。一旦 try 子句发生异常，else 子句将不再继续执行。

2.16.3 finally

try...except 除了与 else 一起使用外，还可以与 finally 一起使用，当然，也可以同时使用 else 和 finally。finally 的用法和 else 一样，但是 finally 子句无论 try 子句中有没有发生异常都会执行。

示例：

```
def func(a, b):
    try:
        print(a / b)
    except:
        print('error')
    finally:
        print('try...else')

func(2, 1)
func(2, 0)
```

运行代码后控制台的输出结果如下：

```
2.0
try...else
error
try...else

Process finished with exit code 0
```

2.17 __init__.py 文件

__init__.py 用于定义包的属性和方法，当把一个包作为模块导入的时候，实际上导入的是它的__init__.py 文件。__init__.py 文件可以为空文件，但是必须存在。如果没有__init__.py 文件，则__init__.py 所在的目录只是目录而不是包，就不能被导入，或者导入的__init__.py 文件包含了其他的模块和嵌套包。

当一个包被导入时，首先会执行__init__.py 文件，并且只会执行一次。我们新建一个 package 文件夹，下面创建一个__init__.py 文件，如图 2-1 所示。

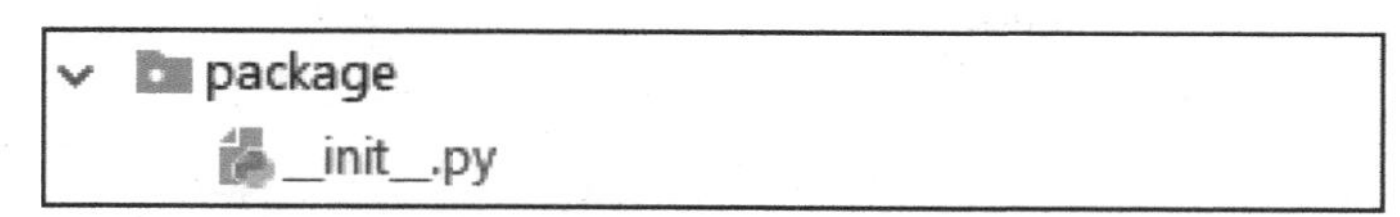

图 2-1　包结构

__init__.py 文件中的内容如下：

```
# package\__init__.py
print('hello world')
```

导入 package 包：

```
>>> import package
hello world
>>> import package
>>> import package
```

由导入结果可知，当导入某一个包时，会执行该包下的__init__.py 文件，且多次导入也只执行一次。

在__init__.py 文件中还有一个重要的变量__all__，这是一个包含模块名称的列表，可用于定义使用通配符的方式引入的模块。

```
# package\__init__.py

__all__ = ['module1', 'module2', 'module3']
```

如果在其他 py 文件中使用通配符的方式导入 package 模块，可使用如下方式：

```
from package import *
```

相当于将__all__中包含的模块一次性导入，等同于

```
from package import module1, module2, module3
```

2.18　Python 实用技巧

每种语言都有一些方便操作的技巧，这些技巧可以使程序员在编码过程中提高效率、增加代码的可阅读性。接下来分享一些 Python 的实用技巧。

1. 打印分隔符

使用 print 中的参数 sep 进行换行，实现分隔线的快速打印。

示例：

```
print('selenium', 'web', 'autotest', sep='\n-----------\n')

"""
打印结果：
selenium
-----------
```

```
web
------------
autotest
"""
```

2．变量交换

不引用第三方变量，直接进行变量值的交换。

示例：

```
a = 1
b = 2

a, b = b, a

print(a, b)
# 打印结果： 2 1
```

3．列表反转

使用切片方法将列表中的元素反转。

示例：

```
list = [1, 4, 45, 23, 54]
reversed_list = list[::-1]

print(reversed_list)
# 打印结果：[54, 23, 45, 4, 1]
```

4．链式使用

Python 中可以非常方便地使用链式表达式，比如链式比较、链式调用等。

示例：

```
# 链式比较
a = 4
print(4 == a < 6)
```

5．使用三元操作符进行条件赋值

三元操作符是 if-else 语句也就是条件操作符的一个快捷方式，如果使用其进行条件赋值，可使用如下方法：

```
【表达式为真的返回值】if【表达式】else【表达式为假的返回值】
```

示例：

```
def func(y):
    x = -1
    return x if (y > 99) else 1
```

如上述示例可知，当 y 大于 99 时返回 x 值，否则将 1 赋值给 x 并返回。

6. 同时迭代两个列表

使用 zip 函数同时迭代两个列表。

示例：

```
list1 = [1, 2, 3, 4]
list2 = ['py', 'sel', 'web', 'at']

for i,j in zip(list1, list2):
    print(str(i) + ': ' + j)

"""
打印结果：
1: py
2: sel
3: web
4: at
"""
```

7. 从两个相关的序列构建一个字典

将两个相关的列表或元组构建成一个字典。

示例：

```
list1 = ['py', 'sel', 'at']
list2 = ['python', 'selenium', 'autotest']

dic = dict(zip(list1,list2))

print(dic)
# 打印结果：{'py': 'python', 'sel': 'selenium', 'at': 'autotest'}
```

8. 初始化列表值

例如，创建一个列表，列表中有 5 个相同的元素 2。

```
l = [2]*5

print(l)
# 打印结果：[2, 2, 2, 2, 2]
```

9. 从列表中删除重复项

使用 set 将列表去重，然后再转换成列表。

示例：

```
l = ['py', 'sel', 'at', 'py', 'py', 'at']

new_l = list(set(l))

print(new_l)
# 打印结果：['sel', 'py', 'at']
```

10．enumerate 函数

enumerate()是 Python 的一个内置函数。将一个可遍历的数据对象（如列表、元组或字符串）组合为一个索引序列，同时列出索引和值。

语法：

enumerate(sequence, [start=0])，start 参数为索引起始位置。

示例：

```
>>> seq = ['py', 'sel', 'web', 'at']
>>> for index, item in enumerate(seq):
        print(index, item)
0 py
1 sel
2 web
3 at
>>> list(enumerate(seq, start=1))
[(1, 'py'), (2, 'sel'), (3, 'web'), (4, 'at')]
```

11．map 函数

map()是 Python 内置的高级函数，它接收一个函数 function 和一个列表，并通过把函数 function 依次作用在列表的每个元素上，得到一个新的列表并返回。

示例：将两个列表中 index 相同的值求积并返回一个新的列表。

```
>>> list(map(lambda x, y: x * y, [1, 3, 7], [13, 5, 21]))
[13, 15, 147]
>>>
```

12．any 和 all

any( )函数用于判断一个可迭代函数的元素是否全为 False。如果是，则返回 False；否则返回 True。False 元素有 0、空字符串(' ')、空列表([ ])、False。

示例：

```
print(any([0, 1]))  # True
print(any(['', 0, False]))  # False
print(any([])) # 空列表返回 False
print(any(())) # 空元组，返回 False
print(any({})) # 空字典，返回 False
```

all( )函数和 any( )相反，用于判断一个可迭代函数的元素是否含有 False，如果存在一个元素为 False，则返回 False；否则返回 True。all( )使用时，空元组(( ))、空列表([ ])和空字典({ })的返回结果都是 True。

示例：

```
print(all([1, 2, 3]))  # True
print(all([0, 1, 2]))  # 元素 0 为 False，返回结果为 False
print(all(['a', 'b', ''])) # 元素空字符串为 False，返回结果为 False
print(all(()))  # 空元组，返回 True
print(all([]))  # 空列表，返回 True
```

```
print(all({}))  # 空字典，返回 True
```

13. strip 去除空格

strip 用于去除字符串中的空格或指定字符，去除的空格包括 '\n',、'\r'、 '\t' 和 ' '。

语法：

str.strip( )：去除字符串两边的空格。

str.lstrip( )：去除字符串左边的空格。

str.rstrip( )：去除字符串右边的空格。

示例：

```
>>> s = "   hello selenium   "
>>> s.strip()
'hello selenium'
>>> s.lstrip()
'hello selenium   '
>>> s.rstrip()
'   hello selenium'
```

14. 获取当前文件的绝对路径

示例：

```
import os

realpath = os.path.split(os.path.realpath(__file__))[0]
```

第 3 章

Selenium WebDriver

WebDriver 是一个用来进行复杂重复的 Web 自动化测试工具，是 Selenium Tool 套件中最重要的组件。在 Selenium 2.0 中已经将 Selenium 和 WebDriver 进行了合并，作为一个更简单、更简洁且有利于维护的 API 提供给测试人员使用。

在软件 UI 自动化中我们主要使用 WebDriver API 编写测试脚本，所以本章主要介绍的是 WebDriver API。

3.1 WebDriver 简介

WebDriver 是 Selenium Tool 套件中最重要的组件，其就像一个媒介，用脚本驱动 WebDriver，WebDriver 再去控制浏览器，从而实现脚本对浏览器的操作。

3.1.1 WebDriver 的特点

WebDriver 是 Seleniuim 中的一个工具，其主要有以下特点：

- 支持多种语言的测试脚本，包括 C#、Java、Perl、PHP 和 Python 等。
- 与它的前身 Selenium RC 相比，WebDriver 执行速度更快，因为它是直接调用 Web 浏览器进行交互，而 RC 需要通过 RC 服务器和浏览器进行交互。
- 多浏览器支持：Google Chrome、Internet Explorer、Firefox、Opera 和 Safari 等，还支持无头驱动程序 HTMLUnit。
- 支持移动端操作系统的应用程序：iOS、Windows Mobile 和 Android。

3.1.2 常用 WebDriver

WebDriver 通过调用浏览器原生的自动化 API 直接驱动浏览器，驱动不同的浏览器当然也需要不同的 WebDriver 与之对应，常用的 WebDriver 有：

- Google Chrome Driver
- Internet Explorer Driver
- Opera Driver
- Safari Driver
- HTML Unit Driver （一个特殊的无头驱动程序）

不同的浏览器驱动安装可参考 1.1.6 小节浏览器驱动安装。

3.2 源码中查找元素

在 UI 自动化中经常要对页面元素进行定位，这就需要查看页面源码，根据元素的一些属性例如 id、name、class 等确定元素，然后对元素进行一系列的操作。

3.2.1 查看网页源码

进入网页后，单击鼠标右键，在弹出的快捷菜单中选择【查看页面源代码】选项查看网页源代码，如图 3-1 所示。

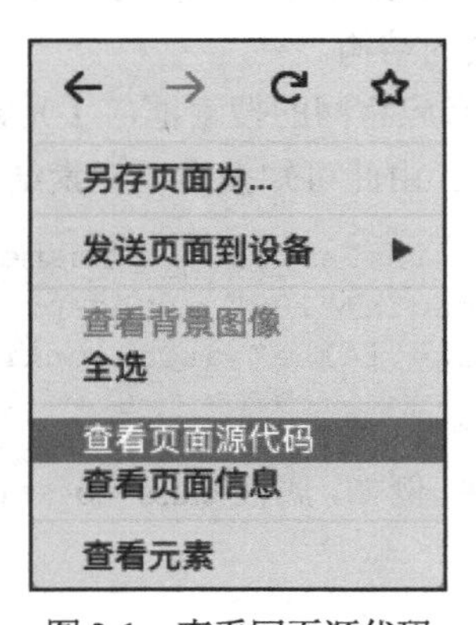

图 3-1 查看网页源代码

如果是为了确定页面元素，不建议查看页面源代码，因为它是单独的一个页面，查找某一个元素很不方便，不能直观地观察到页面展示的元素在 HTML 中的位置。

为了方便查看元素在 HTML 中的位置及其属性，可以使用查看元素功能。打开页面后单击【元素选择器】图标（图 3-2 中框选的图标），将鼠标移动到需要定位的元素之上，在 HTML 中会将对应节点添加灰色背景显示，这样可以非常直观地得到元素的属性。

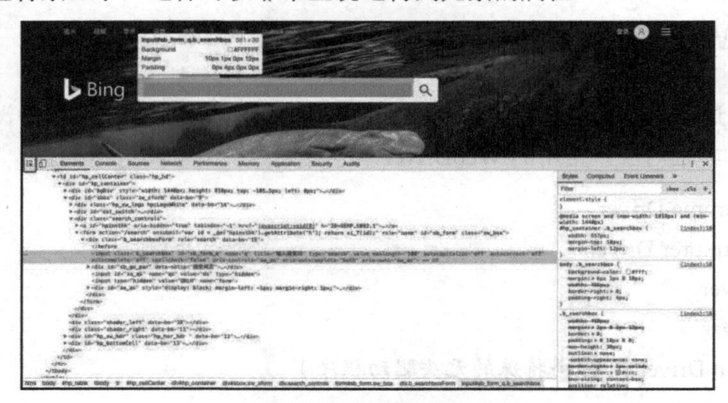

图 3-2　网页中定位元素

在不同的浏览器中查看元素的方式略有不同，下面是不同浏览器中查看元素的方法：

- Chrome：右键单击→检查；或右上角菜单栏→更多工具→开发者工具；快捷键 F12。
- IE：右键单击→检查元素；或右上角菜单栏→开发人员工具；快捷键 F12。
- Edge：右键单击→查看元素；或右上角菜单栏→开发人员工具；快捷键 F12。
- Firefox：右键单击→查看元素；或右上角菜单栏→Web 开发者→查看器；快捷键 F12。
- Safari：右键单击→检查元素；或菜单栏开发→显示网页检查器；快捷键 option + command + I。

3.2.2 查找元素的属性

单击【元素选择器】使其高亮，然后将鼠标移动到需要定位的元素上，鼠标左键确认。确认后在网页源码中会自动选中定位元素的结构。

示例：在 Firefox 浏览器中定位必应官网的搜索框，【元素选择器】选择搜索框后网页源码中有部分内容自动高亮，如图 3-3 所示。由此可知搜索框元素结构为：

```
<input class="b_searchbox" id="sb_form_q" name="q" title="输入搜索词
" type="search" value="" maxlength="100" autocapitalize="off" autocorrect="off
" autocomplete="off" spellcheck="false" aria-controls="sw_as" aria-autocomplet
e="both" aria-owns="sw_as">
```

因此可获得该输入框元素的属性。例如，属性 class="b_searchbox"，id="sb_form_q"，name="q"，type="search"。

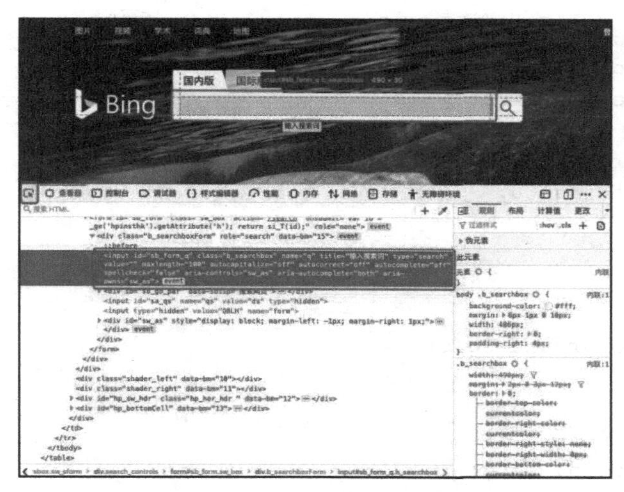

图 3-3　定位必应官网的搜索框

3.3　元素定位

元素定位是通过在 HTML 代码中查找元素属性，从而确定需要的元素位置，进而对其进行操作。

本节将使用元素定位页面实例进行说明，如图 3-4 所示。

图 3-4　元素定位 Web 页面

HTML 代码如下：

```
<!-- projectAutoTest/projectHtml/chapter3/period3.html -->

<!DOCTYPE html>
<html lang="en">

<head>
    <meta charset="UTF-8">
```

```
    <meta http-equiv="X-UA-Compatible" content="ie=edge">
    <title>findElement</title>
    <style type="text/css">
        * {
            margin: 0;
            padding: 0;
        }

        html,
        body {
            background-color: #eee;
        }

        .contain {
            margin: 50px;
        }

        #search {
            width: 200px;
            height: 20px;
            outline: none;
            padding: 1px 5px;
        }

        .btn-search {
            font-size: 20px;
            width: 60px;
        }

        #sex {
            display: block;
            outline: none;
            width: 20px;
        }

        #language {
            margin-top: 40px;
        }
        #language input[type=checkbox] {
            zoom: 160%;
            margin-right: 5px;
        }

        h4 {
            margin: 40px;
        }

        p {
            margin: 40px;
        }
```

```
        a {
            margin: 40px;
            text-decoration: none;
        }
        a:hover {
            text-decoration: underline;
        }

        button {
            display: block;
            margin: 30px;
            font-size: 20px;
            border-radius: 5px;
            outline: none;
        }
        button:hover {
            color: rgb(66, 66, 66);
            background-color: rgb(228, 228, 228);
        }
    </style>
</head>

<body>
    <div class="contain">
        <!-- id -->
        <input id="search" type="text" maxlength="10">
        <!-- class -->
        <input class="btn-search" type="button" value="检索">
        <!-- name -->
        <form id="language">
            您掌握的语言有？<br />
            <label><input name="language" type="checkbox" value="" />Pytho
n</label>
        </form>
        <!-- tag -->
        <h4>tag 定位</h4>
        <!-- xPath -->
        <p>xPath 定位</p>
        <!-- link -->
        <a href="/tynam/test">Tynam</a>
        <!-- Partial link -->
        <a href="#">Partial link 定位</a>
        <!-- css -->
        <button class="css">CSS 定位</button>
    </div>

</body>

</html>
```

3.3.1 id 定位

通过元素的 id 属性值获取元素。使用语法：find_element_by_id('id')。

示例：通过元素 id 属性定位一个输入框，如图 3-5 所示。

图 3-5 输入框

HTML 脚本：

```
<!-- id -->
<input id="search" type="text" maxlength="10">
```

通过 HTML 脚本可知：id="search"。

使用 find_element_by_id('id') 方法进行定位：

```
# projectAutoTest/projectTest/chapter3/period3.py
# -*-coding:utf-8-*-
from selenium import webdriver
import time

driver = webdriver.Chrome()
driver.get("http://localhost:63342/projectAutoTest/projectHtml/chapter3/pe
riod3.html")
time.sleep(1)

# id 定位
driver.find_element_by_id('search')
```

还可以使用断言 assert 确认定位的正确性。检索框有个 maxlength 属性，我们获取定位到的元素的 maxlength 属性值，如果 maxlength 值与 HTML 脚本中的 maxlength='10' 相等，则定位正确。

```
id_maxlength = driver.find_element_by_id('search').get_attribute('maxlengt
h')
assert id_maxlength == '10'
```

3.3.2 class 定位

通过元素的 class 属性值获取元素。使用语法：find_element_by_class_name('class')。

例如通过元素 class 属性定位一个检索按钮，如图 3-6 所示。

图 3-6 检索按钮

HTML 脚本：

```
<!-- class -->
<input class="btn-search" type="button" value="检索">
```

通过 HTML 脚本可知：class="btn-search"。

使用 find_element_by_class_name('class') 方法进行定位：

```
driver = webdriver.Chrome()
# class 定位
driver.find_element_by_class_name('btn-search')
```

使用 assert 断言确认定位正确。检索按钮有个 value 属性。获取定位到的元素的 value 属性值，如果 value 值与 HTML 脚本中的 value="检索"相等，则定位正确。

```
# class 定位
class_value = driver.find_element_by_class_name('btn-search').get_attribut
e('value')
assert class_value == "检索"
```

3.3.3 name 定位

通过元素的 name 属性值获取元素。使用语法：find_element_by_name('name')。

示例：通过元素 name 属性定位一个多选框，如图 3-7 所示。

图 3-7 多选框

HTML 脚本：

```
<!-- name -->
<form id="language">
    您掌握的语言有？<br />
    <label><input name="language" type="checkbox" value="" />Python</label>
</form>
```

通过 HTML 脚本可知：name="language"。

使用 find_element_by_name('name') 方法进行定位：

```
driver = webdriver.Chrome()
# name 定位
driver.find_element_by_name('language')
```

使用 assert 断言确认定位正确。多选框有个 type 属性。获取定位到的元素的 type 属性值，如果 type 值与 HTML 脚本中的 type="checkbox"相等，则定位正确。

```
# name 定位
name_type = driver.find_element_by_name('language').get_attribute('type')
assert name_type == "checkbox"
```

3.3.4 tag 定位

通过元素的 tag name 属性值获取元素。使用语法：find_element_by_tag_name('tag')。

示例：通过元素 tag 属性定位文本“tag 定位”，如图 3-8 所示。

tag定位

图 3-8 tag 定位文本

HTML 脚本：

```
<!-- tag -->
<h4>tag 定位</h4>
```

通过 HTML 脚本可知：tag 为 h4。

使用 find_element_by_tag_name('tag')方法进行定位：

```
driver = webdriver.Chrome()
# tag 定位
driver.find_element_by_tag_name('h4')
```

使用 assert 断言确认定位正确。H4 标签的文本内容为“tag 定位”。获取定位到的元素的文本内容，如果文本内容与 HTML 脚本文本内容相等，则定位正确。

```
# tag 定位
tag_text = driver.find_element_by_tag_name('h4').text
assert tag_text == "tag 定位"
```

3.3.5 xPath 定位

通过 xPath 获取元素，即通过路径定位元素。使用语法：find_element_by_id('xPath')。

示例：通过 xPath 定位文本“xPath 定位”，如图 3-9 所示。

xPath定位

图 3-9 xPath 定位文本

HTML 脚本：

```
<!-- xPath -->
<p>xPath 定位</p>
```

通过 HTML 脚本得到路径：/html/body/div/p。

使用 find_element_by_id('xPath') 进行定位：

```
driver = webdriver.Chrome()
# xPath 定位
driver.find_element_by_xpath('/html/body/div/p')
```

使用 assert 断言确认定位正确。“/html/body/div/p”路径下的文本内容为“xPath 定位”。获取定位到的元素的文本内容，如果文本内容与 HTML 脚本文本内容相等，则定位正确。

```
# xPath 定位
xPath_text = driver.find_element_by_xpath('/html/body/div/p').text
assert xPath_text == "xPath 定位"
```

使用 xPath 定位选择路径时有两种方式，绝对路径定位和相对路径定位：

- 绝对路径定位：从页面的最初位置开始定位，以一个单斜杠“/”开头，例如：“/html/body/div/p”。
- 相对路径定位：从页面中可以确定唯一性的一个节点开始定位，以双斜杠“//”开头，例如："//div[@id='search']/input"，定位的元素是在含有 id='search' 属性的 div 节点下的 input 元素。

在使用路径定位时还可以结合元素属性进行定位：

- 使用@特殊符号进行属性匹配定位：@用来选择某节点的属性。语法："//标签名[@属性='属性值']"。例如："//input[@name='firstName']"，选择 input 标签中含有属性 name='firstName'的元素。
- contains( )：模糊定位。语法："//标签名[contains(@属性,'属性值')]"。例如："//a[contains(@href,'news')]"，选择 a 标签中含有 href 属性且 href 的值中含有字符串 news 的元素。

3.3.6 link 定位

通过文字链接定位元素。使用语法：find_element_by_link_text(text)。

示例：通过 link 定位文本“Tynam”，如图 3-10 所示。

Tynam

图 3-10 link 定位文本

HTML 脚本：

```
<!-- link -->
<a href="/tynam/test">Tynam</a>
```

通过 HTML 脚本可知 a 标签的文本内容是“Tynam”，使用 find_element_by_link_text(text) 方法进行定位：

```
driver = webdriver.Chrome()
# link 定位
driver.find_element_by_link_text('Tynam')
```

使用 assert 断言确认定位正确。a 链接有个 href 属性。获取定位到的元素的 href 属性值，如果 href 值与 HTML 脚本中的 href=“/tynam/test”相等，则定位正确。

注 意

href="/tynam/test"，但是实际访问的地址是：http://localhost:63342/tynam/test，所以断言时要用实际值进行判断。

```
# link 定位
link_href = driver.find_element_by_link_text('Tynam').get_attribute('href')
assert link_href == "http://localhost:63342/tynam/test"
```

3.3.7 Partial link 定位

通过文字链接中的部分文字定位元素。使用语法：find_element_by_partial_link_text (partialText)。

示例：通过 Partial link 定位文本“Partial link 定位”，如图 3-11 所示。

Partial link定位

图 3-11 Partial link 定位文本

HTML 脚本：

```
<!-- Partial link -->
<a href="#">Partial link 定位</a>
```

通过 HTML 脚本可知 a 标签的文本内容是：Partial link 定位。使用 find_element_by_partial_link_text(partialText) 方法进行定位：

```
driver = webdriver.Chrome()
# Partial link 定位
driver.find_element_by_partial_link_text('link 定位')
```

使用 assert 断言确认定位正确。a 链接的文本内容是“Partial link 定位”。获取定位到的元素文本内容，如果文本内容与 HTML 脚本中的 Partial link 定位”相等，则定位正确。

```
# Partial link 定位
partial_link_text = driver.find_element_by_partial_link_text('link 定位
').text
assert partial_link_text == "Partial link 定位"
```

3.3.8 CSS 选择器定位

通过 CSS 选择器获取元素。使用语法：find_element_by_css_selector(css)。

示例：通过 CSS 选择器定位一个按钮，如图 3-12 所示。

CSS定位

图 3-12 CSS 定位按钮

HTML 脚本：

```
<button class="css">CSS 定位</button>
```

通过 HTML 脚本可知，button 标签中有一个 class="css"属性。使用 find_element_by_css_selector(css) 进行定位：

```
driver = webdriver.Chrome()
# CSS 选择器定位
driver.find_element_by_css_selector('button.css')
```

使用 assert 断言确认定位正确。按钮的文本内容是“CSS 定位”。获取定位到的元素的文本内容，如果文本内容与 HTML 脚本中的文本内容相等，则定位正确。

```
# CSS 选择器定位
css_text = driver.find_element_by_css_selector('button.css').text
assert css_text == "CSS 定位"
```

CSS 定位非常灵活，值中可以包含任意一种属性，包括 id、class、name 等。CSS 常见定位如表 3-1 所示。

表 3-1 CSS 常见定位

选择器	选择器含义	实例	实例说明
*	通配符	*	选择所有的元素
#id	id 选择	#login	选择 id="login"的元素
.class	class 选择	div.active	选择 div 中含有 class="active"的元素，相当于 div[class= "active"]
Element	标签选择	input	选择 input 元素
element1,element2	匹配 element1 和 element2	input, p	选择 input 和 p 标签的元素
element1>element2	匹配 element1 下子元素为 element2 的元素	div .active	选择 div 中子元素含有 class="active"的元素
element1+element2	匹配与 element1 同级并且在其相邻后面的 element2 元素	.active+li	选择 class="active"的同级且紧邻其后的 li 标签元素
[attribute=value]	匹配属性 attribute 的值 value 的元素	input[type="button"]	选择 input 标签中含有 type="button"的元素
:first-child	选择第一个子元素	ul:first-child	选择 ul 中第一个字元素
element:not(s)	匹配 element 元素但元素中没有 s 值	div:not(.active)	选择所有的 div 中没有 class="active"的元素

3.3.9 By 定位

By 定位和使用 webdriver.find_element_by_xxx 的定位方式是一样的，只不过在写法上有些区别。

使用 By 方式定位时需要导入 By 类：

```
from selenium.webdriver.common.by import By
```

表 3-2 列出了有关 By 定位的方法及示例。

表 3-2 By 定位方法及示例

定位方式	定位单个元素	实例
id 定位	find_element(By.ID,"id")	find_element(By.ID,"search")
class 定位	find_element(By.CLASS_NAME,"class")	find_element(By.CLASS_NAME,"btn-search")
name 定位	find_element(By.NAME,"name")	find_element(By.NAME," language")
tag 定位	find_element(By.TAG_NAME,"tag")	find_element(By.TAG_NAME,"h4")
xPath 定位	find_element(By.XPATH,"xPath")	find_element(By.XPATH," /html/body/div/p")
link 定位	find_element(By.LINK_TEXT,"text")	find_element(By.LINK_TEXT,"Tynam")
Partial link 定位	find_element(By.PARTIAL_LINK_TEXT,"partialText")	find_element(By.PARTIAL_LINK_TEXT,"link 定位")
CSS 选择器定位	find_element(By.CSS_SELECTOR,"css")	find_element(By.CSS_SELECTOR,"button.css")

3.3.10 确认元素的唯一性

在元素定位中定位一个元素，需要确认定位的元素是唯一的。例如，通过 tag 定位 find_element_by_tag_name('div')，HTML 中有多个 tag name 是 div，这就可能造成获取到的元素不是预期的元素。因而需要确保定位元素的唯一性。

1. 通过在源码中检索确认

开启查看元素，在源码中检索。打开检索快捷键：Ctrl + F （Windows 下）/ Command + F （Mac 系统下）。

输入要查找的元素属性，例如查找 button 标签中 class=“css”的元素，则在检索框中输入：button.css。

如图 3-13 所示，查找的元素在源码中会高亮显示。检索框后面显示检索出符合条件的数量，但是检索出结果的数量可能会包含 CSS、JavaScript 中的内容，可通过检索框数量后面的上下键查看所有符合条件的元素，如果剔除 CSS、JavaScript 中的记录后数量为 1，则基本可以确定定位的元素就是需要的元素。

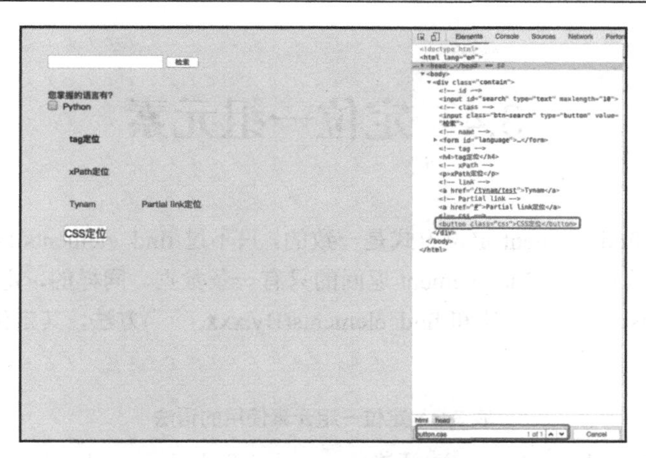

图 3-13　通过检索查找元素

2. 通过控制台确认

通过控制台确认元素的唯一性，主要是使用 JavaScript 中定位元素的方法。开启查看元素，进入控制台（Console），在控制台中输入定位的元素属性，通过查看返回值确认元素的唯一性。

语法和 WebDriver API 中定位元素语法类似。例如，确认 id="search" 的元素在页面是否唯一，则输入：document.getElementById("search")。

如图 3-14 所示，只返回了一条数据，且是所要定位的元素，则可以确认选择的定位属性元素在页面中唯一。

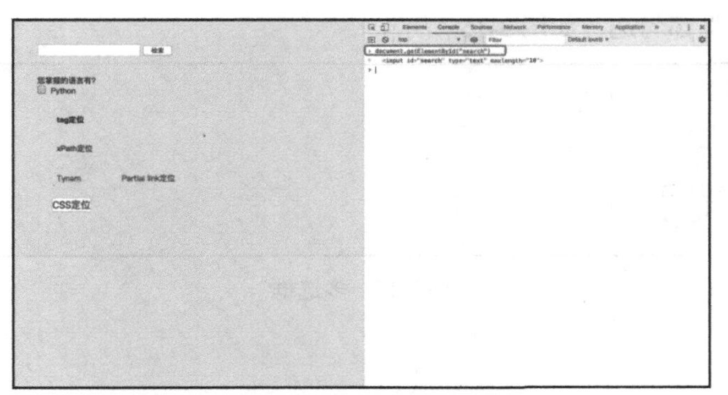

图 3-14　通过控制台查找元素

属性在控制台中确认元素的语法：

- id 属性确认：document.getElementById( )
- class 属性确认：document.getElementsByClassName( )
- name 属性确认：document.getElementsByName( )
- tag 属性确认：document.getElementsByTagName( )
- xPath 确认：document.getSelection( )
- CSS 确认：document.querySelector( )

3.4 定位一组元素

find_elements 和 find_element 定位方式是一致的，只不过 find_elements 返回的是一组数据，且以列表数据结构形式返回，而 find_element 返回的只有一条数据。同样的，定义一组元素也有两种方式，即 find_elements_by_xxx 方法和 find_elements(By.xxx, ″″)方法，其定位方法和示例如表 3-3 所示。

表 3-3 定位一组元素使用的语法

定位方式	find_elements_by_xxx 语法	find_elements(By.xxx, " ")语法
id 定位	find_elements_by_id()	find_elements(By.ID,"")
class 定位	find_elements_by_class_name()	find_elements(By.CLASS_NAME,"")
name 定位	find_elements_by_name()	find_elements(By.NAME,"")
tag 定位	find_elements_by_tag_name()	find_elements(By.TAG_NAME,"")
xPath 定位	find_elements_by_xpath()	find_elements(By.XPATH,"")
link 定位	find_elements_by_link_text()	find_elements(By.LINK_TEXT,"")
Partial link 定位	find_elements_by_partial_link_text()	find_elements(By.PARTIAL_LINK_TEXT,"")
CSS 选择器定位	find_elements_by_css_selector()	find_elements(By.CSS_SELECTOR,"")

示例 1：将多选框都勾选，如图 3-15 所示。

您喜欢的语言：
☑ Python
☐ C#
☐ Java
☐ PHP

图 3-15 多选框

HTML 脚本：

```
<!-- projectAutoTest/projectHtml/chapter3/period4.html -->
<!DOCTYPE html>
<html lang="en">
<head>
    <meta charset="UTF-8">
    <meta http-equiv="X-UA-Compatible" content="ie=edge">
    <title>多选框</title>
</head>
<body style="background:#eee">
    <form name="form1">
        您喜欢的语言：<br />
        <input id="checkbox1" type="checkbox" checked="checked"/><label fo
r="checkbox1">Python</label><br />
        <input id="checkbox2" type="checkbox" /><label for="checkbox2">C#<
```

```
/label><br />
            <input id="checkbox3" type="checkbox" /><label for="checkbox3">Jav
a</label><br />
            <input id="checkbox4" type="checkbox" /><label for="checkbox4">PHP
</label>
        </form>
    </body>
    </html>
```

先定位出所有的复选框，然后对没有勾选的复选框进行判断，如果没有勾选，则单击进行勾选。

```
    # -*-coding:utf-8-*-

    from selenium import webdriver
    import time

    driver = webdriver.Chrome()
    driver.get("http://localhost:63342/projectAutoTest/projectHtml/chapter3/pe
riod4.html")
    time.sleep(3)

    # 得到所有的多选框
    checkboxs = driver.find_elements_by_tag_name('input')

    # 将所有的多选框勾选
    for checkbox in checkboxs:
        # 取消已经被勾选的复选框
        if checkbox.get_attribute('checked') is None:
            checkbox.click()
            time.sleep(1)

    driver.close()
```

运行脚本结束，所有的 checkbox 都变为勾选状态，如图 3-16 所示。

您喜欢的语言：
Python
C#
Java
PHP

图 3-16　勾选多选框结果

示例 2：取消第一个勾选，勾选第二个多选框。

因为 findElements 定位方法返回的是一个数组，所以可以以数组的操作方式进行操作。

```
    checkboxs[0].click()
    time.sleep(1)
    checkboxs[1].click()
```

3.5 浏览器操作

本节将介绍通过代码模拟操作浏览器的一些行为动作，比如，浏览器的最大化、页面前进和后退、页面刷新等。

3.5.1 浏览器最大化

可通过 maximize_window( )实现浏览器的最大化，即将浏览器最大化占据整个屏幕。

示例：

```
from selenium import webdriver

driver = webdriver.Chrome()
# 浏览器最大化
driver.maximize_window()
# 关闭浏览器
driver.quit()
```

3.5.2 设置浏览器的宽和高

可以通过 set_window_size(宽，高)自定义浏览器的宽和高，默认打开的浏览器大小为宽 400 像素，高 580 像素。

示例：设置浏览器宽为 500 像素，高为 900 像素。

```
from selenium import webdriver

driver = webdriver.Chrome()
# 设置浏览器大小
driver.set_window_size(500,900)

# 关闭浏览器
driver.quit()
```

3.5.3 访问网页

可以通过 get( )访问一个页面即打开某个 URL。

示例：访问百度首页。

```
from selenium import webdriver

driver = webdriver.Chrome()
# 访问百度
```

```
driver.get("https://www.baidu.com/")
# 关闭浏览器
driver.quit()
```

3.5.4 浏览器后退

可以通过 back( )操作浏览器的后退，方便在浏览过的页面之间进行切换。

示例：访问百度首页并且搜索“tynam”，然后操作浏览器退回百度首页。

```
from selenium import webdriver
import time

driver = webdriver.Chrome()
time.sleep(3)
driver.get("https://www.baidu.com/")
time.sleep(1)
driver.find_element_by_id('kw').send_keys('tynam')
driver.find_element_by_id('su').click()
time.sleep(1)
# 操作浏览器后退
driver.back()

# 关闭浏览器
driver.quit()
```

3.5.5 浏览器前进

可以通过 forward( )操作浏览器的前进，方便在浏览过的页面之间进行切换。

示例：访问百度首页，并且搜索“tynam”，然后操作浏览器退回百度首页，接着操作浏览器使页面前进到搜索 “tynam” 的结果页面。

```
from selenium import webdriver
import time

driver = webdriver.Chrome()
time.sleep(3)
driver.get("https://www.baidu.com/")
time.sleep(1)
driver.find_element_by_id('kw').send_keys('tynam')
driver.find_element_by_id('su').click()
time.sleep(1)
# 操作浏览器后退
driver.back()
# 操作浏览器前进
driver.forward()

# 关闭浏览器
driver.quit()
```

3.5.6 刷新页面

可以通过 refresh( )操作浏览器的刷新，方便获取到的数据是最新的。

示例：刷新页面。

```
from selenium import webdriver
import time

driver = webdriver.Chrome()
# 刷新页面
driver.refresh()

# 关闭浏览器
driver.quit()
```

3.5.7 关闭浏览器当前窗口

可以通过 driver.close( )关闭浏览器的当前窗口，使用方法：driver.close( )。如果打开了多个窗口，使用 driver.close( )则关闭当前窗口；如果浏览器只打开了一个窗口，使用 driver.close( )则关闭浏览器；如果浏览器打开了多个窗口，使用 driver.close( )则关闭当前聚焦的窗口，不会影响其他窗口。

示例：打开浏览器，使用 driver.close( )关闭浏览器。

```
from selenium import webdriver

driver = webdriver.Chrome()

# 关闭浏览器
driver.close()
```

3.5.8 结束进程

可以通过 quit( )关闭浏览器并且结束进程。如果浏览器有多个窗口，使用 quit( )则关闭所有的窗口并且退出浏览器。

示例：

```
from selenium import webdriver

driver = webdriver.Chrome()

# 结束进程
driver.quit()
```

3.5.9　获取页面 title

可以通过 title 获取 HTML 脚本 head 中的 title 值。

示例：获取下面代码中的 title，如下 HTML 脚本中的 title 值为 findElement。

```
<!DOCTYPE html>
<html lang="en">

<head>
    <meta charset="UTF-8">
    <title>findElement</title>
</head>

<body></body>
</html>
```

获取 title 值的脚本实现：

```
from selenium import webdriver
import time

driver = webdriver.Chrome()
time.sleep(2)
driver.get("http://localhost:63342/projectAutoTest/projectHtml/chapter3/pe
riod3.html")
time.sleep(1)
# 打印 title
print(driver.title)
driver.quit()

# 打印结果：findElement
```

3.5.10　获取当前页面的 URL

可以通过 current_url 获取当前页面的 URL，帮助判断跳转的页面是否正确，或者通过 URL 中部分字段作为断言，判断与预期结果是否一致。

示例：单击下面的 a 链接，判断“tynam”在当前页面的 URL 中，如图 3-17 所示。

Tynam

图 3-17　a 链接画面

HTML 脚本：

```
<!-- link -->
<a href="/tynam/test">Tynam</a>
```

获取跳转后 URL 值的脚本实现：

```
from selenium import webdriver
import time

driver = webdriver.Chrome()
time.sleep(2)
driver.get("http://localhost:63342/projectAutoTest/projectHtml/chapter3/pe
riod3.html")
time.sleep(1)
driver.find_element_by_link_text('Tynam').click()

# 获得单击之后的 url
cur_url = driver.current_url

# 断言 tynam 在当前 url 中
assert 'tynam' in cur_url

driver.quit()
```

3.5.11 获取页面源码

可以通过 page_source 获取页面源码，进而在源码中做些断言，以判断某些元素结构在页面源码中存在。也可以使用正则表达式获取源码中的部分内容。

示例：

```
from selenium import webdriver
import time

driver = webdriver.Chrome()
time.sleep(2)
driver.get("http://localhost:63342/projectAutoTest/projectHtml/chapter3/pe
riod4.html")
time.sleep(1)
```

执行代码后控制台的输出结果如下：

```
<html lang="en"><head>
    <meta charset="UTF-8">
    <meta http-equiv="X-UA-Compatible" content="ie=edge">
    <title>多选框</title>
</head>
<body style="background:#eee">
    <form name="form1">
        您喜欢的语言：<br>
        <input id="checkbox1" type="checkbox" checked="checked"><label for
="checkbox1">Python</label><br>
        <input id="checkbox2" type="checkbox"><label for="checkbox2">C#</l
abel><br>
        <input id="checkbox3" type="checkbox"><label for="checkbox3">Java<
```

```
/label><br>
            <input id="checkbox4" type="checkbox"><label for="checkbox4">PHP</
label>
        </form>

    </body></html>

    Process finished with exit code 0
```

3.5.12 切换浏览器窗口

可以通过 switch_to.window(handle)切换浏览器窗口，在窗口切换中需要知道切换到某一个具体窗口。确定具体窗口可以使用窗口句柄进行定位，经常使用的获取窗口句柄的两种方法如下：

- current_window_handle：获得当前窗口句柄。
- window_handles：返回所有窗口的句柄到当前会话。

示例：打开第一个窗口（见图 3-18），打印页面 title，然后单击页面的 a 链接打开第二个窗口，浏览器切换到第二个窗口打印页面 title。

浏览器窗口切换第一个页面
点击我打开一个新的窗口

图 3-18　浏览器窗口切换第一个页面

HTML 脚本：

```
<!-- projectAutoTest/projectHtml/chapter3/period5-1-1.html -->
<!DOCTYPE html>
<html lang="en">
<head>
  <meta charset="UTF-8">
  <title>浏览器窗口切换第一个页面</title>
  <style>
    *{margin: 0;}

     body {
      background-color: #eee;
     }

    .box{
      padding: 20px 40px;
      font-size:  14px;
    }

    .list {
      margin-bottom: 20px;
    }
```

```
        a {
          color: red;
          text-decoration: none;
          cursor: pointer;
        }

      </style>
    </head>
    <body>
      <div class="box">
        <div class="list">
          <h3>浏览器窗口切换第一个页面</h3>
          <div>
              <a class='test' href='http://localhost:63342/projectAutoTest/pro
jectHtml/chapter3/period5-1-2.html' target='_blank'>单击我打开一个新的窗口</a>
          </div>
        </div>
      </div>
    </body>
    </html>
```

切换浏览器窗口到第二个页面，如图 3-19 所示。

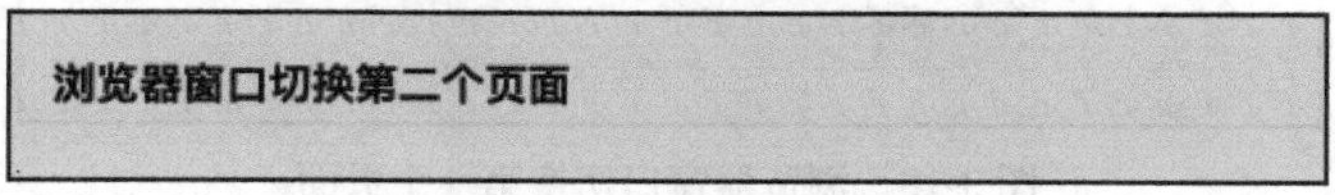

浏览器窗口切换第二个页面

图 3-19　浏览器窗口切换第二个页面

HTML 脚本：

```
    <!-- projectAutoTest/projectHtml/chapter3/period5-1-2.html -->
    <!DOCTYPE html>
    <html lang="en">
    <head>
      <meta charset="UTF-8">
      <title>浏览器窗口切换到第二个页面</title>
      <style>
        *{margin: 0;}

         body {
          background-color: #eee;
         }

        .box {
          padding: 20px 40px;
          font-size:  14px;
        }

        .list {
          margin-bottom: 20px;
```

```
        }
      </style>
    </head>
    <body>
      <div class="box">
        <div class="list">
          <h3>浏览器窗口切换到第二个页面</h3>
        </div>
      </div>
    </body>
    </html>
```

代码实现，第一种方法：

```
    # -*-coding:utf-8-*-

    from selenium import webdriver
    import time

    driver = webdriver.Chrome()
    driver.get("http://localhost:63342/projectAutoTest/projectHtml/chapter3/pe
riod5-1-1.html")
    time.sleep(1)

    print(driver.title)
    # 获得当前页面句柄
    page_handle = driver.current_window_handle

    # 单击 a 标签进入第二个页面
    driver.find_element_by_tag_name('a').click()
    time.sleep(1)

    # 此时 driver 还停留在第一个页面，需要转换到第二个页面
    # 获得所有窗口的句柄
    handles = driver.window_handles
    # 切换到第二个页面
    for handle in handles:
        if handle != page_handle:
            driver.switch_to.window(handle)

    print(driver.title)
    driver.quit()
```

运行代码后控制台的打印结果如下：

```
浏览器窗口切换到第一个页面
浏览器窗口切换到第二个页面

Process finished with exit code 0
```

代码实现，第二种方法：

因为 window_handles 的返回值是一个列表 list，所以可以利用列表的索引确定窗口。

```
# -*-coding:utf-8-*-
from selenium import webdriver
import time

driver = webdriver.Chrome()
driver.get("http://localhost:63342/projectAutoTest/projectHtml/chapter3/pe
riod5-1-1.html")
time.sleep(1)

print(driver.title)

# 单击 a 标签进入第二个页面
driver.find_element_by_tag_name('a').click()
time.sleep(1)

# 此时 driver 还停留在第一个页面，需要转换到第二个页面
# 获得所有窗口的句柄
handles = driver.window_handles
print(handles)
# 切换到第二个页面
driver.switch_to.window(handles[1])
print(driver.title)

driver.quit()
```

运行代码后控制台的打印结果如下：

```
浏览器窗口切换到第一个页面
['CDwindow-764C73144074E1677C53509B093D5237', 'CDwindow-D0267D30BBDB48CEBE
3FF264327E85BD']
浏览器窗口切换到第二个页面

Process finished with exit code 0
```

3.5.13 滚动条操作

有时，页面上的某些元素不在浏览器的视野中，此时需要滑动滚动条至元素出现在浏览器的可见范围，这一滚动条的操作需要借助 JavaScript 完成。

常见的 4 种场景如下：

- 移动到页面顶部：execute_script("window.scrollTo(document.body.scrollHeight,0)")。
- 移动到页面底部：execute_script("window.scrollTo(0,document.body.scrollHeight)")。
- 移动到使元素顶部与窗口的顶部对齐位置：execute_script("arguments[0].scrollIntoView();", element)。
- 移动到使元素底部与窗口的底部对齐位置：execute_script("arguments[0].scrollIntoView(false);", element)。

示例：如下 HTML 脚本，操作滚动条。

```
<!-- projectAutoTest/projectHtml/chapter3/period5-2.html -->
<!DOCTYPE html>
<html lang="en">
<head>
  <meta charset="UTF-8">
  <title>滚动条操作</title>
  <style>
    *{margin: 0;}

     body {
      background-color: #eee;
     }

    .box {
      padding: 20px 40px;
      font-size:  14px;
    }

    .part1, .part2, .part3, .part4 {
      height: 600px;
    }
  </style>
</head>
<body>
  <div class="box">
      <h3>滚动条操作</h3>
      <div class="part1" style="background:red">滚动条操作第一部分</div>
      <div class="part2" style="background:green">滚动条操作第二部分</div>
      <div class="part3" style="background:blue">滚动条操作第三部分</div>
      <div class="part4" style="background:yellow">滚动条操作第四部分</div>
  </div>
</body>
</html>
```

操作滚动条分别移动到页面底部、页面顶部、使“滚动条操作第二部分”顶部与窗口的顶部对齐和使“滚动条操作第三部分”底部与窗口的底部对齐。

```
# -*-coding:utf-8-*-
from selenium import webdriver
import time

driver = webdriver.Chrome()
driver.get("http://localhost:63342/projectAutoTest/projectHtml/chapter3/pe
riod5-2.html")
time.sleep(1)

# 移动到页面底部
driver.execute_script("window.scrollTo(0,document.body.scrollHeight)")
time.sleep(3)

# 移动到页面顶部
```

```
driver.execute_script("window.scrollTo(document.body.scrollHeight,0)")
time.sleep(3)

# 移动到使"滚动条操作第二部分"顶部与窗口的顶部对齐位
element2 = driver.find_element_by_class_name('part2')
driver.execute_script("arguments[0].scrollIntoView();", element2)
time.sleep(3)

# 移动到使"滚动条操作第三部分"底部与窗口的底部对齐位
element3 = driver.find_element_by_class_name('part3')
driver.execute_script("arguments[0].scrollIntoView(false);", element3)
time.sleep(3)

driver.quit()
```

3.6 对象操作

本节介绍元素对象的基本操作方式，如无特殊说明则以图 3-20 所示的登录页面进行演示。

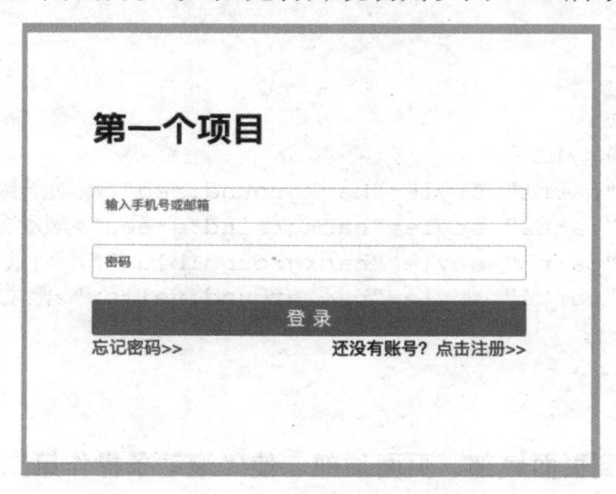

图 3-20 登录页面

页面 HTML 脚本：

```
<html>
    <head>
        <meta charset="utf-8" />
        <meta content="IE=edge">
        <title>第一个项目</title>
        <link rel="stylesheet" type="text/css" href="index.css" />
    </head>
    <body>
        <div id="main">
            <h1>第一个项目</h1>
             <div class="mail-login">
                 <input id="email" name="email" type="text" placeholder="输
```

```
入手机号或邮箱">
                        <input type="password" name="password" placeholder="密码">
                        <a id="btn-login" href="#" type="button" onclick="alert('
登录成功')">
                            <span class="text">登  录</span>
                        </a>
                    </div>
                <div id="forget-pwd">
                    <a class="forget-pwd" href="#">忘记密码>></a>
                </div>
                <div id="register">
                    <span class="no-account"></span>还没有账号？</span>
                    <a class="register" href="#">单击注册>></a>
                </div>
            </div>
        </body>
    </html>
```

3.6.1 单击对象

可以通过 click( )实现单击对象，多用于按钮、a 链接等元素的单击事件，模拟鼠标左键操作。

示例：单击登录按钮，使用 id='btn-login' 进行定位。

```
# -*-coding:utf-8-*-
from selenium import webdriver

driver = webdriver.Chrome()
driver.get("http://localhost:63342/projectAutoTest/projectHtml/chapter1/pe
riod2/index.html")
# 单击事件
driver.find_element_by_id('btn-login').click()
```

运行代码后，程序模拟鼠标左键单击登录按钮。

3.6.2 输入内容

可以通过 send_keys (text) 实现输入内容，模拟按键输入。

示例：在输入账号的输入框中输入内容“tynam@test.com”，以 id='email'进行定位。

```
# -*-coding:utf-8-*-
from selenium import webdriver

driver = webdriver.Chrome()
driver.get("http://localhost:63342/projectAutoTest/projectHtml/chapter1/pe
riod2/index.html")
# 发送内容事件
driver.find_element_by_id('email').send_keys('tynam@test.com')
```

运行代码后，程序在账号输入框中输入了 tynam@test.com。

3.6.3 清空内容

可以通过 clear( )清除对象内容，通常用于清除输入框的默认值。

示例：在输入账号的输入框中输入内容“tynam@test.com”，然后清空输入的内容，以 id='email' 进行定位。

```
# -*-coding:utf-8-*-
from selenium import webdriver

driver = webdriver.Chrome()
driver.get("http://localhost:63342/projectAutoTest/projectHtml/chapter1/pe
riod2/index.html")
# 发送内容事件
driver.find_element_by_id('email').send_keys('tynam@test.com')
# 清空事件
driver.find_element_by_id('email').clear()
```

运行代码后，程序在账号输入框中输入了 tynam@test.com，紧接着将输入框的内容进行了清空。

3.6.4 提交表单

可以通过 submit ( )实现表单的提交，和 click( )类似。但 submit 侧重在表单信息的提交，一般使用在有 form 标签的表单中，而 click 侧重于对象的单击触发。如下代码，就是实现对 id='submit' 元素进行单击以提交表单数据。

```
# -*-coding:utf-8-*-
from selenium import webdriver

driver = webdriver.Chrome()

# 提交表单事件
driver.find_element_by_id('submit').submit()
```

3.6.5 获取文本内容

可以通过 text 获取元素对象的文本内容，一般是指元素在页面显示的文本内容。

示例：获取登录按钮的文本内容，使用 id='btn-login'进行定位。

```
# -*-coding:utf-8-*-
from selenium import webdriver
import time

driver = webdriver.Chrome()
```

```
    driver.get("http://localhost:63342/projectAutoTest/projectHtml/chapter1/pe
riod2/index.html")
    time.sleep(1)
    # 获取 text 值
    login_text = driver.find_element_by_id('btn-login').text

    print(login_text)
    # 打印结果：登 录
```

运行代码后控制台输出了“登录”文字，与 HTML 代码中的登录按钮的文本内容一致。

3.6.6 获取对象属性值

可以通过 get_attribute (attribute) 定位到某个元素对象上，获取该元素的其他属性值。比如，href、name、type 值等。

示例：获取账号输入框的 name 值，使用 id='email'进行定位。

```
    # -*-coding:utf-8-*-
    from selenium import webdriver
    import time

    driver = webdriver.Chrome()
    driver.get("http://localhost:63342/projectAutoTest/projectHtml/chapter1/pe
riod2/index.html")
    time.sleep(1)
    # 获取对象其他属性值
    email_name = driver.find_element_by_id('email').get_attribute('name')

    print(email_name)
    # 打印结果：email
```

运行代码后控制台输出了“email”文字，与 HTML 代码中的账号输入框的 name 属性值一致。

3.6.7 对象显示状态

可以通过 is_displayed( )判断元素的显示状态。这是一个布尔类型的函数，如果显示则返回 True，反之返回 False。

示例：判断下面 HTML 代码中 h4 标签的显示状态。

```
    <div class="sect">
        <!--内容显示-->
        <h4 class="show-text">内容显示</h4>
        <!--内容不显示-->
        <h4 class="hidden-text" style="display:none">内容显示</h4>
    </div>
```

如图 3-21 所示是对象显示状态画面。（注，接下来的内容——对象显示状态、对象编辑状态、对象选择状态都使用该画面进行实例说明。）

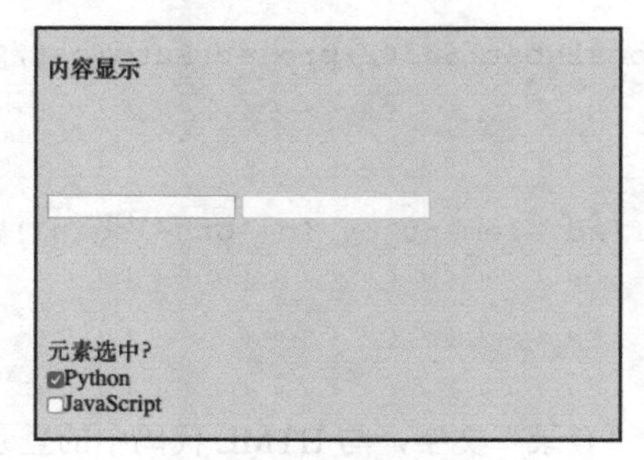

图 3-21 对象显示状态画面

HTML 代码:

```
<!DOCTYPE html>
<html lang="en">

<head>
    <meta charset="UTF-8">
    <meta http-equiv="X-UA-Compatible" content="ie=edge">
    <title>元素状态</title>
    <style type="text/css">
        * {
            margin: 0;
            padding: 0;
        }

        html,
        body {
            background-color: #eee;
        }

        .contain {
            margin: 50px;
        }

        .sect {
            height: 100px;
        }
    </style>
</head>

<body>
    <div class="contain">
        <div class="sect">
            <!--内容显示-->
            <h4 class="show-text">内容显示</h4>
            <!--内容不显示-->
            <h4 class="hidden-text" style="display:none">内容显示</h4>
        </div>
```

```
            <div class="sect">
                <!--输入框可编辑状态-->
                <input class="enabled-text" type="text">
                <!--输入框不可编辑-->
                <input class="disabled-text" type="text" disabled="disabled">
            </div>

            <div class="sect">
                <!-- 元素选中 -->
                <form id="language">
                    元素选中？<br />
                    <!--选中-->
                    <div><input name="python" type="checkbox" checked="checked
" />Python</div>
                    <!--未选中-->
                    <div><input name="JavaScript" type="checkbox"/>JavaScript<
/div>
                </form>
            </div>
        </div>
    </body>
    </html>
```

判断对象显示状态的代码实现：

```
    # -*-coding:utf-8-*-
    from selenium import webdriver

    options = webdriver.ChromeOptions()
    options.add_experimental_option('w3c', False)
    driver = webdriver.Chrome(options=options)
    driver.get('http://localhost:63342/projectAutoTest/projectHtml/chapter3/pe
riod5-3.html')
    driver.implicitly_wait(30)

    # 内容显示
    show_text = driver.find_element_by_class_name('show-text').is_displayed()
    print(show_text)
    # 内容未显示
    hidden_text = driver.find_element_by_class_name('hidden-text').is_displaye
d()
    print(hidden_text)
    driver.quit()

    """
    打印结果：
    True
    False
    """
```

运行代码后控制台输出了“True”和“False”，结合页面显示和 HTML 代码输出结果可知，与预期结果一致。

3.6.8 对象编辑状态

可以通过 is_enable( )判断 input、select 等标签元素的编辑状态。这是一个布尔类型的函数，如果可编辑则返回 True，反之返回 False。

示例：判断下面 HTML 代码中的两个输入框的编辑状态。

```
<div class="sect">
    <!--输入框可编辑状态-->
    <input class="enabled-text" type="text">
    <!--输入框不可编辑-->
    <input class="disabled-text" type="text" disabled="disabled">
</div>
```

代码实现：

```
# -*-coding:utf-8-*-

from selenium import webdriver

driver = webdriver.Chrome()
driver.get('http://localhost:63342/projectAutoTest/projectHtml/chapter3/pe
riod5-3.html')
driver.implicitly_wait(30)

# 输入框可编辑
enabled_text = driver.find_element_by_class_name('enabled-text').is_enable
d()
print(enabled_text)
# 输入框不可编辑
disabled_text = driver.find_element_by_class_name('disabled-text').is_enab
led()
print(disabled_text)

driver.quit()

"""
打印结果：
True
False
"""
```

运行代码后控制台输出了“True”和“False”，结合页面显示和 HTML 代码的输出结果可知，与预期结果一致。

3.6.9 对象选择状态

可以通过 is_selected( )判断元素的选中状态。这是一个布尔类型的函数，如果选中则返回 True，反之返回 False。

示例：判断下面 HTML 代码中两个复选框选中的状态。

```
<div class="sect">
    <!-- 元素选中 -->
    <form id="language">
        元素选中？<br />
        <!--选中-->
        <div><input name="python" type="checkbox" checked="checked" />Pyth
on</div>
        <!--未选中-->
        <div><input name="JavaScript" type="checkbox"/>JavaScript</div>
    </form>
</div>
```

代码实现：

```
# -*-coding:utf-8-*-

from selenium import webdriver

driver = webdriver.Chrome()
driver.get('http://localhost:63342/projectAutoTest/projectHtml/chapter3/pe
riod5-3.html')
driver.implicitly_wait(30)

# 元素被选中
selected_elm = driver.find_element_by_name('python').is_selected()
print(selected_elm)
# 元素未被选中
unselected_elm = driver.find_element_by_name('JavaScript').is_selected()
print(unselected_elm)

driver.quit()

"""
打印结果：
True
False
"""
```

运行代码后控制台输出了“True” 和 “False”。结合页面显示和 HTML 代码的输出结果可知，与预期结果一致。

3.7 键盘操作

这里的键盘操作是指模拟用户使用键盘进行操作，在 Selenium 中提供了两种模拟方法，一种是通过 send_keys 直接发送键值进行操作，另一种是使用 keyUp/keyDown 方法发送键值进行操作。

3.7.1 send_keys 操作

在实现键盘模拟操作时需要导入 Keys：

```
from selenium.webdriver.common.keys import Keys
```

示例：将如图 3-22 所示的【Ctrl+C 输入框】中的内容使用 Ctrl+C 和 Ctrl+V 组合键复制到【Ctrl+V 输入框】中。

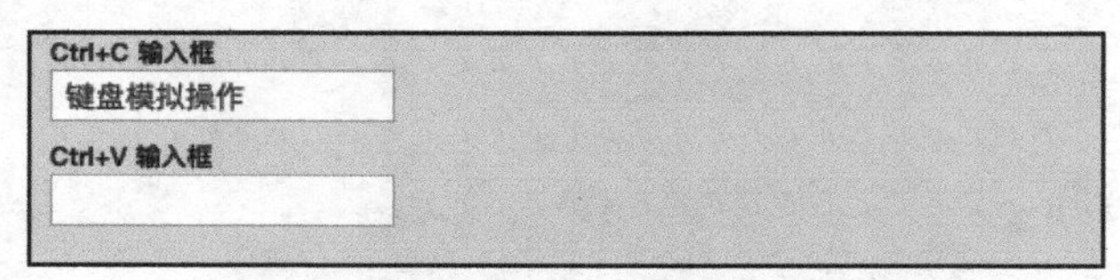

图 3-22 模拟键盘复制

HTML 脚本：

```
<!-- projectAutoTest/projectHtml/chapter3/period7.html -->
<!DOCTYPE html>
<html lang="en">

<head>
    <meta charset="UTF-8">
    <meta http-equiv="X-UA-Compatible" content="ie=edge">
    <title>键盘模拟操作</title>
    <style type="text/css">
        * {
            margin: 0;
            padding: 0;
        }

        html,
        body {
            background-color: #eee;
        }

        .contain {
            margin: 50px;
        }
```

```
        .sect {
            height: 50px;
            margin-left: 20px;
        }

        input {
            font-size: 14px;
            padding: 2px 5px;
            color: #333;
        }

    </style>
</head>

<body>
        <div class="sect">
            <h6>Ctrl+C 输入框</h6>
            <input class="ctrl-c" type="text" value="键盘模拟操作">
        </div>
        <div class="sect">
            <h6>Ctrl+V 输入框</h6>
            <input class="ctrl-v" type="text">
        </div>
    </div>
</body>
</html>
```

代码实现如下：

```
# -*-coding:utf-8-*-
from selenium import webdriver
from selenium.webdriver.common.keys import Keys
import time

driver = webdriver.Chrome()
driver.get('http://localhost:63342/projectAutoTest/projectHtml/chapter3/pe
riod7.html')
time.sleep(1)

#利用组合键 Ctrl+A 全选内容
driver.find_element_by_class_name('ctrl-c').send_keys(Keys.CONTROL, 'a')
time.sleep(2)
# 利用组合键 Ctrl+C 复制
driver.find_element_by_class_name('ctrl-c').send_keys(Keys.CONTROL, 'c')
time.sleep(2)
# 利用组合键 Ctrl+V 粘贴
driver.find_element_by_class_name('ctrl-v').send_keys(Keys.CONTROL, 'v')
time.sleep(4)

driver.quit()
```

执行代码后，【Ctrl+C 输入框】中的内容被复制到【Ctrl+V 输入框】中。

除上述示例中的键盘模拟操作，还有许多键盘操作可以进行模拟，常用的键盘操作及模拟方法如表 3-4 所示。

表 3-4　常用的键盘操作及模拟方法

描述	模拟操作方法
全选（Ctrl+A）	send_keys(Keys.CONTROL, 'a')
复制（Ctrl+C）	send_keys(Keys.CONTROL, 'c')
剪切（Ctrl+X）	send_keys(Keys.CONTROL, 'x')
粘贴（Ctrl+V）	send_keys(Keys.CONTROL, 'v')
返回键（Esc）	send_keys(Keys.ESCAPE)
制表键（Tab）	send_keys(Keys.TAB)
空格键（Space）	send_keys(Keys.SPACE)
退格键（BackSpace）	send_keys(Keys.BACK_SPACE)
刷新键（F5）	Send_keys(Keys.F5)
删除键（Delete）	Send_keys(Keys.DELETE)
数字键 2（2）	send_keys(Keys.NUMPAD2)

3.7.2　keyUp/keyDown 操作

在 ActionChains 中提供了 keyUp（theKey）、keyDown（theKey）和 sendKeys（keysToSend）方法用来模拟键盘输入。keyUp（theKey）与 keyDown（theKey）经常结合使用，并且通常是操作 Shift、Ctrl 和 Alt 键。

- keyUp（theKey）：松开 theKey 键。
- keyDown（theKey）：按下 theKey 键。
- sendKeys（keysToSend）：发送某个键到当前焦点。

使用时需要导入 ActionChains：

```
from selenium.webdriver.common.action_chains import ActionChains
```

示例：同时按住 Alt、Shift 和 I 键。

```
from selenium.webdriver.common.action_chains import ActionChains
from selenium.webdriver.common.keys import Keys
from selenium import webdriver

driver = webdriver.Chrome()
# 同时按下 Shift、Alt、I
ActionChains(driver).key_down(Keys.SHIFT).key_down(Keys.ALT).send_keys('i'
).perform()
```

从上面的示例中可以看到，当按下了 Shift、Alt 和 I 键后最后还使用了 perform( )方法。Perform( )方法就是执行所有 ActionChains 中存储的行为，简单来说就是将整个操作事件进行提交执行。

3.8 鼠标操作

Selenium 中除了使用 click( )模拟鼠标的单击操作，还提供了许多方法用于模拟鼠标的其他交互操作，例如右击、双击、悬停、拖动等，使用这些模拟方法时需要导入 ActionChains 类。导入 ActionChains 类的方法如下:

```
from selenium.webdriver.common.action_chains import ActionChains
```

3.8.1 鼠标右击

可以通过 context_click(element)方法模拟鼠标右键单击事件。

示例：

```
from selenium import webdriver
# 导入 ActionChains
from selenium.webdriver.common.action_chains import ActionChains
import time

driver = webdriver.Chrome()
driver.get("http://localhost:63342/projectAutoTest/projectHtml/chapter1/pe
riod2/index.html")
time.sleep(1)
# 定位到需要右击的元素
element = driver.find_element_by_id("btn-login")
# 对元素进行右击操作
ActionChains(driver).context_click(element).perform()
time.sleep(3)

driver.quit()
```

说明：

- ActionChains(driver)：将 driver 传入 ActionChains 中驱使 driver 进行相关的操作。
- perform( )：执行所有 ActionChains 中存储的行为。

3.8.2 鼠标双击

可以通过 double_click(element) 方法模拟鼠标左键双击事件。

用法和鼠标右击一致，示例如下：

```
from selenium import webdriver
from selenium.webdriver.common.action_chains import ActionChains

driver = webdriver.Chrome()
```

```
driver.get("url")

element = driver.find_element_by_id("id")
# 鼠标双击
ActionChains(driver).double_click(element).perform()

driver.quit()
```

3.8.3 鼠标悬停

可以使用 move_to_element(element) 方法将鼠标悬停在某个具体元素上。

示例：访问百度首页，使鼠标悬停在“设置”上，弹出“设置”下的二级菜单。

```
from selenium import webdriver
# 导入 ActionChains
from selenium.webdriver.common.action_chains import ActionChains
import time

driver = webdriver.Chrome()
driver.get("http://www.baidu.com")
time.sleep(1)
# 定位到需要悬停的元素
element = driver.find_element_by_link_text("设置")
# 将鼠标悬停在元素上
ActionChains(driver).move_to_element(element).perform()
time.sleep(3)

driver.quit()
```

3.8.4 鼠标拖放

可以通过 drag_and_drop(source, target) 方法模拟鼠标拖动事件，将某个元素从一个位置拖到另一个位置。方法中两个参数的含义如下：

- source：源对象，需要移动的元素。
- target：目标对象，将源对象拖放至目标对象的位置。

示例：在源对象上按住鼠标左键不放，移动到目标对象上释放左键。

```
from selenium import webdriver
from selenium.webdriver.common.action_chains import ActionChains

driver = webdriver.Chrome()
driver.get("url")

# 定位源对象
source = driver.find_element_by_id("id")
# 定位目标对象
```

```
target = driver.find_element_by_id("id")
# 将源对象拖放到目标对象的位置
ActionChains(driver).drag_and_drop(source, target).perform()

driver.quit()
```

3.8.5 鼠标其他事件

1. 单击鼠标左键不放

语法：click_and_hold(element)

使用：ActionChains(driver).click_and_hold(element).perform( )

2. 鼠标移动到元素具体位置处

语法：move_to_element_with_offset(element, xoffset, yoffset)

使用：ActionChains(driver). move_to_element_with_offset(element, 20, 10) .perform( )

将鼠标移动到 element 中 x=20，y=10 的位置。

以元素 element 的左上处为原点 x=0,y=0。向右为 x 轴的正坐标，向下为 y 轴的正坐标。

3. 释放鼠标

语法：release(element)

使用：ActionChains(driver).release(element)

3.9 下拉框操作

下拉框是比较常见的一种结构，对于下拉框的处理 WebDriver 提供了 Select 方法。

导入 Select 有两种方法，任选其中一个，因为它们的指向都是同一个文件。

```
from selenium.webdriver.support.ui import Select
from selenium.webdriver.support.select import Select
```

选择项的选择，有 3 种方法：

- select_by_index(index) : 通过索引选择。
- select_by_value(value): 通过 value 值选择。
- select_by_visible_text(text): 通过文本值选择。

取消选择的选择项，有 4 种方法：

- deselect_all( ): 取消全部的已选项。
- deselect_by_index(index): 根据索引取消选择项。
- deselect_by_value(value): 根据 value 值取消选择项。
- deselect_by_visible_text: 根据文本值取消选择项。

示例：根据索引选择 CSS 项，然后根据文本值选择 Html 选项，如图 3-23 所示。

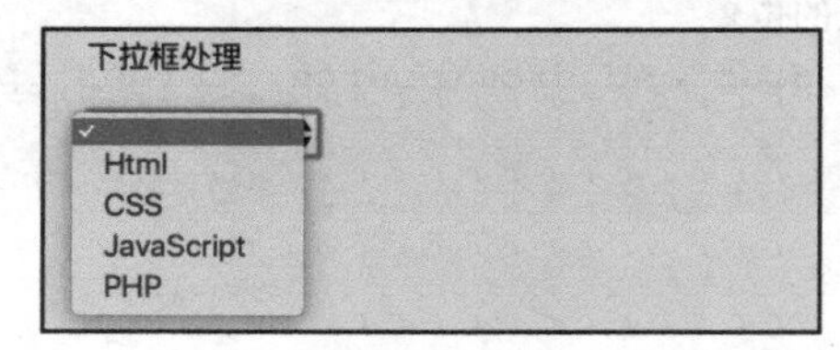

图 3-23　下拉框

HTML 脚本：

```
<!-- projectAutoTest/projectHtml/chapter3/period9.html -->
<!DOCTYPE html>
<html lang="en">

<head>
    <meta charset="UTF-8">
    <meta http-equiv="X-UA-Compatible" content="ie=edge">
    <title>下拉框处理</title>
    <style type="text/css">
        * {
            margin: 0;
            padding: 0;
        }

        html,
        body {
            background-color: #eee;
        }

        select, label {
            display: block;
            margin: 20px 50px;
            width: 150px;
            height: 30px;
            font-size: 20px;
        }

    </style>
</head>

<body>
    <label>下拉框处理</label>
    <select name="language">
        <option value=""></option>
        <option value="html">Html</option>
        <option value="css">CSS</option>
        <option value="JavaScript">JavaScript</option>
        <option value="php">PHP</option>
    </select>
```

```
    </body>
    </html>
```

在使用中，需要先定位下拉框，然后根据索引、文本值等进行操作，代码实现如下：

```
    from selenium import webdriver
    from selenium.webdriver.support.select import Select
    import time

    driver = webdriver.Chrome()
    driver.get('http://localhost:63342/projectAutoTest/projectHtml/chapter3/pe
riod9.html')
    driver.implicitly_wait(10)

    # 定位下拉框
    sel = driver.find_element_by_name('language')
    # 根据索引选择 css
    Select(sel).select_by_index('2')
    time.sleep(2)
    # 根据文本值选择 Html
    Select(sel).select_by_visible_text('Html')
    time.sleep(2)

    driver.quit()
```

Select 类中除了提供选择、取消的方法外，还提供了以下 3 种获取选择项的方法：

- options：返回所有的选择项。
- all_selected_options：返回所有已选中的选择项。
- first_selected_options：返回选中的第一个选择项。

3.10　特殊 Dom 结构操作

特殊 Dom 结构是指在使用 Selenium 对元素进行操作时不能直接操作，需要进行特殊定位切换到它所在的 Dom 结构，然后才能对其元素进行操作。

3.10.1　Windows 弹窗

常见的 Windows 弹窗有 alert、confirm 和 prompt 3 种，由于这些弹窗结构不属于页面层结构，而是浏览器层结构，因此想要操作这些弹窗需要使用 driver.switch_to.alert 方法，切换到 Windows 弹窗后再进行操作。

其中，alert 类提供了如下一些操作方法：

- accept( )：确定。
- dismiss( )：取消。

- text ( )：获取弹出框里面的内容。
- send_keys(keysToSend)：输入字符串。

示例：单击如图 3-24 所示的按钮弹出 alert 窗口，然后打印窗口中的内容，最后单击窗口中的“确定”按钮关闭窗口。

图 3-24 Windows 弹窗

HTML 脚本（以下 HTML 脚本为 Windows 弹窗和非 Windows 弹窗页面脚本）：

```
<!-- projectAutoTest/projectHtml/chapter3/period10-1.html -->
<!DOCTYPE html>
<html lang="en">

<head>
    <meta charset="UTF-8">
    <meta http-equiv="X-UA-Compatible" content="ie=edge">
    <title>特殊 Dom 结构操作</title>
    <style type="text/css">
        * {
            margin: 0;
            padding: 0;
        }

        html,
        body {
            background-color: #eee;
        }

        #windows, #noWindows {
            margin: 20px 50px;
            width: 500px;
            height: 100px;
        }

        #windows input, #noWindows input {
            font-size: 20px;
        }

        #alertWindows {
         position: relative;
         background: #C9D5E1;
         width: 60%;
         height: 80%;
         border-radius: 5px;
         margin: 3% 27%;
```

```
            }
          #header span {
            line-height: 80px;
            padding: 15px;
          }
        #header-right {
            position: absolute;
            width: 25px;
            height: 25px;
            right: 5px;
            top: 5px;
            text-align: center;
            font-size: 22px;
            cursor: pointer;
            }

      </style>
  </head>

  <body>
  <!--windows 弹窗-->
      <div id="windows">
          <h5>windows 弹窗</h5>
          <input type="button" onclick="windowsFunction()" value="windows 弹
窗" />
          <script>
          function windowsFunction(){
             alert("你好，这里是 windows 弹窗");
          }
      </script>
      </div>
  <!--非 windows 弹窗-->
      <div id="noWindows">
          <h5>非 windows 弹窗</h5>
          <input type="button" onclick="noWindowsFunction()" value="
非 windows 弹窗">
        <div id='alertWindows'>
              <div id="header">
                    <span>你好，这里是非 windows 弹窗</span>
                    <div id="header-right" onclick="hidder()">x</div>
              </div>
        </div>
        <script type="text/javascript">
            document.getElementById('alertWindows').style.display="none";

            function noWindowsFunction(){
               document.getElementById('alertWindows').style.display="";
            }

            function hidder(){
```

```
            document.getElementById('alertWindows').style.display="none";
        }
    </script>
  </div>
</body>

</html>
```

使用 alert 类提供的方法进行操作，代码实现如下：

```
# -*-coding:utf-8-*-

from selenium import webdriver
from selenium.webdriver.support.ui import WebDriverWait
from selenium.webdriver.support import expected_conditions as EC
import time

driver = webdriver.Chrome()
driver.get('http://localhost:63342/projectAutoTest/projectHtml/chapter3/pe
riod10-1.html')
driver.implicitly_wait(2)

driver.find_element_by_id('windows').find_element_by_tag_name('input').cli
ck()
time.sleep(1)
# 等待弹窗的出现
WebDriverWait(driver,20).until(EC.alert_is_present())

# 切换进 alert 弹窗
alert = driver.switch_to.alert
print(alert.text)
alert.accept()

time.sleep(3)
driver.quit()
```

代码执行后弹窗关闭，并且输出了弹窗中的文本内容。

```
你好，这里是 windows 弹窗

Process finished with exit code 0
```

3.10.2 非 Windows 弹窗

非 Windows 弹窗通常是通过单击事件改变 Dom 元素隐藏或显示的属性来控制窗口的显示。

示例：单击图 3-25 所示的非 Windows 弹窗按钮弹出窗口，然后关闭窗口。

图 3-25 非 Windows 弹窗

HTML 脚本：

```
<div id='noWindows'>
    <h5>非 windows 弹窗</h5>
    <input type="button" onclick="noWindowsFunction()" value="
非 windows 弹窗">
<div id='alertWindows'>
        <div id="header">
            <span>你好，这里是非 windows 弹窗</span>
            <div id="header-right" onclick="hidder()">x</div>
        </div>
</div>
<script type="text/javascript">
    document.getElementById('alertWindows').style.display="none";

    function noWindowsFunction(){
        document.getElementById('alertWindows').style.display="";
    }

    function hidder(){
        document.getElementById('alertWindows').style.display="none";
    }
</script>
  </div>
```

通过 HTML 脚本可知，弹窗的 Dom 结构非 Windows 弹窗，也没有包裹在 frame 或 iframe 中，所以不需要特殊处理，直接操作即可。

```
from selenium import webdriver
import time

driver = webdriver.Chrome()
driver.get('http://localhost:63342/projectAutoTest/projectHtml/chapter3/pe
riod10-1.html')
driver.implicitly_wait(10)

# 单击弹窗按钮
driver.find_element_by_id('noWindows').find_element_by_tag_name('input').c
lick()
time.sleep(1)

# 关闭弹窗
driver.find_element_by_id('header-right').click()
```

```
time.sleep(3)
driver.quit()
```

3.10.3 frame 与 iframe

frame 标签有 frameset、frame 和 iframe 三种，frameset 和普通标签是一样的，不需要特殊处理，正常定位即可。但是如果遇到 iframe 和 frame 则需要特殊的处理。如果还按照一般定位方式继续定位会发现写法没有问题，但是 Selenium 会抛出找不到元素的错误，这是因为 webdriver 在 HTML 中查找元素时不会自动在 frame 结构中查找，需要引导 webdriver 进入到 frame 结构中。

引导 WebDriver 进入 frame 结构的方法是使用 Selenium 提供的 switch_to.frame(reference)。

示例：单击 iframe 结构中的弹窗按钮，如图 3-26 所示。

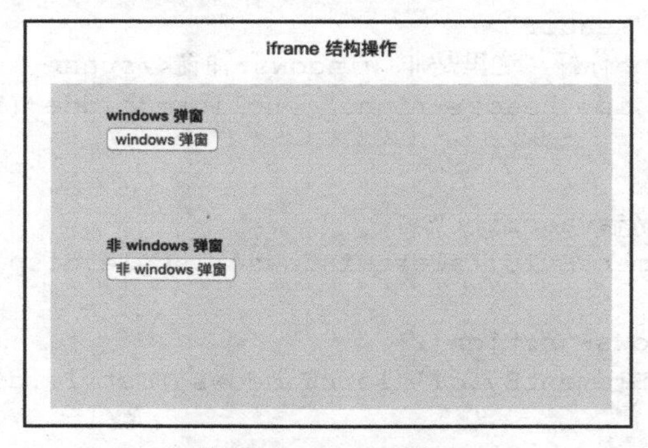

图 3-26　iframe 结构

HTML 脚本：

```
<!-- projectAutoTest/projectHtml/chapter3/period10-2.html -->
<!DOCTYPE html>
<html lang="en">
<head>
   <meta charset="UTF-8">
   <meta name="viewport" content="width=device-width, initial-scale=1.0">
   <title>frame 结构操作</title>

    <style>
        body {
           margin:0;
           padding:0;
        }

        .header {
           height: 46px;
           text-align: center;
           line-height: 46px;
        }

        .frameContainer {
           width: 500px;
```

```
            height: 300px;
            margin: 10px auto;
        }
    </style>

    </head>
    <body>
        <div id="frame">
            <header class="header">iframe 结构操作</header>
            <div class="frameContainer">
                <iframe id="iframeContainer" width="100%" height="100%" style=
"border:0;"
                        src="http://localhost:63342/projectAutoTest/projectHtm
l/chapter3/period10-1.html" frameborder="0">
                </iframe>
            </div>
        </div>
    </body>
    </html>
```

查看 HTML 脚本可知，两个按钮都包裹在 iframe 结构中，需要先切换进 iframe 结构中才可操作。代码实现如下：

```
    # -*-coding:utf-8-*-

    from selenium import webdriver
    import time

    driver = webdriver.Chrome()
    driver.get('http://localhost:63342/projectAutoTest/projectHtml/chapter3/pe
riod10-2.html')
    driver.implicitly_wait(10)

    # 切换进 iframe 结构
    driver.switch_to.frame('iframeContainer')
    time.sleep(1)
    driver.find_element_by_id('noWindows').find_element_by_tag_name('input').c
lick()
    time.sleep(3)

    driver.quit()
```

上述示例中，因为要操作的元素包裹在 iframe 结构中，所以需要切换进结构中才可以操作。如果不进入 iframe 结构，则查找元素时程序会抛出元素查找失败的错误。

switch_to 在使用时除了需要切进 frame 结构，还有以下一些用法：

- switch_to_default_content( )：切出 frame，切换到 frame 结构后 WebDrvier 的操作都会在 frame 中进行，如果要对 frame 外的元素进行操作，则需要切换出 frame 结构。
- switch_to.parent_frame( )：切换到上一层的 frame，多用于层层嵌套的 frame 结构。

3.11 文件上传操作

文件上传操作分为直接上传和借助工具上传。一般对于在 HTML 页面中使用 input 标签写的上传文件可以直接使用 Selenium 提供的 send_keys( )方法上传，但是对于使用非 input 标签写的上传文件就需要借助工具进行上传。

3.11.1 直接上传

直接上传是通过 WebDriver 提供的 send_keys( )方法上传文件，一般使用在 input 标签中的文件上传。

示例：使用 send_keys( )进行文件上传，如图 3-27 所示。

send_keys 文件上传
选择文件 未选择任何文件

图 3-27 input 标签文件上传

HTML 脚本（以下 HTML 脚本为直接上传和使用第三方工具上传的页面脚本）：

```
<!-- projectAutoTest/projectHtml/chapter3/period11.html -->
<!DOCTYPE html>
<html lang="en">

<head>
    <meta charset="UTF-8">
    <meta http-equiv="X-UA-Compatible" content="ie=edge">
    <title>文件上传</title>

    <style>
        * {
            margin: 0;
            padding: 0;
        }

        body {
            background-color: #eee;
        }

        #wp {
            margin: 30px;
        }

        #wp input {
            border: solid 1px #333;
```

```
        }
    </style>
</head>

<body>

    <script>
        function UploadFile() {
            var fileObj = document.getElementById("fileupload");
            fileObj.click();
        }

        function changeFile() {
            var fileObj = document.getElementById("fileupload");
            var fileValue = fileObj.value;
            var filePath = document.getElementById("filePath")
            filePath.innerHTML = "上传的文件是: " + fileValue
        }
    </script>

    <div id="wp1">
        <h5>send_keys 文件上传</h5>
        <input id="uploadFile" type="file" />
    </div>

    <div id="wp2">
        <form>
            <h5>使用第三方工具 文件上传</h5>
            <input id="fileupload" type="file" style="display:none" onchan
ge="changeFile()" />
            <input id="fileupload-btn" type="button" onclick="UploadFile()
" value="上传文件" />
            <p id="filePath"></p>
        </form>
    </div>
</body>
</html>
```

直接上传使用 send_key 进行文件上传，代码实现：

```
# -*-coding:utf-8-*-
from selenium import webdriver

driver = webdriver.Chrome()
driver.get('http://localhost:63342/projectAutoTest/projectHtml/chapter3/pe
riod11.html')
driver.implicitly_wait(10)

# 文件上传
# "\\" 第一个"\"为转义字符
driver.find_element_by_id('uploadFile').send_keys('D:\\Users\\testFile\\te
```

```
st.text')

    # driver.quit()
```

执行代码后，将 D:\Users\testFile\test.text 文件上传到系统，结果如图 3-28 所示。

图 3-28　input 标签文件上传结果

3.11.2　使用 AutoIt 上传

1. 文件上传

文件上传除了 input 标签类型外还可以通过其他方式实现文件上传，比如单击按钮触发文件上传。对于非 input 标签上传文件可以借助 AutoIt 工具进行文件上传。

示例：使用 AutoIt 工具进行文件上传，如图 3-29 所示。

图 3-29　非 input 标签文件上传

HTML 脚本：

```
    <div id="wp">
        <form>
            <h5>使用第三方工具进行文件上传</h5>
            <input id="fileupload" type="file" style="display:none" onchange="
changeFile()" />
            <input type="button" onclick="UpladFile()" value="上传文件" />
            <p id="filePath"></p>
        </form>
    </div>
```

代码实现如下：

```
    # -*-coding:utf-8-*-
    from selenium import webdriver
    from time import sleep
    import os

    driver = webdriver.Chrome()
    driver.maximize_window()
    driver.get('http://localhost:63342/projectAutoTest/projectHtml/chapter3/pe
riod11.html')
    driver.implicitly_wait(10)

    # 单击上传的按钮
```

```
driver.find_element_by_id('fileupload-btn').click()
sleep(2)

# 使用 AutoIt 进行文件上传
os.system(r'D:\\Users\\testFile\\UpLoadFile.exe')

# driver.quit()
```

执行后的结果，如图 3-30 所示。

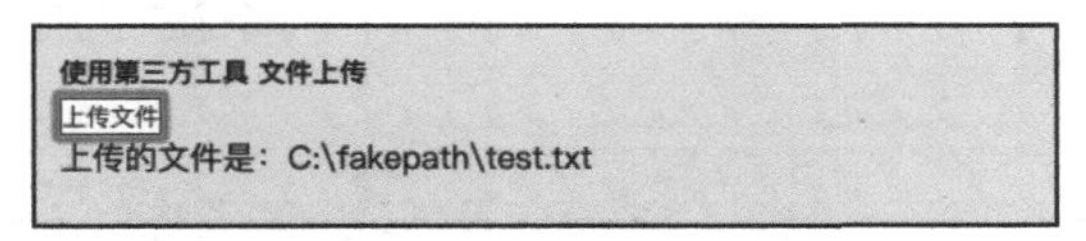

图 3-30　非 input 标签文件上传结果

2. AutoIt 的使用

AutoIt 工具主要用来操作 Windows 上的窗口。

AutoIt 官方地址：https://www.autoitscript.com/site/。

AutoIt 工具的下载地址：https://www.autoitscript.com/site/autoit/downloads/。

AutoIt 工具安装非常简单，进入下载地址下载工具 AutoIt，如图 3-31 所示。然后解压，全部默认安装即可，安装成功后出现如图 3-32 所示的应用。

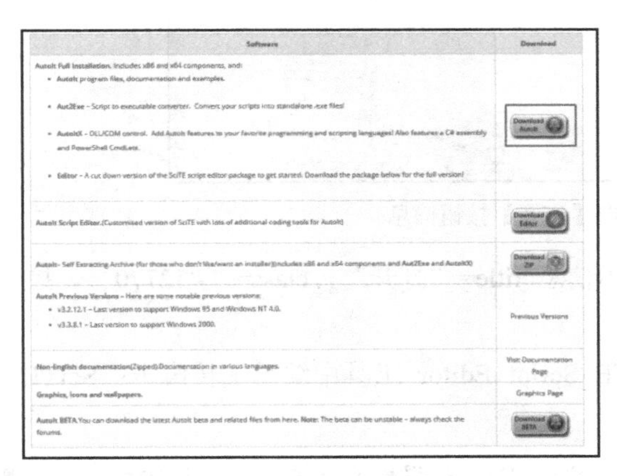

图 3-31　AutoIt 下载页面

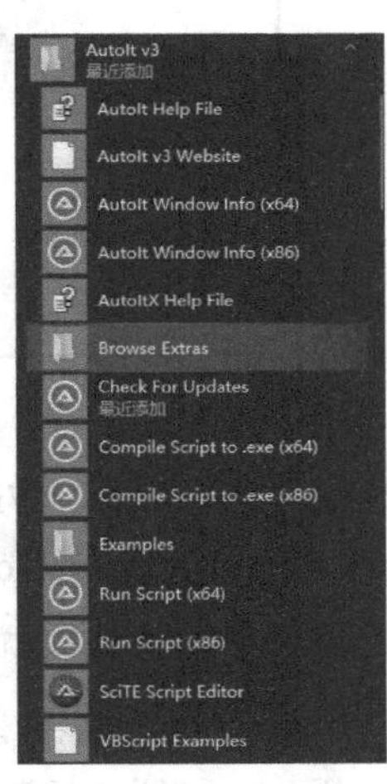

图 3-32　AutoIt 安装成功后出现的工具

在文件上传中主要会用到如下功能：

- AutoIt Windows Info：用于定位元素，识别并获取 Windows 上的控件信息。
- SciTE Script Editor：用于编辑脚本，将获取的元素写成 AutoIt 执行脚本。
- Compile Script to.exe：用于将编写好的脚本 AutoIt 转换成可执行（.exe）文件。
- Run Script：用于执行 AutoIt 脚本。

打开 AutoIt Windows Info，鼠标拖动工具上的【Finder Tool】图标至需要识别的控件上，控件的标识信息会显示在工具的下方。

例如，文件上传中获取【文件路径输入框】信息，如图 3-33 所示。

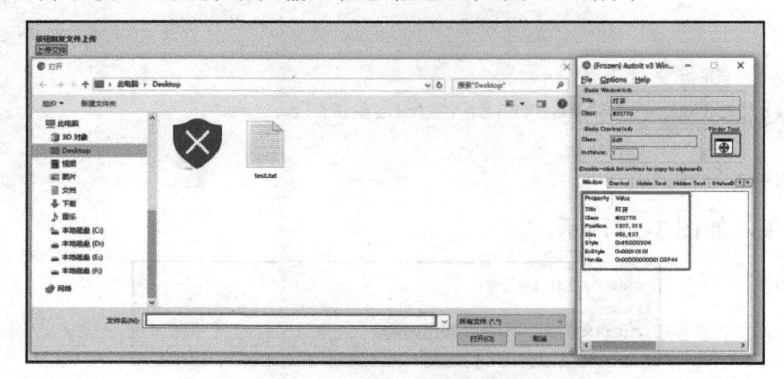

图 3-33　获取文件路径输入框信息

从获取到的信息中得知，Windows 的基本信息 title=“打开”，class=“#32770”，控件的基本信息 class=“Edit”，instance=1。

然后获取【打开】按钮信息，如图 3-34 所示。

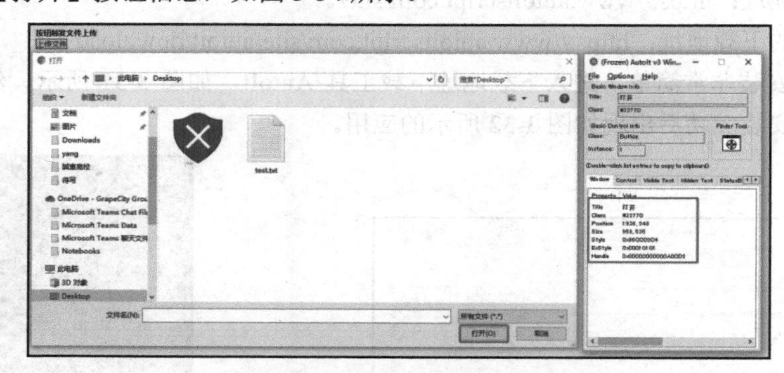

图 3-34　获取【打开】按钮信息

从获取到的信息中得知，Windows 的基本信息 title=“打开”，class=“#32770”，控件的基本信息 class=“Button”，instance=1。

获取到需要元素的属性后就可以在 SciTE Script Editor 工具中编辑上传脚本。SciTE Script Editor 中常用的方法如下：

- ControlFocus ("窗口标题","窗口文本", 控件 ID)：获得输入焦点并指定到窗口的某个具体控件上。
- WinWait ("窗口标题","窗口文本", 超时时间)：添加等待时间直至指定窗口出现。
- ControlSetText ("窗口标题","窗口文本", 控件 ID,"新文本")：指定控件中输入“新文本”的内容。
- Sleep (延迟)：时间等待。
- ControlClick ("窗口标题","窗口文本", 控件 ID, 按钮, 单击次数)：鼠标单击。

控件 ID 是指 Windows 基本信息中的 class 与 instance 之和，例如 class=“Button”，instance=1 则控件 ID 为 Button1。

编写 SciTE Script Editor 文件内容如下：

```
ControlFocus ("打开", "", "Edit1")
WinWait ("[CLASS:#32770]", "", 10)
ControlSetText ("打开", "", "Edit1", "D:\Users\testFile\test.txt")
Sleep (2000)
ControlClick ("打开", "", "Button1")
```

结果如图 3-35 所示。

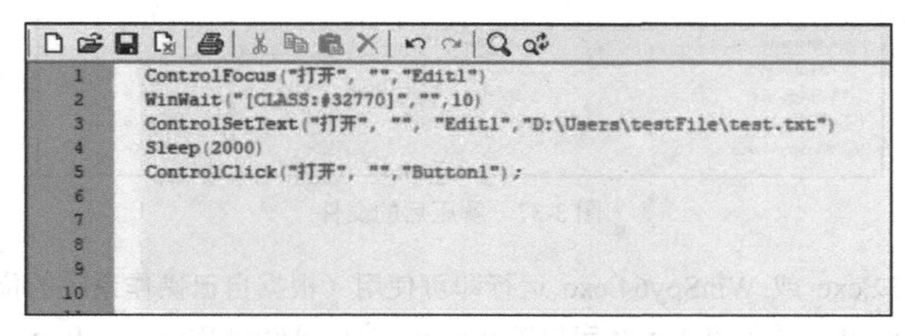

图 3-35 SciTE Script Editor 内容编写

下面我们来验证编写的内容是否正确。

（1）保持上传文件窗口处于打开状态。

（2）保存 SciTE Script Editor 文件，通过菜单栏中【Tools】→【Go】运行脚本，如果文件上传成功则脚本内容正确。

接下来，我们需要将 SciTE Script Editor 文件生成可执行程序（.exe）文件。

运行 Complie Script to.exe 工具，通过【Browse】按钮选择保存的 SciTE Script Editor 文件，单击【Convert】将其生成 .exe 文件，如图 3-36 所示。

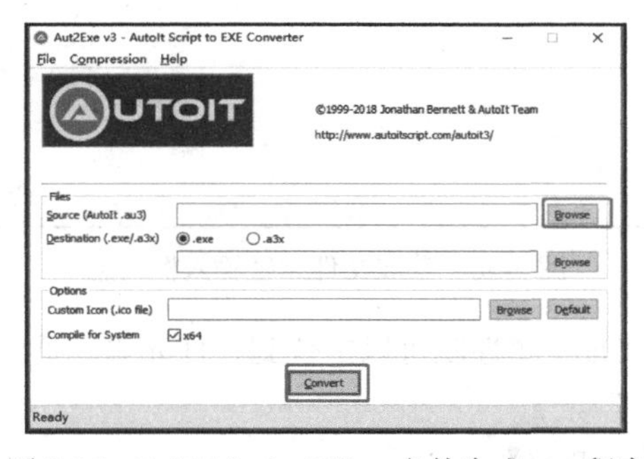

图 3-36 SciTE Script Editor 文件生成.exe 程序

至此，AutoIt 的准备工作完成。

在 Python 中使用 os.system(r'D:\\Users\\testFile\\FileUploader.exe') 即可完成对上传程序的调用。

3.11.3 使用 WinSpy 上传

对于非 input 标签上传文件，除了可以借助 AutoIt 工具进行上传外还可以使用 WinSpy 工具进行上传。WinSpy 和 AutoIt 工具类似，都是用来获取 Windows 窗口的控件信息。

1. WinSpy 的使用

WinSpy 的安装非常简单，只需要进入官网下载，然后运行 exe 文件即可使用。WinSpy 下载地址：https://sourceforge.net/projects/winspyex/。

下载后进行解压，可以看到如图 3-37 所示的文件。

名称	修改日期	类型	大小
Constants	2017/8/13 15:17	文件夹	
Resources	2018/9/8 15:00	文件夹	
WinSpy.ahk	2018/9/8 16:07	AHK 文件	104 KB
WinSpy32.exe	2018/9/8 19:22	应用程序	879 KB
WinSpy64.exe	2018/9/8 19:22	应用程序	1,142 KB

图 3-37　解压后的文件

单击 WinSpy32.exe 或 WinSpy64.exe 运行即可使用（根据自己操作系统的位数选择运行的文件）。运行后打开的窗口画面和 AutoIt 定位 Windows 窗口 AutoIt Windows Info 工具几乎一样，其实操作也是类似的。

以下介绍使用 WinSpy 窗口获取上传文件中需要操作的两个控件的信息。

（1）获取【文件路径输入框】信息。

鼠标拖动工具上的【Finder Tool】图标至【文件路径输入框】的控件上，获取文件路径输入框信息，如图 3-38 所示。

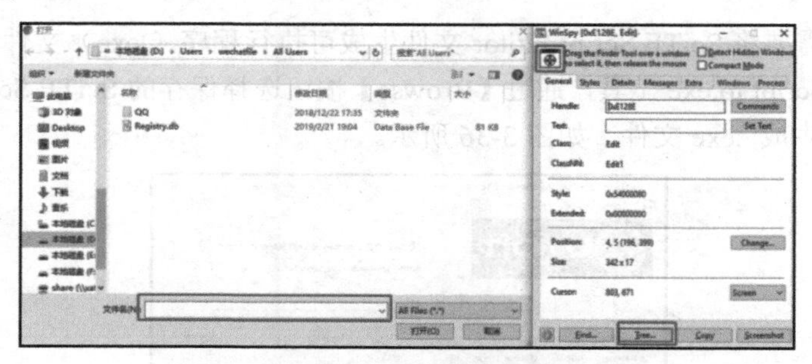

图 3-38　获取文件路径输入框信息

一般情况根据 Text 值和 Class 属性就可以定位到控件元素。通过 WinSpy 工具可以得到 Text 值为空，Class 属性值为“Edit”。

然后单击 WinSpy 下方的【Tree】按钮获取从弹窗顶层到定位控件元素的各层 Class 属性值。

从如图 3-39 所示的 WinSpy-Tree 文件路径输入框可以看到，总共有 4 个层级，由内层到外层的 Class 属性值为“Edit – ComboBox - ComboBoxEx32 - #32270”，Text 值为“None – None – None – 打开”。

（2）获得【打开】按钮的信息。

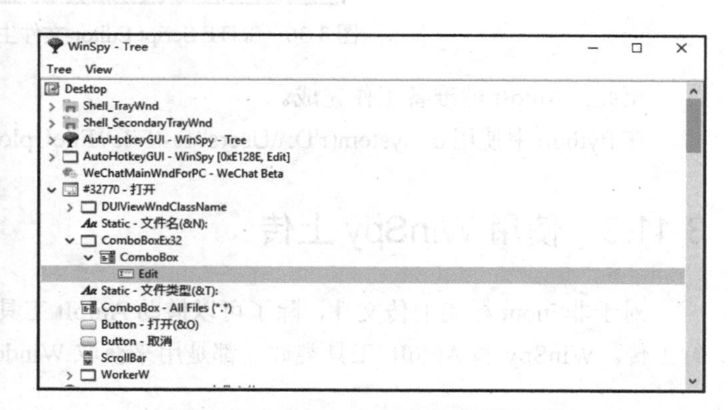

图 3-39　WinSpy-Tree 文件路径输入框

使用获取【文件路径输入框】信息同样的方式，可以获得【打开】按钮的信息。如图 3-40 所示，通过 WinSpy 工具得到 Text 的值为“打开(&0)”，Class 属性值为“Button”。

图 3-40　获取【打开】按钮信息

WinSpy-Tree 的界面信息如图 3-41 所示，可以看到总共有两个层级，每层的 Class 属性值为“Button - #32770”，Text 值为“打开(&0) – 打开”。

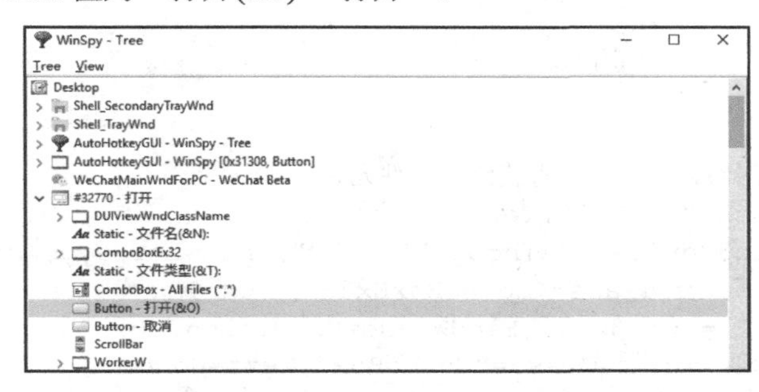

图 3-41　WinSpy-Tree 打开按钮

2．文件上传

因为编写的代码中需要通过 pywin32 库实现上传操作，所以需要先安装 pywin32 库，和 Python 其他第三方库的安装方式一样，使用 pip 命令（即 pip install pywin32）可完成安装。

```
    C:\Users\TynamYang>pip install pypiwin32
    Collecting pypiwin32
      Downloading https://files.pythonhosted.org/packages/d0/1b/2f292bbd742e36
9a100c91faa0483172cd91a1a422a6692055ac920946c5/pypiwin32-223-py3-none-any.whl
    Collecting pywin32>=223
      Downloading https://files.pythonhosted.org/packages/bb/23/00fe4fbf9963f3
bcb34a443eba0d0283fc51e5887d4045552c87490394e4/pywin32-227-cp37-cp37m-win_amd6
4.whl (9.1MB)
         100% |████████████████████████████████
| 9.1MB 81kB/s
    Installing collected packages: pywin32, pypiwin32
    Successfully installed pypiwin32-223 pywin32-227

    C:\Users\TynamYang>
```

win32 库安装成功后编写下述代码：

```
    import time
    import win32gui
```

```
import win32con

def upload_file(file_path, browser="chrome"):
    """
    通过 pywin32 实现文件上传的操作
    :param file_path: 文件的绝对路径
    :param browser: 浏览器类型，默认为 chrome
    :return:
    """

    # 不同的浏览器对弹窗的 Text 值设置不同，所以需要分别赋值
    browser_type = {
        "firefox": "文件上传",
        "chrome": "打开",
        "ie": "选择要加载的文件"
    }

    # 强制等待 3s，等待弹窗出现
    time.sleep(3)

    # 根据弹窗的层级，一层一层查找定位控件元素
    # 第一层 Class="#32770",Text="打开"
    dialog = win32gui.FindWindow("#32770", browser_type[browser])
    # 向下传递，第二层 Class="ComboBoxEx32",Text=None
    ComboBoxEx32 = win32gui.FindWindowEx(dialog, 0, "ComboBoxEx32", None)
    # 继续向下传递，第三层 Class="ComboBox",Text=None
    comboBox = win32gui.FindWindowEx(ComboBoxEx32, 0, "ComboBox", None)
    # 第四层 文件路径输入框 Class="Edit",Text=None
    edit = win32gui.FindWindowEx(comboBox, 0, 'Edit', None)

    # 由于打开按钮的第一层和文件路径输入框第一层相同所以可以直接使用，打开按
钮 Class="Button",Text="打开(&O)"
    button = win32gui.FindWindowEx(dialog, 0, 'Button', "打开(&O)")

    # 将文件的绝对路径输入到文件路径输入框中
    win32gui.SendMessage(edit, win32con.WM_SETTEXT, None, file_path)
    # 单击打开按钮
    win32gui.SendMessage(dialog, win32con.WM_COMMAND, 1, button)
```

上述代码中使用了许多 win32 库中的方法，为便于理解针对每一行代码都做了详细的注释，关于 win32 库中的具体方法这里不做详细介绍，因为这并非本书要讲解的重点。

调用上面编写的上传文件方法进行文件上传：

```
if __name__ == '__main__':
    from selenium import webdriver

    driver = webdriver.Chrome()
    driver.maximize_window()
    driver.get('http://localhost:63342/projectAutoTest/projectHtml/chapter
3/period11.html')
```

```
    driver.implicitly_wait(10)

    # 单击上传按钮
    driver.find_element_by_id('fileupload-btn').click()
    file_path = r'D:\Users\testFile\test.txt'
    upload_file(file_path)
    # driver.quit()
```

执行代码后文件上传成功，如图 3-42 所示。

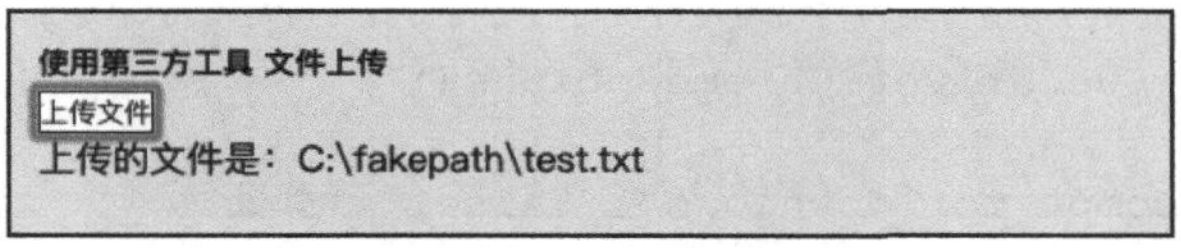

图 3-42 非 input 标签文件上传结果

3.12 文件下载操作

Selenium 单击文件下载时会将文件下载至浏览器的默认文件下载路径中，要使文件下载到指定的路径下需要修改浏览器的文件下载路径。修改下载路径的方法有两种，即手动修改浏览器的下载路径和通过 WebDriver 的 options 设置修改浏览器的下载路径，本节我们详细介绍这两种修改方法的操作。

3.12.1 手动修改

以 Chrome 浏览器为例。

单击右上角三个点菜单→单击设置→选择高级→在下载内容中更改文件下载保存路径，如图 3-43 所示。

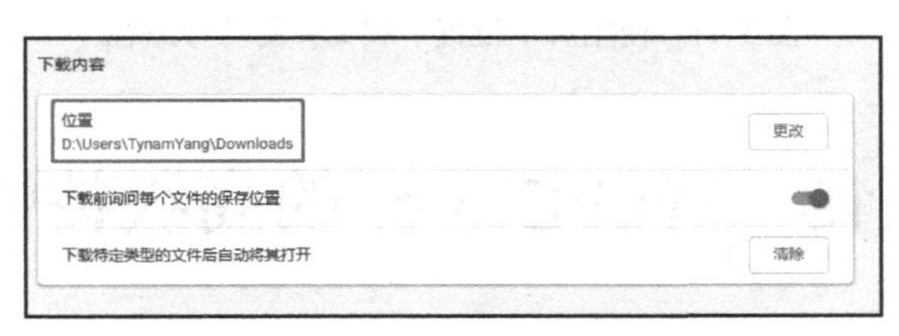

图 3-43 设置下载文件的保存路径

不同的浏览器设置可能稍有不同，不过一般在设置菜单中都可以找到下载文件路径，修改为指定目录即可。

3.12.2 通过 options 修改

在 Chrome 文件下载中可通过设置 download.default_directory 字段的值改变文件的下载路径。

- download.default_directory：设置下载路径。
- download.prompt_for_download：设置为 False 则在下载时不需要提示。

示例：设置下载路径为“C:\Users\TynamYang\Desktop\”，代码实现如下：

```
# -*-coding:utf-8-*-

from selenium import webdriver
import time

chrome_options = webdriver.ChromeOptions()
prefs = {
    "download.prompt_for_download": False, # 弹窗
    "download.default_directory": "C:\\Users\\TynamYang\\Desktop\\", # 下载
目录
}

chrome_options.add_experimental_option("prefs", prefs)
driver = webdriver.Chrome(chrome_options=chrome_options)

driver.get('http://localhost:63342/projectAutoTest/projectHtml/chapter3/ p
eriod12/period12.html')
time.sleep(1)
driver.find_element_by_id('downloadFile').click()

# driver.quit()
```

执行代码后可查看浏览器的文件下载保存路径，如图 3-44 所示。

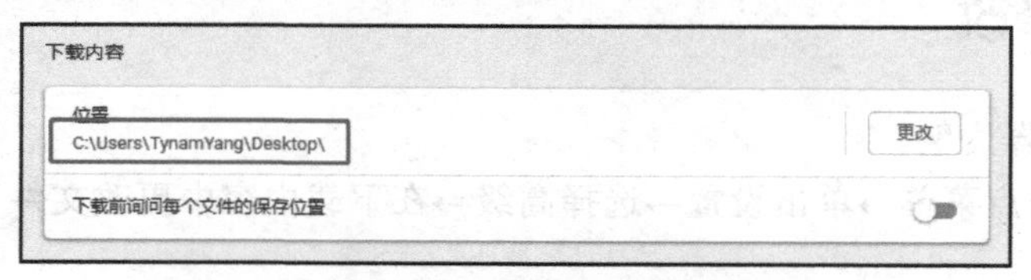

图 3-44 使用脚本设置下载文件的保存路径

3.13 WebDriver 的高级特性

WebDriver API 中不但提供了对元素、浏览器的基本操作，而且也提供了一些高级特性操作，比如对 cookie 的操作等。

3.13.1 cookie 操作

对 cookie 的操作通常用于绕过登录，WebDriver 针对 cookie 提供了诸如读取、添加和删除等方法，列举如下：

- get_cookies( ): 以字典的形式返回 cookie 所有信息。
- get_cookie(name): 返回 cookie 字典中 key 为 name 的值。
- add_cookie(cookie_dict): 手动添加 cookie。cookie_dict 为字典数据格式，cookie_dict 中必须有 name 和 value 值。
- delete_cookie(name): 删除 cookie 字典中 key 为 name 的值。
- delete_all_cookies( ): 删除所有 cookie 信息。

示例：访问百度首页，手动登录后获取 cookie 信息。

```
from selenium import webdriver
import time

driver = webdriver.Chrome()
driver.implicitly_wait(10)
driver.get("http://www.baidu.com")

# 清除所有的 cookie
driver.delete_all_cookies()
# 登录通过手动操作完成
time.sleep(30)

# 获取 cookie
cookie = driver.get_cookies()
print(cookie)
```

执行代码后控制台的输出结果如下：

```
[{'domain': 'www.baidu.com', 'expiry': 1579089027, 'httpOnly': False, 'name': 'BD_UPN', 'path': '/', 'secure': False, 'value': '123253'}, {'domain': '.baidu.com', 'expiry': 1578311426.971933, 'httpOnly': False, 'name': 'BDORZ', 'path': '/', 'secure': False, 'value': 'B490B5EBF6F3CD402E515D22BCDA1598'}, {'domain': 'www.baidu.com', 'httpOnly': False, 'name': 'BD_HOME', 'path': '/', 'secure': False, 'value': '1'}, {'domain': '.baidu.com', 'expiry': 2587377026, 'httpOnly': False, 'name': 'BIDUPSID', 'path': '/', 'secure': False, 'value': '82AE86B71149F5120A0363CC3F0F80D8'}, {'domain': '.baidu.com', 'expiry': 3735708673.626826, 'httpOnly': False, 'name': 'PSTM', 'path': '/', 'secure': False, 'value': '1578225126'}, {'domain': '.baidu.com', 'httpOnly': False, 'name': 'H_PS_PSSID', 'path': '/', 'secure': False, 'value': '1255_23094_30210_28559_31328_30483'}, {'domain': '.baidu.com', 'expiry': 1737115025.206433, 'httpOnly': True, 'name': 'BDUSS', 'path': '/', 'secure': False, 'value': 'QwVlVWU3FBamRBRmM5SXEtQmJYVi04YnRPZ1FsU0VFTShUT35kTKBxNkJXaLxlRVFBQUFBJCGAAAAAAAAAAAEAAACOa40uc2hpbmW6ycezAAAAAAAAAAAAAAAAAAAAAAAAAAAAAAAAAAAAAAAAAAAAAAAAAAAAAAAAAAAAAAAAAAAAAAAAAIHEEV6BzRFxdH'}, {'domain': '.baidu.com', 'expiry': 1608761009.463324, 'httpOnly': False, 'name': 'BAIDUID', 'path': '/', 'secure': False, 'value': '355A712D76941E9E5CE6AFD0F1F9B3A5:FG=1'}]

Process finished with exit code 0
```

结果中部分字段的说明：

- domain: 可以访问此 cookie 的域名。
- expiry: cookie 有效终止时间。
- httpOnly: 防脚本攻击。
- name: cookie 名称。
- path: 可以访问此 cookie 的页面路径。
- secure: 只有当浏览器和服务器之间的通信协议为加密认证协议即 https 时，浏览器才向服务器提交相应的 cookie。
- value: cookie 值，动态生成的。

3.13.2 JavaScript 调用

WebDriver 可通过 execute_script( )方法来执行 JavaScript 脚本，该方法我们在前面滚动条的操作中曾经使用过。

示例：定位 id='id' 的元素。

在 JavaScript 中的语法为 document.getElementById('id')。JavaScript 定位元素的方法可在 3.3.10 小节确认元素的唯一性中通过控制台确认查看。

利用 WebDriver 操作 JavaScript 脚本进行定位可写成：

```
driver. execute_script("document.getElementById('id')")
```

3.13.3 屏幕截图

屏幕截图一般用于在自动化测试过程中程序运行失败时自动截取当前页面，保留记录，方便查看运行失败的原因。

WebDriver 提供了以下 4 种屏幕截图方法：

- save_screenshot( ): 获取当前窗口的屏幕截图，并且以 png 文件格式存储。
- get_screenshot_as_base64( ): 以 base64 编码字符串的形式获取当前窗口的屏幕截图。
- get_screenshot_as_file( ): 获取当前屏幕截图，使用完整的路径。如果有任何 IO error，返回 false，否则返回 true。
- get_screenshot_as_png( ): 以二进制数据形式获取当前窗口的屏幕截图。

示例：访问一个页面，定位一个不存在的元素。当定位元素不存时进行截图保存。

```
# -*-coding:utf-8-*-
from selenium import webdriver
from selenium.common.exceptions import NoSuchElementException

driver = webdriver.Chrome()
driver.get('http://localhost:63342/projectAutoTest/projectHtml/chapter3/pe
riod9.html')
driver.implicitly_wait(10)
```

```
try:
    driver.find_element_by_id('id')
except NoSuchElementException:
     # 定位元素不存时进行截图
    driver.save_screenshot('img/testFail/screenshot.png')

driver.quit()
```

代码运行后由于程序查找不到需要定位的元素，则会执行 except 代码，对屏幕进行截图，并将 screenshot.png 截图保存在 img/testFail/ 路径下。

3.14 时间等待

在网页操作中，可能会因为带宽、浏览器渲染速度、机器性能等原因造成页面加载缓慢，造成某些元素还没有完全加载完成就进行下一步操作，导致程序抛出异常“未找到定位元素”。此时，我们可以添加等待时间，等待页面加载完成。

3.14.1 强制等待

强制等待是指设置一个固定的线程休眠时间，可以使用 sleep(time)方法来设置。Sleep 方法是 Python time 模块提供的一种非智能等待，如果设置等待时间为 5 秒，则程序执行过程中就会等待 5 秒时间，多用于程序执行过程中观察执行效果。

time.sleep(time) 的时间单位默认是秒。

示例：时间等待 5 秒。

```
# -*-coding:utf-8-*-
from datetime import datetime
import time

print(datetime.now())
# 等待 5s
time.sleep(5)
print(datetime.now())
```

执行代码后控制台的输出结果如下：

```
2019-08-03 19:59:03.485013
2019-08-03 19:59:08.489010

Process finished with exit code 0
```

由打印结果可以看出，时间差也是 5 秒。

3.14.2 隐式等待

隐式等待是全局的针对所有元素设置的等待时间，可以使用 implicitly_wait(time)方法来实现。implicitly_wait 方法是 WebDriver 提供的一种智能等待，这种等待也称为是对 driver 的一种隐式等待，使用时只需在代码块中设置一次，WebDriver 在执行时就会使用该等待设置。

示例：设置 driver 的隐式等待时间为 10 秒。

```
driver.implicitly_wait(10)
driver.find_element_by_id('id') .click()
```

设置的 driver 隐式等待时间为 10 秒，则 driver 在执行 find_element_by_id('id')的过程中如果找到元素就会立即执行下一个动作 click，不会完全等够 10 秒后再执行下一个动作。如果超过 10 秒还没有找到该元素，则抛出未能定位到该元素的错误。

3.14.3 显式等待

显示等待是指针对某个元素设置一个等待时间，可以使用 WebDriverWait( )方法来实现。WebDriverWait( )一般会和 until( )和 until_not( )方法配合使用，这点可以从 WebDriverWait 类的定义中看出。例如，WebDriverWait( ).until( )程序执行时会对 until 中的返回结果进行判断，从而决定是否进行下一步。如果返回结果为 True，则进行下一步操作；如果返回结果为 False，则会不断地去判断 until 中的返回结果，直至超过设置的等待时间，然后抛出异常。

WebDriverWait( ).until_not( )与 WebDriverWait( ).until( )的判定结果相反。WebDriverWait( ).until_not( )执行时如果 until_not 中返回结果为 False，则执行下一步，反之则不断地去判断 until_not 中的返回结果。

可以从 WebDriverWait 的定义中了解其使用，请看下面的示例：

```
class WebDriverWait(object):
    def __init__(self, driver, timeout, poll_frequency=POLL_FREQUENCY, ign
ored_exceptions=None):
```

其中共有 4 个参数可供使用：

- driver：webdriver 实例，Chrome、IE、Firefox 等。
- timeout：超时时间，即等待的最长时间。
- poll_frequency：调用后面操作的频率，默认为 0.5s。
- ignored_exceptions：忽略的异常，默认为 NoSuchElementException。

使用 WebDriverWait 方法时需要先导入 WebDriverWait，方法如下：

```
from selenium.webdriver.support.ui import WebDriverWait
```

until 中的判断通常通过 expected_conditions 类中的方法进行。expected_conditions 类中的方法返回结果是布尔值，使用时需要导入，方法如下：

```
from selenium.webdriver.support import expected_conditions
```

具体使用示例如下：

```
    # -*-coding:utf-8-*-
    from selenium import webdriver
    from selenium.webdriver.common.by import By
    from selenium.webdriver.support.ui import WebDriverWait
    from selenium.webdriver.support import expected_conditions

    driver = webdriver.Chrome()
    driver.get('http://localhost:63342/projectAutoTest/projectHtml/chapter3/pe
riod1.html')
    # 显示等待 10s，每隔 0.5s 尝试一次。默认为 0.5s，所以也可以不用赋值
    WebDriverWait(driver, 10, 0.5).until(expected_conditions.presence_of_eleme
nt_located((By.ID, 'search')))

    driver.quit()
```

以下给出 expected_conditions 类中常见的页面元素的判断方法：

- title_is：判断当前页面的 title 是否等于预期结果。
- title_contains：判断当前页面的 title 是否包含预期的字符串。
- presence_of_element_located：判断元素是否被加到 dom 树下，该元素不一定可见。
- visibility_of_element_located：判断元素是否可见，并且元素的宽和高都不为 0。
- presence_of_all_elements_located：判断至少有一个元素存在于 dom 树下。
- text_to_be_present_in_element：判断元素中的 text 文本是否包含预期的字符串。
- text_to_be_present_in_element_value：判断元素中的 value 属性值是否包含预期的字符串。
- frame_to_be_availabe_and_switch_to_it：判断 frame 是否可以 switch 进去，如果可以，则返回 True，并且 switch 进去，反之则返回 False。
- invisibility_of_element_located：判断元素是否不存在于 dom 树或不可见。
- element_to_be_clickable：判断元素可见并且可以操作。
- element_to_be_selected：判断元素是否被选中。
- element_selection_state_to_be：判断元素的选中状态是否符合预期。
- alert_is_present：判断页面上是否存在 alert。

3.15 其他设置

我们在实际项目中编写脚本时通常不会像想象的那样顺利，往往会出现许多意想不到的问题。本节将介绍几种特殊的操作，可方便读者解决实际开发中遇到的问题。

3.15.1 限制页面加载时间

设置页面加载的超时时间：set_page_load_timeout(time)。

示例：访问 Python 官网，当页面加载时间超过 30s 后浏览器停止加载。

```
# -*-coding:utf-8-*-
from selenium import webdriver
from selenium.common.exceptions import TimeoutException

driver = webdriver.Chrome()
# 限制页面加载时间为 30s
driver.set_page_load_timeout(30)

try:
    driver.get('https://www.python.org')
except TimeoutException:
    print('页面加载超过 30 秒，强制停止加载....')
    driver.execute_script('window.stop()')
```

3.15.2 获取环境信息

项目在运行中如果想要对运行的环境有更详细的了解，比如程序在什么浏览器中执行、浏览器的版本号是多少等，此时，可使用 capabilities[ ]获取。

示例：获取运行浏览器的版本。

```
# -*-coding:utf-8-*-
from selenium import webdriver

driver = webdriver.Chrome()

# 打印浏览器 Chrome 的版本号
print(driver.capabilities['browserVersion'])

# 打印结果
# 79.0.3945.117
```

当然，还可以获取运行环境的其他信息，比如：

- browserName：获取浏览器名称。
- browserVersion：获取浏览器版本。
- platformName：获取操作系统名称。
- proxy：获取代理信息。
- timeouts：获取超时时间。返回的是一个字典。

示例：获取超时时间。

```
# -*-coding:utf-8-*-
from selenium import webdriver

driver = webdriver.Chrome('/Users/ydj/Desktop/ydj/projectAutoTest/chromedr
iver')
```

```
# 打印超时时间
print(driver.capabilities['timeouts'])

# 打印结果
# {'implicit': 0, 'pageLoad': 300000, 'script': 30000}
```

超时时间返回了 3 个设置值。

- implicit：查找元素的超时时间，单位毫秒，默认为 0。
- pageLoad：等待文档完全加载的时间，单位毫秒，默认为 30 秒。
- script：带有 Execute Script 或 Execute Async Script 的脚本将会一直运行，直到达到脚本超时时间，超时时间也是以毫秒为单位的，默认为 30 秒。

3.15.3　非 W3C 标准命令

如果在项目运行过程中系统报错为"Message: unknown command: Cannot call non W3C standard command while in W3C mode"，可以在 WebDriver 初始化时禁用 W3C，设置方法如下：

```
options = webdriver.ChromeOptions()
options.add_experimental_option('w3c', False)
driver = webdriver.Chrome(options=options)
```

3.16　配置 Chrome 浏览器

1．屏蔽浏览器对 Selenium 的检测

在使用 Selenium 时，浏览器会检测到是被自动测试软件控制，而非人的行为，会提示"Chrome 正受到自动测试软件的控制"，如图 3-45 所示。

Chrome 正受到自动测试软件的控制。

图 3-45　自动测试软件控制 Chrome

解决方法：屏蔽浏览器的检测。设置如下：

```
options = webdriver.ChromeOptions()
options.add_experimental_option('excludeSwitches', ['enable-automation'])
driver = webdriver.Chrome(options=options)
```

ChromeOptions 是一个配置 Chrome 启动时属性的类，使用该类可以对 Chrome 进行一些设置，比如:

- 设置 Chrome 二进制文件的位置（binary_location）。
- 添加启动参数（add_argument）。
- 添加拓展应用（add_extension, add_encoded_extension）。

- 添加实验性质的设置参数（add_experimental_option）。
- 设置调试器地址（debugger_address）。

2. 禁止图片和视频加载

在自动化操作中，有时候为了提高网速，页面中不太关心图片和视频，此时，可以禁止图片和视频加载，方法如下：

```
options = webdriver.ChromeOptions()
prefs = {"profile.managed_default_content_settings.images":2}
options.add_exprimental_option('prefs', prefs)

driver = webdriver.Chrome(chrome_options = options)
```

3. 添加扩展插件

在添加插件时，需要将插件下载到本地，然后在启动浏览器时在 chromeOptions 类中添加，方法如下：

```
options = webdriver.ChromeOptions()
options.add_extension('C:/extension/xxxx.crx')

driver = webdriver.Chrome(chrome_options = options)
```

4. 设置编码

在项目测试中，浏览器中默认的编码格式可能不是我们想要的，此时，可以设置自己的默认编码格式。

示例：设置编码格式为 UTF-8。

```
options = webdriver.ChromeOptions()
options.add_argument('lang=zh_CN.UTF-8')

driver = webdriver.Chrome(chrome_options = options)
```

5. 其他参数

除了以上几种参数外，还有以下参数也可以设置：

- 添加代理：options.add_argument("--proxy-server=http://192.10.1.1:8888")。
- 模拟移动设备：options.add_argument('user-agent="Mozilla/5.0 (iPhone; CPU iPhone OS 9_1 like Mac OS X) AppleWebKit/601.1.46 (KHTML, like Gecko) Version/9.0 Mobile/13B143 Safari/601.1"')。
- 禁用 JS：option.add_argument("--disable-javascript")。
- 禁用插件：option.add_argument("--disable-plugins")。
- 禁用 java：option.add_argument("--disable-java")。
- 启动时最大化：option.add_argument("--disable- maximized")。

3.17　SSL证书错误处理

SSL（Secure Sockets Layer，安全套接层）证书错误英文为 SSL Certificate Error，这是浏览器的一种安全机制引起的问题。一般情况下在目标 URL 是 HTTPS 访问模式时浏览器会提示安全问题或非信任站点。对于不信任的证书解决方法当然是使浏览器对证书进行信任，针对不同的浏览器有不同的处理方法，但是解决方法都类似，就是在实例化浏览器对象时添加设置参数，忽略不信任的证书或信任证书。

如果 Chrome 浏览器提示 SSL 证书错误，会出现如图 3-46 所示的显示。

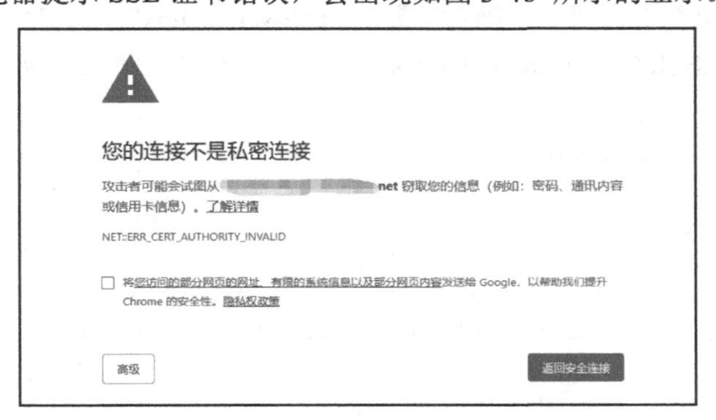

图 3-46　Chrome 浏览器中提示 SSL 证书错误

解决办法是在 ChromeOptions( )中添加“--ignore-certificate-errors”为 True 的选项，如下所示：

```
# -*-coding:utf-8-*-
from selenium import webdriver

options = webdriver.ChromeOptions()
# 添加忽视证书错误选项
options.add_argument('--ignore-certificate-errors')
driver = webdriver.Chrome(chrome_options=options)
driver.get('URL')
```

如果是 Firefox 浏览器出现 SSL 证书错误，则需要在 FirefoxProfile( ) 中添加“accept_untrusted_certs”为 True 的选项，如下所示：

```
profile = webdriver.FirefoxProfile()
# 添加接受不信任证书选项
profile.accept_untrusted_certs = True
driver = webdriver.Firefox(firefox_profile=profile)
```

如果是 IE 浏览器出现 SSL 证书错误，可以通过使用 JavaScript 语句在页面中操作，忽略不信任证书的提示继续访问。IE 中获取转到此网页（不推荐）的信息如图 3-47 所示，当出现不安全站点提示时在页面中单击【转到此网页（不推荐）】即可，以下可以继续访问。

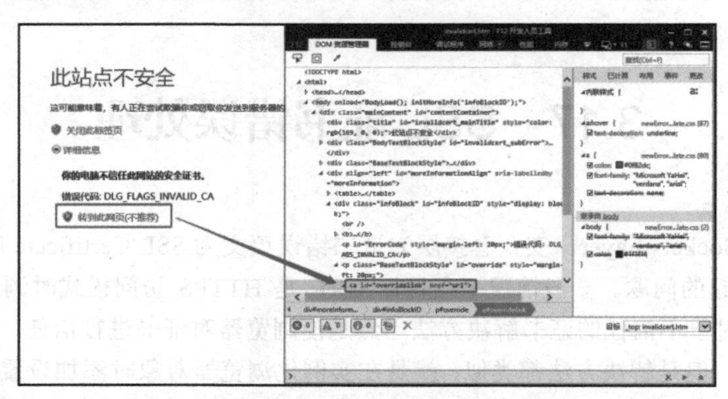

图 3-47 IE 浏览器中获取【转到此网页（不推荐）】信息

如图 3-47 所示【转到此网页（不推荐）】的 id="overridelink"，我们可通过执行 JavaScript 语句 document.getElementById('overridelink') .click( ) 执行页面的单击操作，如下所示：

```
# -*-coding:utf-8-*-
from selenium import webdriver

driver = webdriver.Ie()
driver.get('URL')
# 选择继续访问 URL
js = "javascript:document.getElementById('overridelink').click();"
driver.get(js)
driver.execute_script(js)
```

以上方法只能暂时解决 SSL 证书信任问题，但是对于非 SSL 证书信任问题处理起来可能就不太适用。对于 SSL 证书错误问题最好的解决方法还是使用认证过的、有效期内的合法证书。

第4章

UnitTest测试框架

UnitTest单元测试框架不仅适用于单元测试，在Web自动化测试中也同样适用，比如用例的开发、组织和执行。除此之外，UnitTest还提供了丰富的断言方法，用于判断测试用例执行后的结果与预期结果是否一致。本章将围绕UnitTest的TestFixture、TestCase、TestSuite和TestRunner，穿插UnitTest的断言和生成测试报告介绍UnitTest单元测试框架的使用。

4.1 UnitTest简介

UnitTest是Python自带的单元测试框架，在自动化测试框架中被用来组织测试用例的执行、断言和日志记录。

UnitTest官方网站：https://docs.python.org/2.7/library/unittest.html。

UnitTest由4部分组成，分别是TestFixture、TestCase、TestSuite和TestRunner。

- TestFixture：测试用例的准备和销毁。
- TestCase：一个TestCase的实例就是一个测试用例。
- TestSuite：测试套件，将多个测试用例集合在一起就是一个TestSuite。
- TestRunner：使用TextTestRunner提供的 run( )方法执行测试用例。

了解了UnitTest的组成还需要了解UnitTest的工作原理，才能更好地掌握并且使用，UnitTest的工作原理如图4-1所示。

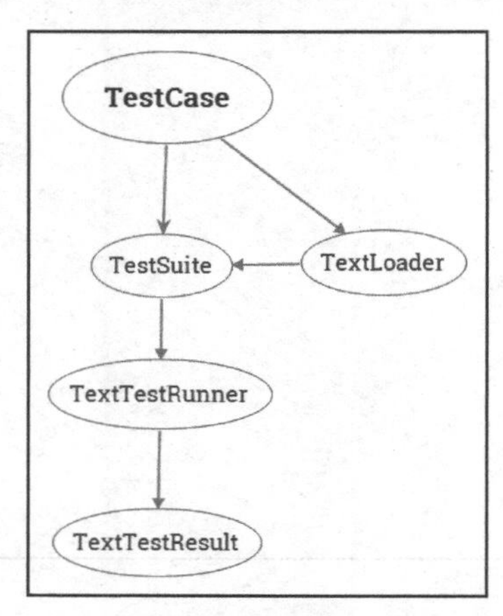

图 4-1　UnitTest 工作原理

原理图说明：

（1）TestCase：获得测试用例。

（2）TestLoader：将测试用例 TestCase 加载进 TestSuite。

（3）TextTestRunner：执行 run()方法，即执行 TestCase 中以 test 开头的方法。

（4）TestResult：生成测试报告。

4.2 TestFixture

TestFixture 用于测试用例执行前做准备和测试用例执行后做清理工作，使用 TestFixture 可以将准备工作、清理工作抽象出来实现代码复用。在单元测试框框架 UnitTest 中，准备工作可以使用 setUp( )和 setUpClass( )两个方法，清理工作可以使用 tearDown( )和 tearDown Class( )两个方法。

- setUp( )：测试用例执行前的准备工作，它是执行每个测试用例的前置条件。如测试用例的前置条件已经登录系统，则可以在 setUp( )中执行登录系统的操作。
- tearDown( )：测试用例执行完成后的善后工作，它是执行每个测试用例的后置条件。如测试用例的后置条件是退出登录系统，则可以在 tearDown( )中执行退出系统的操作。
- setUpClass( )：结合@classmethod 装饰器一起使用，是所有测试用例执行的前置条件。
- tearDownClass( )：结合@classmethod 装饰器一起使用，是所有测试用例执行的后置条件。

示例：简单地使用 setUp( )、tearDown( )、setUpClass( )和 tearDownClass( )。

```
# -*-coding:utf-8-*-

import unittest

class TestFixture(unittest.TestCase):

    @classmethod
    def setUpClass(cls):
```

```
        print("所有用例执行的前置条件 setUpClass\n")

    @classmethod
    def tearDownClass(cls):
        print("所有用例执行的后置条件 tearDownClass")

    def setUp(self):
        print("测试用例执行的前置条件 setUp")

    def tearDown(self):
        print("测试用例执行的后置条件 tearDown")

    def test_01(self):
        print("测试用例 1")

    def test_02(self):
        print("测试用例 2")

if __name__ == '__main__':
    unittest.main()
```

运行代码后控制台的输出结果如下：

```
所有用例执行的前置条件 setUpClass
测试用例执行的前置条件 setUp
测试用例 1
测试用例执行的后置条件 tearDown
测试用例执行的前置条件 setUp
测试用例 2
测试用例执行的后置条件 tearDown
所有用例执行的后置条件 tearDownClass

Ran 2 tests in 0.003s

OK

Process finished with exit code 0
```

从简单的示例中可以看出，setUpClass( )和 tearDownClass( )只执行一次并且在所有测试用例的前后，而 setUp( )和 tearDown( )会在每一条测试用例的前后执行，有多少条测试用例就会执行多少次。

4.3 TestCase

如果一个类继承 unittest.TestCase，那么这个类就是一个测试用例。在这个测试类中，如果一个方法要被当作测试用例执行则这个方法的名称就必须以 test 开头。在 UnitTest 框架中，只会将 test 开头的方法当作测试用例执行。

示例：写一个类继承 unittest.TestCase，类中有两个方法，方法命名时一个以 test 开头，一个非 test 开头。

```
# -*-coding:utf-8-*-

import unittest

class TestCase(unittest.TestCase):

    def setUp(self):
        print("测试用例开始执行")

    def tearDown(self):
        print("测试用例执行结束")

    def add(self, a, b):
        return a+b

    def test_add(self):
        print("test 开头的方法")
        result = self.add(2, 3)
        assert result == 5

    def add_test(self):
        print("非 test 开头的方法")
        result = self.add(2, 3)
        assert result == 5

if __name__ == '__main__':
    unittest.main()
```

执行代码控制台的输出结果如下：

```
测试用例开始执行
test 开头的方法
测试用例执行结束

Ran 1 test in 0.003s

OK

Process finished with exit code 0
```

由结果可以看出，代码只运行了以 test 开头命名的方法。在 UnitTest 框架中只将 test 开头的方法当作测试用例执行。

4.4　断言 Assert

断言用于在自动化测试过程中，判断实际结果和预期结果是否相等。在 UnitTest 中，如果断言失败则会标记该条测试用例执行失败。

在 Python + unittest 结构中，有两种断言可供使用，一种是 Python 语言中提供的断言 Assert；另一种是 UnitTest 中提供的断言方法。

断言主要有以下 3 种类型：

- 布尔类型断言，即真或假，如果判断为真，则返回 True，反之返回 False。
- 比较类型断言，例如比较两个变量值的大小，如果判断为真，则返回 True，反之返回 False。
- 复杂类型断言，例如判断两个列表是否相等，如果相等，则返回 True，反之返回 False。

UnitTest 中提供的常用断言方法使用说明如表 4-1 所示。

表 4-1　UnitTest 提供的常用断言方法

方法	说明	示例
assertEqual(a, b)	判断 a 等于 b	assertEqual(3, 3)
assertNotEqual(a, b)	判断 a 不等于 b	assertNotEqual(2, 3)
assertIs(a, b)	判断 a 是 b	assertIs('hello', 'hello')
assertIsNot(a, b)	判断 a 不是 b	assertIsNot('hello', 'hello1')
assertIsNone(a)	判断 a 是 None	assertIsNone(None)
assertIsNotNone(a)	判断 a 不是 None	assertIsNotNone(123)
assertIn(a, b)	判断 a 在 b 中，包含相等	assertIn('hello', 'hello1')
assertNotIn(a, b)	判断 a 不在 b 中	assertNotIn('hello1', 'hello')
assertGreater(a, b)	判断 a 大于 b	assertGreater(2, 1)
assertGreaterEqual(a, b)	判断 a 大于等于 b	assertGreaterEqual(2, 2)
assertLess(a, b)	判断 a 小于 b	assertLess(1, 2)
assertLessEqual(a, b)	判断 a 小于等于 b	assertLessEqual(2, 2)
assertListEqual(list1, list2)	判断列表 list1 等于 list2	assertListEqual(['hello', 'python']，['hello', 'python'])
assertTupleEqual(tuple1, tuple2)	判断元组 tuple1 等于 tuple2	assertTupleEqual(('hello', 'python')，('hello', 'python'))
assertDictEqual(dict1, dict2)	判断字典 dict1 等于 dict2	assertDictEqual({'py':'python', 'sel':'selenium'}，{'py':'python', 'sel':'selenium'})

示例：分别用 Python 和 UnitTest 提供的断言各写一条成功和失败的用例。

```
# -*-coding:utf-8-*-

import unittest, time
```

```
class TestAssert(unittest.TestCase):

    def setUp(self):
        time.sleep(1)

    def test_python_sucess(self):
        print("python 提供的断言，断言成功")
        assert 1 == 1

    def test_python_fail(self):
        print("python 提供的断言，断言失败")
        assert 1 > 2

    def test_unittest_sucess(self):
        print("unittest 提供的断言，断言成功")
        self.assertIsNone(None)

    def test_unittest_fail(self):
        print("unittest 提供的断言，断言失败")
        self.assertIn('hello1', 'hello')

if __name__ == '__main__':
    unittest.main()
```

执行代码后控制台的输出结果如下：

```
C:\Users\TynamYang>python C:\Users\TynamYang\PycharmProjects\AutoTestExamp
le\projectTest\chapter4\period4.py
python 提供的断言，断言失败
Fpython 提供的断言，断言成功
.unittest 提供的断言，断言失败
Funittest 提供的断言，断言成功
.
======================================================================
FAIL: test_python_fail (__main__.TestAssert)
----------------------------------------------------------------------
Traceback (most recent call last):
  File "C:\Users\TynamYang\PycharmProjects\AutoTestExample\projectTest\cha
pter4\period4.py", line 17, in test_python_fail
    assert 1 > 2
AssertionError

======================================================================
FAIL: test_unittest_fail (__main__.TestAssert)
----------------------------------------------------------------------
Traceback (most recent call last):
  File "C:\Users\TynamYang\PycharmProjects\AutoTestExample\projectTest\cha
pter4\period4.py", line 25, in test_unittest_fail
    self.assertIn('hello1', 'hello')
AssertionError: 'hello1' not found in 'hello'
```

```
----------------------------------------------------------------------
Ran 4 tests in 4.003s

FAILED (failures=2)

C:\Users\TynamYang>
```

由结果可知，断言的成功与否不会影响代码的执行，即使断言失败代码也会继续执行。

在使用 Python 提供的断言中，如果断言失败则提示在某一行代码断言失败。但是在使用 UnitTest 提供的断言中，如果断言失败则会明确给出失败的原因。所以在自动化测试中要尽可能地使用 UnitTest 提供的断言，以方便查找断言失败的原因。

在上面的测试结果中可以看到，出现了“F、.”的标识，这些标识是对测试结果的一种表示。常见的测试标识有：

- .：点，表示测试通过。
- F：failure，表示测试失败，未通过。
- s：skip，表示测试跳过，不执行该条测试用例。
- x：预期结果为失败的测试用例。

4.5 TestSuit

TestSuite 中文称为测试套件，其作用是用来组织多个测试用例，也可以是将多个测试套件组织在一起。可以通过 unittest.TestSuite( )类直接构建，也可以通过 TestSuite 实例的 addTest、addTests 方法构建。

4.5.1 TestSuite 直接构建测试集

可以使用 TestSuit 直接构建测试集，示例代码如下：

```
# -*-coding:utf-8-*-

import unittest

class TestSuit(unittest.TestCase):

    def test_1(self):
        print('test1')

    def test_2(self):
        print('test2')

    def test_3(self):
        print('test3')
```

```
if __name__ == '__main__':
    # 构造测试集
    suit = unittest.TestSuite(map(TestSuit, ['test_3', 'test_1']))
    # 执行测试用例
    unittest.TextTestRunner().run(suit)
```

执行代码后控制台的输出结果如下：

```
test3
..
test1
----------------------------------------------------------------------
Ran 2 tests in 0.000s

OK

Process finished with exit code 0
```

由上述示例可知，unittest.TestSuite( )方法将需要执行的测试用例集合在一起，然后通过unittest.TextTestRunner( )类中提供的 run( )方法执行。

在上述示例中用到了 map 函数，这是 Python 的一个内置函数，会根据提供的函数对指定的序列做映射。使用语法：map(function, iterable, ...)。第一个参数 function 表示以参数序列中的每一个元素调用 function 函数，返回包含每次 function 函数返回值的新列表。

4.5.2 addTest( )构建测试集

addTest( )也可以实现将测试用例添加到测试集中，但是一次只能添加一条测试用例。示例代码如下：

```
if __name__ == '__main__':
    # 构造测试集
    suit = unittest.TestSuite()
    suit.addTest(TestSuit('test_3'))
    suit.addTest(TestSuit('test_2'))
    # 执行测试用例
    unittest.TextTestRunner().run(suit)
```

执行代码后控制台的输出结果如下：

```
test3
..
test2
----------------------------------------------------------------------
Ran 2 tests in 0.000s

OK

Process finished with exit code 0
```

从运行结果可以看出，addTest( )方法也可以将需要执行的测试用例集合在一起，然后通过 unittest.TextTestRunner( )类中提供的 run( )方法执行，和使用 TestSuit 直接构建测试集达到的效果是一样的。

4.5.3　addTests( )构建测试集

可以使用 addTests( )方法将测试用例添加进测试集，与 addTest( )方法不同的是，addTests( )允许一次添加多条测试用例。请看下面的示例：

```
if __name__ == '__main__':
    # 构造测试集
    suit = unittest.TestSuite()
    suit.addTests(map(TestSuit, ['test_1', 'test_3']))
    # 执行测试用例
    unittest.TextTestRunner().run(suit)
```

执行代码后控制台的输出结果如下：

```
test1
test3
..
----------------------------------------------------------------------
Ran 2 tests in 0.000s

OK

Process finished with exit code 0
```

将测试用例添加到测试集，无论使用 TestSuite 直接构建，还是使用 addTest( )和 addTests( )进行构建，其目的都是相同的，即集合测试用例，然后通过 unittest.TextTestRunner( )类中提供的 run( )方法执行测试用例。

4.5.4　skip 装饰器

使用 skip 装饰器可以跳过某个测试用例。在自动化测试执行过程中，如果需要某个测试用例不执行，则在该条测试用例上面添加“@unittest.skip( )”即可。如果某条测试用例被添加了 skip( )装饰器，则该条测试用例涉及的测试准备 setUp( )和测试销毁 tearDown( )不会被执行。

skip( )主要有 4 种使用方法：

（1）@unittest.skip(reason)：无条件跳过。reason 可用来描述跳过的原因。

（2）@unittest.skipIf(condition, reason)：有条件跳过。当 condition 条件满足时跳过该条测试用例。

（3）@unittest.skipUnless(condition, reason)：有条件跳过。与 unittest.skipIf(condition, reason)中的 condition 条件判断相反，当 condition 条件不满足时跳过该条测试用例。

（4）@unittest.expectedFailure：用于标记期望执行失败的测试方法。如果该测试方法执行失败，则被认为成功；如果执行成功，则被认为失败。

示例：分别使用上面 4 种跳过方法跳过测试用例。

```
# -*-coding:utf-8-*-

import unittest

class TestSuit(unittest.TestCase):

    @unittest.skip("跳过该条测试用例")
    def test_1(self):
        print('test1')

    @unittest.skipIf(1 == 1, "如果 1 等于 1 则跳过该条测试用例")
    def test_2(self):
        print('test2')

    @unittest.skipUnless(1 == 1, "如果 1 等于 1 则执行该条测试用例")
    def test_3(self):
        print('test3')

    @unittest.expectedFailure
    def test_4(self):
        self.assertEqual(2, 1)
        print('test4')

if __name__ == '__main__':
   unittest.main()
```

执行代码后控制台的输出结果如下：

```
test3
ss.x
----------------------------------------------------------------------
Ran 4 tests in 0.001s

OK (skipped=2, expected failures=1)

Process finished with exit code 0
```

测试结果显示为：ss.x。跳过了 2 条测试用例，预期结果是失败的有 1 条测试用例。

4.6 TestLoader

TestLoader 用来将测试用例（TestCase）添加到测试套件（TestSuit）中，主要有以下方法可使用：

- unittest.TestLoader( ).loadTestsFromTestCase(testCaseClass)：返回 testCaseClass 中包含的所有测试用例的套件。

- unittest.TestLoader( ).loadTestsFromModule(module)：返回包含在给定模块中的所有测试用例的套件。
- unittest.TestLoader( ).loadTestsFromName(name,module=None)：返回一组给定字符串说明符的所有测试用例。名称可以为模块、测试用例类、测试用例类中的测试方法，或其中的可调用对象，返回一个 TestCase 或 TestSuite 实例。
- unittest.TestLoader( ).loadTestsFromNames(names,module=None)：返回使用给定序列找到的所有测试用例的套件说明符的字符串，用法和 loadTestsFromName 类似。
- unittest.TestLoader( ).getTestCaseNames(testCaseclass): 返回在 testCaseClass 中找到的方法名的排序序列。
- unittest.TestLoader( ).discover(start_dir, pattern='test*.py', top_level_dir=None)：从 Python 文件中获取测试用例。

这几种方法中经常使用的是 discover 方法，Discover( )有 3 个参数，说明如下：

- start_dir: 测试用例的地址。
- pattern：是一种匹配测试用例脚本名称规则，默认是“test*.py”，即所有以 test 开头的 py 文件都会被视为测试用例脚本，从而将其脚本中的测试用例加载到测试套件中。
- top_level_dir：顶层目录的名称，默认为 None。

示例：有两个测试用例文件，test01.py 和 test02.py，每个 py 文件中都有 3 条测试用例 test_1、test_2、test_3，使用 discover( )方法将这两个测试脚本中的测试用例加载到测试套件中。

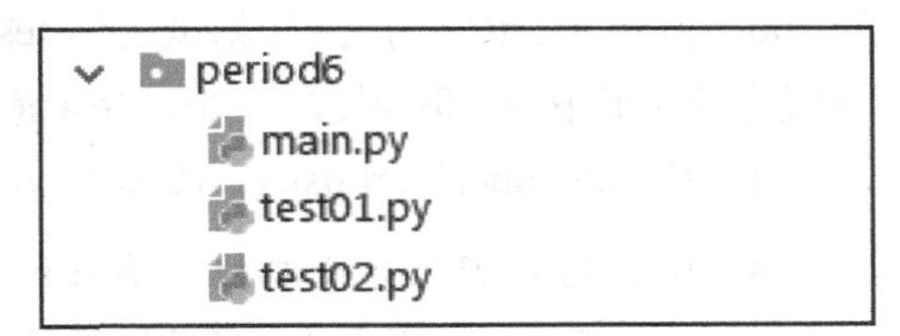

图 4-2 测试文件的目录结构

测试文件的目录结构如图 4-2 所示。

在 main.py 文件中编写如下代码：

```
# -*-coding:utf-8-*-

import unittest

if __name__ == '__main__':
    testLoader = unittest.TestLoader()
    discover = testLoader.discover(start_dir='./', pattern="test*.py")
    print(discover)
    runner = unittest.TextTestRunner()
    runner.run(discover)
```

执行代码后控制台的输出结果如下：

```
<unittest.suite.TestSuite tests=[<unittest.suite.TestSuite tests=[<unittes
t.suite.TestSuite tests=[<test01.TestSuit testMethod=test_1>, <test01.TestSuit
 testMethod=test_2>, <test01.TestSuit testMethod=test_3>]>]>, <unittest.suite.
TestSuite tests=[<unittest.suite.TestSuite tests=[<test02.TestSuit testMethod=
test_1>, <test02.TestSuit testMethod=test_2>, <test02.TestSuit testMethod=test
_3>]>]>]>
test1
```

```
.test2
.test3
.test1
.test2
.test3
.
----------------------------------------------------------------------
Ran 6 tests in 12.026s

OK

Process finished with exit code 0
```

如上输出结果，discover 的值是匹配到的所有测试文件中的所有测试用例，使用 run( )方法执行的也是匹配到的所有测试文件中的所有测试用例。

4.7 TestRunner

TestRunner 是使用 TextTestRunner 提供的 run( )方法执行测试用例。使用 unittest.TextTestRunner (verbosity).run(testCase) 执行测试用例 testCase，在执行 testCase 的同时也会相应地执行 testCase 的预置方法 setUp( ) 和销毁方法 tearDown( )。

TextTestRunner(verbosity) 的参数 verbosity 用来控制输出错误报告的详细程度，有 3 个等级：

- 0 (quiet): 只显示全局执行结果和执行结果中用例的总数。
- 1 (default): 默认值，显示全局执行结果和执行结果中用例的总数，并且对每一条用例的执行结果都有标注（成功 T 或失败 F)。
- 2 (verbose): 显示全局执行结果和执行结果中用例的总数，并输出每一条用例的详细结果。

示例：执行测试用例，并且使用 verbosity=2 等级输出结果。

```
# -*-coding:utf-8-*-

import unittest

if __name__ == '__main__':
    testLoader = unittest.TestLoader()
    discover = testLoader.discover(start_dir='./', pattern="test*.py")
    runner = unittest.TextTestRunner(verbosity=2)
    runner.run(discover)
```

执行代码后控制台的输出结果如下：

```
test_1 (test01.TestSuit) ... test1
ok
test_2 (test01.TestSuit) ... test2
ok
test_3 (test01.TestSuit) ... test3
```

```
ok
test_1 (test02.TestSuit) ... test1
ok
test_2 (test02.TestSuit) ... test2
ok
test_3 (test02.TestSuit) ... test3
ok

----------------------------------------------------------------------
Ran 6 tests in 12.045s

OK

Process finished with exit code 0
```

由上述示例可知，使用 verbosity=2 等级输出的结果明显比之前使用的默认等级 verbosity=1 结果更详细。

4.8　生成 HTML 报告

为了使测试报告可以直观、简明地阅读，我们使用 HTMLTestRunner 模块生成可视化测试报告。

进入 HTMLTestRunner 官网：http://tungwaiyip.info/software/HTMLTestRunner.html，下载 HTMLTestRunner 文件，如图 4-3 所示。

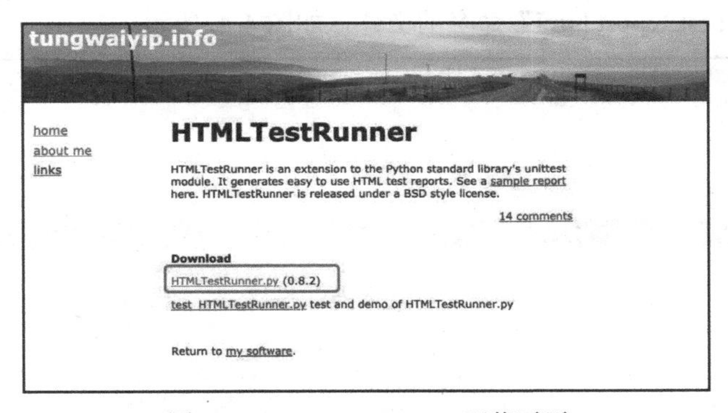

图 4-3　HTMLTestRunner 下载页面

将下载的 HTMLTestRunner 文件保存到 Python 安装目录的 lib 文件中。

下载的文件适合 Python 2 中使用，如果要在 Python 3 中使用需要修改一些内容，具体修改内容如下：

- 第 94 行，import StringIO 修改为 import io。
- 第 539 行，self.outputBuffer = StringIO.StringIO()修改为 self.outputBuffer= io.StringIO()。
- 第 631 行，print >> sys.stderr, '\nTime Elapsed: %s' %(self.stopTime-self.startTime)修改为 print(sys.stderr, '\nTimeElapsed: %s' % (self.stopTime-self.startTime))。

- 第 642 行，将 if not rmap.has_key(cls):修改成 if not cls in rmap:。
- 第 766 行，将 uo = o.decode('latin-1')修改成 uo = e。
- 第 772 行，将 ue = e.decode('latin-1')修改成 ue = e。

示例：使用 HTMLTestRunner 生成测试报告。

```
# -*-coding:utf-8-*-

import unittest
from HTMLTestRunner import HTMLTestRunner

if __name__ == '__main__':
    testLoader = unittest.TestLoader()
    discover = testLoader.discover(start_dir='./', pattern="test*.py")
    # 生成 HTML 格式测试报告
    with open('TestReport.html', 'wb') as f:
        runner = HTMLTestRunner(stream=f,
                                title="自动化测试报告",
                                description="自动化测试")
        runner.run(discover)
```

HTMLTestRunner 中的参数说明：

- stream：测试报告写入存储区域。
- title：测试报告的标题。
- description：测试报告描述的内容。

执行后生成以“TestReport.html”命名的文件，如图 4-4 所示。

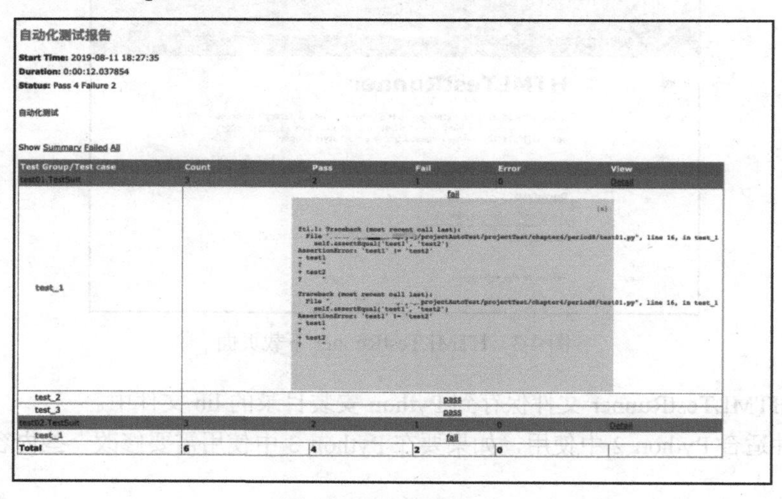

图 4-4 测试报告文件

从结果中可以看到，运行时间、成功和失败的用例统计，错误的用例可以看到错误信息，非常利于阅读。

第 5 章

Selenium Grid

在第 1 章 Selenium 简介中已经对 Selenium Gird 有过概念性的介绍，Selenium Grid 是用于运行在不同的机器、不同的浏览器的并行测试工具，可以加快测试用例的运行速度。简单地说，就是当我们在 Selenium Webdriver 中编辑完成各种脚本后，可以运用 Selenium Gird 在不同的系统和不同的浏览器中批量执行用例。本章主要介绍 Selenium Grid 的使用。

5.1 Selenium Grid 简介

Selenium Grid 有两个版本：Grid1 和 Grid2。这两个版本并非对应 Selenium 的两个大发布版本，Grid2 版本的发布要晚于 Selenium 2，但是 Grid2 完全支持 Selenium 的所有功能。

在 Grid2 中，Selenium Grid 已经与 Selenium RC 服务器合并，使用时只需在 https://selenium-release.storage.googleapis.com/index.html 中下载一个.jar 文件即可，该 jar 包已将远程 Selenium RC Server 和 Selenium Grid 集成在一起，使用起来非常方便。

Selenium Gird 主要有以下优点：

- 可以在不同系统和浏览器中运行测试。
- 减少了测试执行的时间。
- 允许多线程并发运行。

5.2 Selenium Grid 的工作原理

Selenium Grid 实际是基于 Selenium RC 的分布式结构，由一个 Hub 节点和若干个 Node 代理节点组成。其工作原理是 Selenium Scripts 发送请求调用 Hub 节点，然后通过 Hub 节点分发具体的测试用例到 Node 节点执行，如图 5-1 所示。

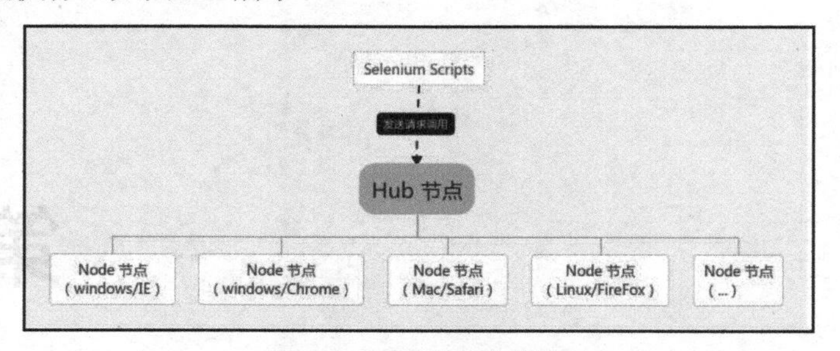

图 5-1　Grid 的工作原理

Hub 是管理中心，用来管理各个代理节点的注册信息和状态信息，并且接受远程客户端代码的请求调用，然后将请求的命令转发给 Node 节点来执行。

Node 可以简单地理解为不同系统的测试机，如 Linux 系统、Mac 系统或者 Windows 系统，其负责执行 Hub 分发的具体测试用例。

5.3 Selenium Grid 测试环境的搭建

准备工作是做任何项目前都必须认真考虑的一件事。同样的，在使用 Selenium Grid 之前也需要做一些准备工作，本节我们来介绍 Selenium Grid 测试环境的搭建方法。

5.3.1 文件准备

进入 https://selenium-release.storage.googleapis.com/index.html 下载 selenium-server-standalone 的 jar 包。如果没有特殊要求请选择最新发布的版本 3.9，选择可以在独立环境中运行的 jar 包，如图 5-2 所示。

Index of /3.9/

Name	Last modified	Size	ETag
Parent Directory		-	
IEDriverServer_Win32_3.9.0.zip	2018-02-05 17:44:30	0.94MB	c7d7743b24cb897c8565839cec22ca83
IEDriverServer_x64_3.9.0.zip	2018-02-05 17:44:31	1.08MB	5cff5e4d62b13876c0b2cd9b7bd4a2b3
selenium-dotnet-3.9.0.zip	2018-02-05 17:44:32	4.47MB	997e2db93d50be64d58ba374fd1b1819
selenium-dotnet-3.9.1.zip	2018-02-09 20:33:46	4.47MB	b362b2d826e0a3cf2eb14aefc81d787c
selenium-dotnet-strongnamed-3.9.0.zip	2018-02-05 17:44:32	4.48MB	debcfeaa4149cdb4d92f580844acd158
selenium-dotnet-strongnamed-3.9.1.zip	2018-02-09 20:33:48	4.48MB	61180d6c06a361b858a2279eea09c22a
selenium-html-runner-3.9.0.jar	2018-02-05 14:57:45	14.23MB	74923c40144ce876b60412018acd1054
selenium-html-runner-3.9.1.jar	2018-02-07 22:43:43	14.23MB	bddf0e5bedcd9afc2f3829225fa5ef9b
selenium-java-3.9.0.zip	2018-02-05 14:57:34	8.43MB	7e9a0002b8e28074f52bcfe7a239f2ca
selenium-java-3.9.1.zip	2018-02-07 22:43:32	8.43MB	1fcd99a0df0a537002d99e28db6cf596
selenium-server-3.9.0.zip	2018-02-05 14:57:28	21.05MB	d6b1ce14a0369ed2f5974757bc7f656b
selenium-server-3.9.1.zip	2018-02-07 22:43:25	21.05MB	0825e089662edcb27ec5ee30ef05d152
selenium-server-standalone-3.9.0.jar	2018-02-05 14:57:12	22.34MB	306a475b6f1d540969416cdf11cd7361
selenium-server-standalone-3.9.1.jar	2018-02-07 22:43:10	22.34MB	eee40b2683858fd7091bf8b5481f306f

图 5-2　selenium-server-standalone 的 jar 选择

在使用 jar 包文件前，需要安装 Java 环境及配置 Java 环境变量。因为在 Hub 节点和 Node 节点中均需要使用 selenium-server-standalone 的 jar 包，所以都需要准备 Java 环境。

需要一台主机作为 Hub 节点，若干个主机作为 Node 节点，Node 节点需要与 Hub 节点之间通过 ping 命令互通。准备主机信息如表 5-1 所示。

表 5-1　Hub 节点与 Node 节点信息

主机	IP	系统环境
Hub 节点	192.168.10.131	Windows 10，32 位
Node1 节点	192.168.10.131	Windows 10，32 位
Node2 节点	192.168.164.1	Windows 10，64 位

因为在 Node 节点中需要使用 Python 环境，并且要通过浏览器驱动启动浏览器，所以在 Node 节点主机中还需要安装 Python 程序和需要的浏览器程序以及浏览器对应版本的驱动，这些环境的准备可参考本书 1.1 节。

5.3.2　部署 Hub 节点

在 Hub 主机命令行模式中进入到 selenium-server-standalone 所在的目录下，执行命令：java -jar selenium-server-standalone-3.9.1.jar -role hub，初始化 Hub 服务器如图 5-3 所示。

```
C:\grid>java -jar selenium-server-standalone-3.9.1.jar -role hub
21:57:23.008 INFO - Selenium build info: version: '3.9.1', revision: '63f7b50'
21:57:23.024 INFO - Launching Selenium Grid hub on port 4444
2020-02-09 21:57:24.930:INFO::main: Logging initialized @2839ms to org.seleniumhq.jetty9.util.log.StdErrLog
2020-02-09 21:57:25.181:INFO:osjs.Server:main: jetty-9.4.7.v20170914, build timestamp: 2017-11-22T06:27:37+09:00, git hash: 8
2b8fb23f757335bb3329d540ce37a2a2615f0a8
2020-02-09 21:57:25.274:INFO:osjs.session:main: DefaultSessionIdManager workerName=node0
2020-02-09 21:57:25.274:INFO:osjs.session:main: No SessionScavenger set, using defaults
2020-02-09 21:57:25.274:INFO:osjs.session:main: Scavenging every 660000ms
2020-02-09 21:57:25.305:INFO:osjsh.ContextHandler:main: Started o.s.j.s.ServletContextHandler@17632c9{/,null,AVAILABLE}
2020-02-09 21:57:25.352:INFO:osjs.AbstractConnector:main: Started ServerConnector@1c87521{HTTP/1.1,[http/1.1]}{0.0.0.0:4444}
2020-02-09 21:57:25.368:INFO:osjs.Server:main: Started @3273ms
21:57:25.368 INFO - Selenium Grid hub is up and running
21:57:25.368 INFO - Nodes should register to http://192.168.10.131:4444/grid/register/
21:57:25.368 INFO - Clients should connect to http://192.168.10.131:4444/wd/hub
```

图 5-3　初始化 Hub 服务器

参数说明：

- -role hub：启动 Hub 服务。

也可以添加以下参数：

- -port：设置通信端口号。Hub 的默认端口是 4444，例如：-port 5555，启动后端口号为 5555。
- -maxSession：最大会话数，默认为 1。例如：-maxSession 10，则最大会话数为 10。

执行命令后会将本机初始化为 Hub 服务器，并且会以本机的 ip 作为访问地址。服务器启动后访问 Hub 页面：http://192.168.10.131:4444/grid/console，如果在 Hub 主机上访问也可写成：http://localhost:4444/grid/console。

访问 Hub 页面的结果如图 5-4 所示，因为还没有注册任何 Node 节点，所以显示为空。

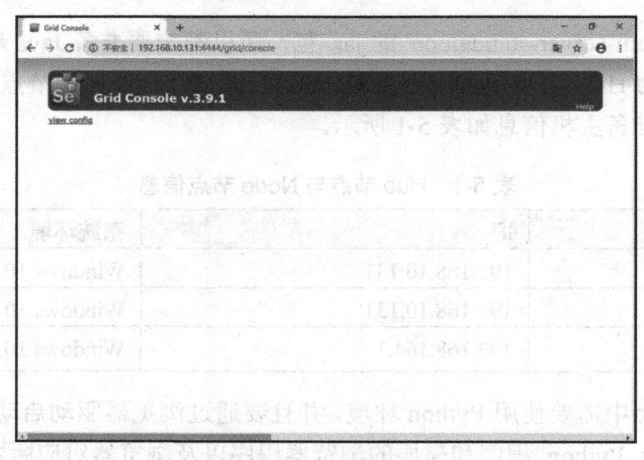

图 5-4　Hub 页面

5.3.3　部署 Node 节点

在 Node1 主机中注册 node1 节点。

命令行模式下进入到 selenium-server-standalone 所在的目录下，执行命令：java -jar selenium-server-standalone-3.9.1.jar -role node -port 5555 -hub http://192.168.10.131:4444/grid/register，如图 5-5 所示。

```
C:\grid>java -jar selenium-server-standalone-3.9.1.jar -role node -port 5555 -hub http://192.168.10.131:4444/grid/register
22:04:23.821 INFO - Selenium build info: version: '3.9.1', revision: '63f7b50'
22:04:23.821 INFO - Launching a Selenium Grid node on port 5555
2020-02-09 22:04:24.992:INFO::main: Logging initialized @2147ms to org.seleniumhq.jetty9.util.log.StdErrLog
2020-02-09 22:04:25.291:INFO:osjs.Server:main: jetty-9.4.7.v20170914, build timestamp: 2017-11-22T06:27:37+09:00, git hash: 82b8fb23f757335bb3329d540ce37a2a2615f0a8
2020-02-09 22:04:25.384:WARN:osjs.SecurityHandler:main: ServletContext@o.s.j.s.ServletContextHandler@14425a7{/,null,STARTING} has uncovered http methods for path: /
2020-02-09 22:04:25.399:INFO:osjsh.ContextHandler:main: Started o.s.j.s.ServletContextHandler@14425a7{/,null,AVAILABLE}
2020-02-09 22:04:25.511:INFO:osjs.AbstractConnector:main: Started ServerConnector@a48628{HTTP/1.1,[http/1.1]}{0.0.0.0:5555}
2020-02-09 22:04:25.524:INFO:osjs.Server:main: Started @2690ms
22:04:25.524 INFO - Selenium Server is up and running on port 5555
22:04:25.524 INFO - Selenium Grid node is up and ready to register to the hub
22:04:25.571 INFO - Starting auto registration thread. Will try to register every 5000 ms.
22:04:25.586 INFO - Registering the node to the hub: http://192.168.10.131:4444/grid/register
22:04:26.008 INFO - Updating the node configuration from the hub
22:04:26.040 INFO - The node is registered to the hub and ready to use
```

图 5-5　注册 node1 节点

参数说明：

- -role node：启动 node。
- -port：node 节点通信的端口号。
- -hub：指定 Hub 机注册地址。

除上面的 3 个参数外还可添加 browser 参数：

- -browser：指定浏览器。node 节点默认为 11 个浏览器，5 个 Firefox, 5 个 Chrome, 1 个 Internet Explorer。例如：-browser browserName=firefox，maxInstances=5，表示指定 Firefox 浏览器并且每次最多可执行 5 个浏览器。

参考注册 node1 节点的步骤，同样在 node2 节点中进行注册。更改端口号，使用命令：java -jar selenium-server-standalone-3.9.1.jar -role node -port 6666 -hub http://192.168.10.131:4444/grid/register。

注册完成后，再次访问 Hub console: http://192.168.164.131:4444/grid/console，如图 5-6 所示，

可以看到有两个 Node 节点注册成功。

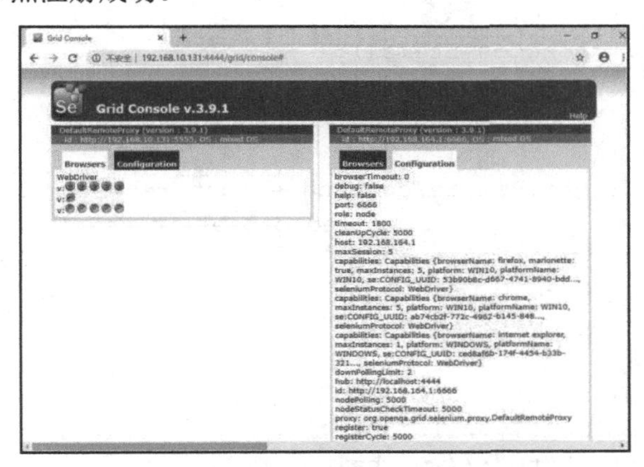

图 5-6 Node 节点注册成功的 Hub 页面

第一个 Node 节点的 id 为：http://192.168.10.131:5555。

第二个 Node 节点的 id 为：http://192.168.164.1:6666。

页面中在 Browsers 下可以看到支持的浏览器及数量，Configuration 下可以看到注册节点的信息。

5.4 测试脚本开发

在脚本开发中需要调用 WebDriver 的 remote 方法。在使用 rmote 时有两种方式，指定 Node 节点和指定 Hub 地址。

指定 Node 节点的方式是需要列出所需要执行的 Node 节点和指定启动的浏览器。

指定 Hub 地址的方式是在使用时需要给出启动的浏览器，Hub 会根据每个 Node 节点的浏览器版本及最大并发量合理地分配测试。

5.4.1 指定 Node 节点

首先需要列出所有的 Node 节点以及对应需要启动的浏览器，然后在 for 循环中调用 remote 方法，在每一个节点中使用不同的浏览器执行测试代码。

新建测试脚本 grid_example.py，内容如下：

```
# -*-coding:utf-8-*-

from selenium import webdriver
import time

# node 与其所需要启动的浏览器
nodes = {'http://192.168.10.131:5555/wd/hub': 'chrome',
         'http://192.168.164.1:6666/wd/hub': 'firefox',
```

```
        }

    for host, browser in nodes.items():
        print(host, browser)

        # 调用 remote 方法
        driver = webdriver.Remote(command_executor=host,
                                  desired_capabilities={'browserName': browser,
                                                        "platform": "WINDOWS"
                                                        })

        try:
            # 操作步骤
            driver.maximize_window()
            driver.implicitly_wait(30)
            driver.get('https://www.baidu.com')
            time.sleep(1)
            driver.find_element_by_id('kw').send_keys('selenium grid')
            driver.find_element_by_id('su').click()

        except Exception as e:
            print("发生异常错误")
            print(e)

        finally:
            driver.quit()
```

执行测试脚本后控制台的输出结果如下：

```
(venv) C:\Users\TynamYang\PycharmProjects\projectAutoTest>grid_example.py
http://192.168.10.131:5555/wd/hub chrome
http://192.168.164.1:6666/wd/hub firefox

(venv) C:\Users\TynamYang\PycharmProjects\projectAutoTest>
```

执行测试脚本后各节点的表现：

（1）192.168.10.131 节点

在 192.168.10.131 节点中启动了 Chrome 浏览器。然后运行测试步骤，浏览器最大化后访问百度首页，在检索框中输入“selenium grid”并且单击“百度一下”按钮进行检索，最后浏览器关闭。

（2）192.168.164.1 节点

在 192.168.164.1 节点中启动了 Firefox 浏览器。然后运行测试步骤，浏览器最大化后访问百度首页，在检索框中输入“selenium grid”并且单击“百度一下”按钮进行检索，最后浏览器关闭。

5.4.2 指定 Hub 地址

指定 Hub 地址与指定 Node 节点的编程方法类似，只不过需要将 remote 方法中的 command_executor 参数值更改为 Hub 地址，选择启动的浏览器需要在 desired_capabilities 参数中指定。详细脚本如下：

```
# -*-coding:utf-8-*-
from selenium import webdriver
import time

# Hub 地址
hub = 'http://192.168.10.131:4444/wd/hub'

driver = webdriver.Remote(command_executor=hub,
                          desired_capabilities={'browserName': 'firefox',
                                                "platform": "WINDOWS"
                                                })

try:
    # 操作步骤
    driver.maximize_window()
    driver.implicitly_wait(30)
    driver.get('https://www.baidu.com')
    time.sleep(1)
    driver.find_element_by_id('kw').send_keys('selenium grid')
    driver.find_element_by_id('su').click()

except Exception as e:
    print("发生异常错误")
    print(e)

finally:
    driver.quit()
```

由于在 192.168.10.131 节点中没有安装 Firefox 浏览器驱动，所以运行脚本执行的结果是，在 192.168.164.1 节点中启动了 Firefox 浏览器，然后运行测试步骤，浏览器最大化后访问百度首页，在检索框中输入“selenium grid”并且单击“百度一下”按钮进行检索，最后浏览器关闭。

第 6 章

Pytest 测试框架

相比 UnitTest 单元测试框架，Pytest 测试框架在当今自动化测试中更受欢迎。Pytest 测试框架不但有非常完善的在线文档，还提供了大量的第三方插件且支持自定义扩展插件，在许多小型和大型项目中都能见到它的身影。本章将就 Pytest 框架的使用做一个简单的介绍。

6.1　Pytest 简介

Pytest 是一个非常流行且成熟的全功能的 Python 测试框架，适用于单元测试、UI 测试、接口测试，Pytest 和单元测试框架 UnitTest 类似，但是更简洁、高效，它的主要优点有：

- 简单灵活，容易上手。
- 支持参数化。
- 可标记测试功能与属性。
- Pytest 具有很多第三方插件，并且可以自定义扩展，比较好用的如 pytest-selenium（集成 Selenium）、pytest-html（生成 HTML 测试报告）、pytest-rerunfailures（失败 case 重复执行）等。
- 使用 Skip 和 xfail 可以处理不成功的测试用例。
- 可通过 xdist 插件分发测试到多个 CPU。
- 允许直接使用 assert 进行断言，而不需要使用 self.assert *。
- 方便在持续集成工具中使用。

接下来我们开始安装 Pytest，仍然使用 pip 命令，即 pip install pytest。

```
C:\Users\TynamYang>pip install pytest
Collecting pytest
```

```
  Downloading https://files.pythonhosted.org/packages/a5/c0/34033b2df7718b
91c667bd259d5ce632ec3720198b7068c0ba6f6104ff89/pytest-5.3.5-py3-no
    ne-any.whl (235kB)
      100% |████████████████████████████████
| 235kB 145kB/s
    Collecting packaging (from pytest)
      Downloading https://files.pythonhosted.org/packages/98/42/87c585dd3b113c
775e65fd6b8d9d0a43abe1819c471d7af702d4e01e9b20/packaging-20.1-py2.
    py3-none-any.whl
    Collecting pluggy<1.0,>=0.12 (from pytest)
      Downloading https://files.pythonhosted.org/packages/a0/28/85c7aa31b80d15
0b772fbe4a229487bc6644da9ccb7e427dd8cc60cb8a62/pluggy-0.13.1-py2.p
    y3-none-any.whl
    Collecting attrs>=17.4.0 (from pytest)
      Downloading https://files.pythonhosted.org/packages/a2/db/4313ab3be961f7
a763066401fb77f7748373b6094076ae2bda2806988af6/attrs-19.3.0-py2.py
    3-none-any.whl
    Collecting atomicwrites>=1.0; sys_platform == "win32" (from pytest)
      Downloading https://files.pythonhosted.org/packages/52/90/6155aa926f43f2
b2a22b01be7241be3bfd1ceaf7d0b3267213e8127d41f4/atomicwrites-1.3.0-
    py2.py3-none-any.whl
    Collecting colorama; sys_platform == "win32" (from pytest)
      Downloading https://files.pythonhosted.org/packages/c9/dc/45cdef1b4d119e
b96316b3117e6d5708a08029992b2fee2c143c7a0a5cc5/colorama-0.4.3-py2.
    py3-none-any.whl
    Collecting wcwidth (from pytest)
      Downloading https://files.pythonhosted.org/packages/58/b4/4850a0ccc6f567
cc0ebe7060d20ffd4258b8210efadc259da62dc6ed9c65/wcwidth-0.1.8-py2.p
    y3-none-any.whl
    Collecting py>=1.5.0 (from pytest)
      Downloading https://files.pythonhosted.org/packages/99/8d/21e1767c009211
a62a8e3067280bfce76e89c9f876180308515942304d2d/py-1.8.1-py2.py3-no
    ne-any.whl (83kB)
      100% |████████████████████████████████
| 92kB 57kB/s
    Collecting importlib-metadata>=0.12; python_version < "3.8" (from pytest)
      Downloading https://files.pythonhosted.org/packages/8b/03/a00d5048088089
12751e64ccf414be53c29cad620e3de2421135fcae3025/importlib_metadata-
    1.5.0-py2.py3-none-any.whl
    Collecting more-itertools>=4.0.0 (from pytest)
      Downloading https://files.pythonhosted.org/packages/72/96/4297306cc270ee
f1e3461da034a3bebe7c84eff052326b130824e98fc3fb/more_itertools-8.2.
    0-py3-none-any.whl (43kB)
      100% |████████████████████████████████
| 51kB 38kB/s
    Collecting six (from packaging->pytest)
      Downloading https://files.pythonhosted.org/packages/65/eb/1f97cb97bfc239
0a276969c6fae16075da282f5058082d4cb10c6c5c1dba/six-1.14.0-py2.py3-
    none-any.whl
    Collecting pyparsing>=2.0.2 (from packaging->pytest)
```

```
    Downloading https://files.pythonhosted.org/packages/5d/bc/1e58593167fade
7b544bfe9502a26dc860940a79ab306e651e7f13be68c2/pyparsing-2.4.6-py2
    .py3-none-any.whl (67kB)
        100% |████████████████████████████████
| 71kB 42kB/s
    Collecting zipp>=0.5 (from importlib-metadata>=0.12; python_version < "3.8
"->pytest)
    Downloading https://files.pythonhosted.org/packages/46/42/f2dd964b2a6b19
21b08d661138148c1bcd3f038462a44019416f2342b618/zipp-2.2.0-py36-non
    e-any.whl
    Installing collected packages: six, pyparsing, packaging, zipp, importlib-
metadata, pluggy, attrs, atomicwrites, colorama, wcwidth, py, more
    -itertools, pytest
    Successfully installed atomicwrites-1.3.0 attrs-19.3.0 colorama-0.4.3 impo
rtlib-metadata-1.5.0 more-itertools-8.2.0 packaging-20.1 pluggy-0.
    13.1 py-1.8.1 pyparsing-2.4.6 pytest-5.3.5 six-1.14.0 wcwidth-0.1.8 zipp-2
.2.0

    C:\Users\TynamYang>
```

安装完成后，使用 pytest –version 命令检查是否安装成功:

```
    C:\Users\TynamYang>pytest --version
    This is pytest version 5.3.5, imported from c:\users\tynamyang\appdata\loc
al\programs\python\python37\lib\site-packages\pytest\__init__.py

    C:\Users\TynamYang>
```

6.2 Console 参数

Pytest 可以在命令行模式下直接使用命令执行测试脚本，因此就有对应的参数使输出结果展示不一样的信息，本节介绍几个重要的 Console 控制台下的常用参数。

6.2.1 实例初体验

新建一个文件，命名为 test_example.py。

```python
# -*-coding:utf-8-*-

def add_number(a, b):
    return a + b

def test_add1():
    assert add_number(2, 3) == 5
```

在命令行模式下进入当前文件所在的目录，执行命令：pytest。

执行 Pytest 命令后，Pytest 将会自动匹配到以 test 开头或结尾的文件，并且将其作为测试用例文件执行。在测试用例文件中将会自动匹配以 test 开头的类，类中匹配以 test 开头的方法然后执行。

```
    C:\Users\TynamYang\PycharmProjects\projectAutoTest>pytest
    ======================================================= test session starts ====
=================================================
    platform win32 -- Python 3.7.4, pytest-5.3.5, py-1.8.1, pluggy-0.13.1
    rootdir: C:\Users\TynamYang\PycharmProjects\projectAutoTest
    collected 1 item

    pytest_example\test_example.py .
                                                        [100%]

    ======================================================= 1 passed in 0.01s =====
=================================================

    C:\Users\TynamYang\PycharmProjects\projectAutoTest>
```

我们修改一下断言使测试结果失败，将 assert 断言结果改成 4。

如果使用 PyCharm 则可直接在下面的命令行中执行 Pytest 命令，如图 6-1 所示。

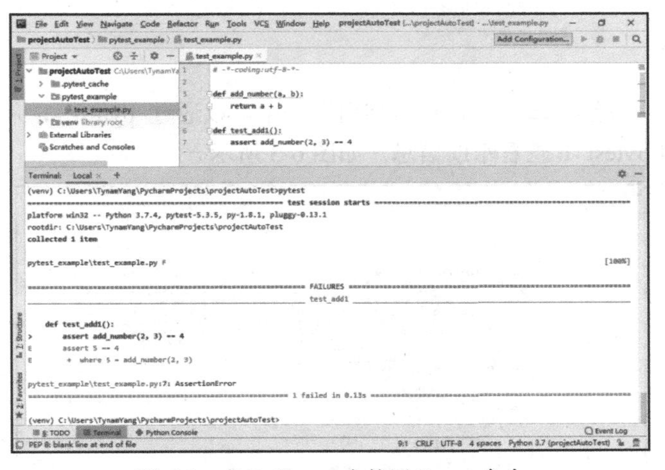

图 6-1　在 PyCharm 中使用 Pytest 命令

断言失败后将失败的测试用例显示了出来。

在运行结果中使用点“.”标识测试成功 Pass，使用“F”标识测试失败 Failed。

> **注　意**
>
> 在使用 Pytest 时，需要执行的文件下不能有__init__.py 文件，需要执行的类下不能有__init__方法。

6.2.2　-v 参数

-v 参数用于查看测试的详细信息，我们再次使用命令 pytest -v 执行脚本。结果如图 6-2 所示，

比起不使用 -v 的输出结果更加详细，详细到每条测试用例的测试名字和结果都会显示出来，而不仅仅只是一个结果标识。

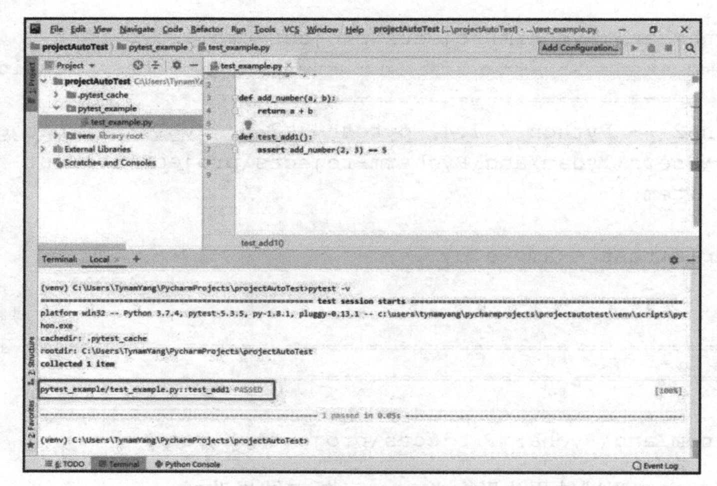

图 6-2　PyCharm 中使用 pytest -v 命令

6.2.3　-h 参数

h 是 help（帮助）的首字母，在 Pytest 使用过程中可以通过 pytest -h 命令查看帮助信息，进入命令行模式，使用 pytest -h 查看帮助信息，如图 6-3 所示。

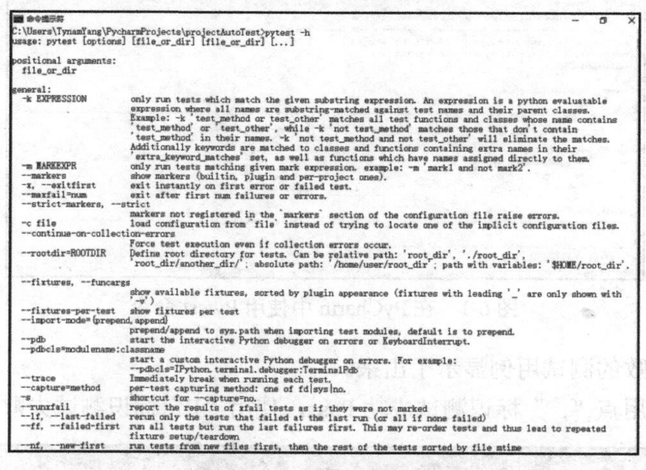

图 6-3　查看帮助信息

6.2.4　其他参数

Pytest 在使用过程中除了-v 和-h 参数外，还有一些比较常用的参数，如表 6-1 所示。

表 6-1　Pytest 在 Console 下的常用参数

参数	含义	示例
-q	与 -v 相反，可简化输出信息	pytest -q
-l	由于失败的测试用例会被堆栈追踪，所以所有的局部变量及其值都会显示出来	pytest -l
-k	模糊匹配时使用	pytest -k
-m	标记测试并且分组，运行时可以快速选择分组并且运行	pytest -m
-x	Pytest 运行时遇到失败的测试用例后会终止运行	pytest -x
--collect-only	显示要执行的用例，但是不会执行	pytest --collect-only
--ff	也可以写成 --failed-first，先执行上次失败的测试，然后执行上次正常的测试	pytest --ff
--lf	也可以写成 --last-failed，只执行上次失败的测试	pytest --lf
-s	用于显示测试函数中的 print()输出	pytest –s
--setup-show	用于查看具体的 setup 和 teardown 顺序	pytest --setup-show
--sw	也可以写成 --stepwise，测试失败时退出并从上次失败的测试继续下一次	pytest --sw
--junit-xml=path	在指定路径创建 JUnit XML 样式的报告文件	pytest --junit-xml=path
--color=color	终端信息彩色输出（是/否/自动），可选值 yes、no、auto	--color=color

6.3　mark 标记

pytest.mark 是用来对测试方法进行标记的一个装饰器，主要作用是在测试用例执行过程中跳过标记的测试用例或作出判断以选择性的执行。

6.3.1　标记测试函数

在命令行模式下可以使用 pytest --markers 查看官方提供的 mark，如图 6-4 所示。

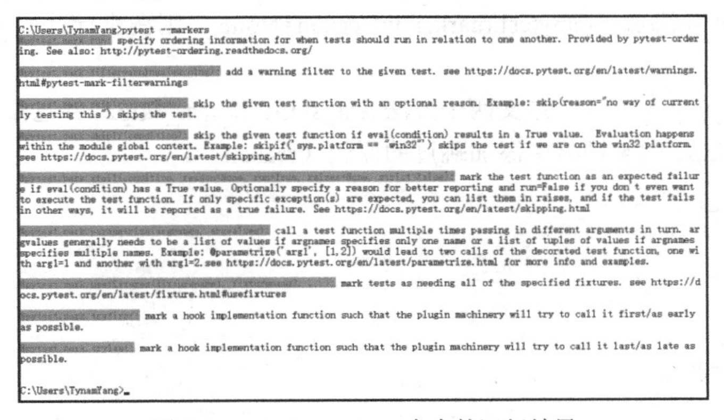

图 6-4　pytest --markers 命令的运行结果

各个 mark 的具体含义如下：

- @pytest.mark.filterwarnings(warning)：在标记的测试方法上添加警告过滤，详细内容参考 https://docs.pytest.org/en/latest/warnings.html#pytest-mark-filterwarnings。
- @pytest.mark.skip(reason=None)：执行时跳过标记的测试方法，reason 为跳过的原因，默认为空。
- @pytest.mark.skipif(condition)：通过条件判断是否跳过标记的测试方法。如果 condition 的判断结果为真则跳过，否则不跳过。例如：skipif（'sys.platform =="win32"'）当运行的系统为 Win32 时则跳过。
- @pytest.mark.xfail(condition, reason=None, run=True, raises=None, strict=False)： 如果条件 condition 的值为 True，则将测试预期结果标记为 False。
- @pytest.mark.parametrize(argnames, argvalues)：测试函数参数化，即调用多次测试函数，依次传递不同的参数。如果 argnames 只有一个名称，则 argvalues 需要以列表的形式给出值；如果 argnames 有多个名称，则 argvalues 需要以列表嵌套元组的形式给出值。如果 parametrize 的参数名称和 fixture 名称一样，会覆盖掉 fixture。例如：@parametrize（'arg1', [1,2]）将对测试函数调用两次，第一次调用 arg1 = 1，第二次调用 arg1 = 2。@parametrize（'arg1, arg2', [(1,2), (3,4)]）将对测试函数调用两次，第一次调用 arg1 = 1 arg2 = 2，第二次调用 arg1 = 3 arg2 = 4。更多详细内容请参考 https://docs.pytest.org/en /latest/parametrize.html。
- @pytest.mark.usefixtures(fixturename1, fixturename2, ...)：将测试用例标记为需要指定的所有 fixture。和直接使用 fixture 的效果是一样的，只不过不需要把 fixture 名称作为参数放置在方法声明当中，并且可以使用 class（fixture 暂时不能用于 class）。详细内容参考 https://docs.pytest.org/en/latest/fixture.html#usefixtures。
- @pytest.mark.tryfirst：标记一个挂钩实现函数，使所标记的测试方法可以首先或尽早执行。在实际情况中，如果有 fixture 的 parametrize，测试方法执行的顺序会比较复杂。
- @pytest.mark.trylast：标记一个挂钩实现函数，使所标记的测试方法可以最后或尽可能晚执行。和 tryfirst 相反。

6.3.2 示例说明

1. skip

如果在测试方法前添加了@pytest.mark.skip(reason=None)，则在执行过程中遇到该测试方法时跳过不执行。

示例：新建 test_skip.py 文件，定义两个方法 test_skip1 和 test_skip2，并且添加@pytest.mark.skip 装饰器，其中 test_skip2 的装饰器中添加跳过的原因（reason）。

```
# -*-coding:utf-8-*-

import pytest

@pytest.mark.skip()
def test_skip1():
    assert 1 == 2
```

```
@pytest.mark.skip(reason="跳过该条测试用例")
def test_skip2():
    assert 1 == 2
```

使用 pytest -v 执行测试脚本，运行代码后控制台的输出结果如下：

```
C:\Users\TynamYang\PycharmProjects\projectAutoTest>pytest -v
============================================================ test session s
tarts ============================================================
platform win32 -- Python 3.7.4, pytest-5.3.5, py-1.8.1, pluggy-0.13.1 -- c
:\users\tynamyang\pycharmprojects\projectautotest\venv\scripts\python.exe
cachedir: .pytest_cache
rootdir: C:\Users\TynamYang\PycharmProjects\projectAutoTest
collected 3 items


pytest_example/test_example.py::test_add1 PASSED
                                                            [ 33%]
pytest_example/test_skip.py::test_skip1 SKIPPED
                                                            [ 66%]
pytest_example/test_skip.py::test_skip2 SKIPPED
                                                            [100%]

========================================================= 1 passed, 2 skipped
 in 0.06s =========================================================

C:\Users\TynamYang\PycharmProjects\projectAutoTest>
```

test_skip.py 文件下两个测试用例执行结果都为 SKIPPED，表示是被跳过执行的两个测试方法。在测试结果中对 test_skip2 装饰器中添加的原因并没有展示，则可表明原因（reason）只做解释说明，类似代码中的注释，对结果不会产生影响。

2. skipif

与 skip 相比，skipif 可以对一些事物进行判断从而决定是否跳过测试方法，只有在满足条件下才跳过，否则执行。

示例：新建 test_skipif.py 文件，定义两个方法 test_skipif1 和 test_skipif2。在 test_skipif1 中添加判断条件，当前系统为 32 位 Windows 操作系统（sys.platform == win32）时结果记为 True，在 test_skipif2 中添加判断条件：当前系统不是 32 位 Windows 操作系统（sys.platform ！= win32）时结果记为 True。

```
# -*-coding:utf-8-*-
import pytest


@pytest.mark.skipif('sys.platform == "win32"',
                    reason="不适合在 win32 中运行")
def test_skipif1():
```

```
    assert 1 == 2

@pytest.mark.skipif('sys.platform != "win32"')
def test_skipif2():
    assert 1 == 1
```

使用 pytest -v 执行测试脚本，运行代码后控制台的输出结果如下：

```
C:\Users\TynamYang\PycharmProjects\projectAutoTest>pytest -v
=========================================================== test session s
tarts ============================================================
platform win32 -- Python 3.7.4, pytest-5.3.5, py-1.8.1, pluggy-0.13.1 -- c
:\Users\TynamYang\PycharmProjects\projectAutoTest \venv\scripts\python.exe
cachedir: .pytest_cache
rootdir: C:\Users\TynamYang\PycharmProjects\projectAutoTest
collected 5 items


pytest_example/test_example.py::test_add1 PASSED
                                                            [ 20%]
pytest_example/test_skip.py::test_skip1 SKIPPED
                                                            [ 40%]
pytest_example/test_skip.py::test_skip2 SKIPPED
                                                            [ 60%]
pytest_example/test_skipif.py::test_skipif1 SKIPPED
                                                            [ 80%]
pytest_example/test_skipif.py::test_skipif2 PASSED
                                                            [100%]

===================================================== 2 passed, 3 skipped
 in 0.08s ===========================================================
C:\Users\TynamYang\PycharmProjects\projectAutoTest>
```

在结果信息处可以看到当前系统为 platform win32，因此 test_skipif1 装饰器中判断结果为真，执行后的结果为 SKIPPED 跳过；而 test_skipif2 装饰器中判断结果为假，则继续执行，执行后的结果为通过。

3. xfail

xfail 可以拆分成 x 和 fail 理解，x 表示可以预期到的结果，fail 为失败，合起来可表达成可以预期到的失败的测试。xfail 装饰器解决的是对于很清楚知道它的结果是失败的，但是又不想直接跳过的测试方法，通过添加 xfail 装饰器可以在结果中给出明显的标识。

示例：新建 test_xfail.py 文件，定义两个方法 test_ xfail1 和 test_ xfail2。在 test_ xfail1 和 test_ xfail2 前均添加装饰器@pytest.mark.xfail(condition,reason=None,run=True, raises=None, strict=False)，在 test_ xfail1 中添加错误的断言，在 test_ xfail2 中添加正确的断言。

```
# -*-coding:utf-8-*-

import pytest
```

```
@pytest.mark.xfail(reason="运算错误")
def test_xfail1():
    assert 1 + 1 == 1

@pytest.mark.xfail
def test_xfail2():
    assert 1 + 1 == 2
```

使用 Pytest 命令运行，如果在结果中，test_xfail.py 文件后面有一个小写的 x 和一个大写的 X，则小写的 x 表示预期断言结果为错误，执行后结果是失败的，大写的 X 表示预期断言结果为错误，执行后结果是成功的。

如图 6-5 所示，在结果中也可以看到一个小写的 x 和一个大写的 X。

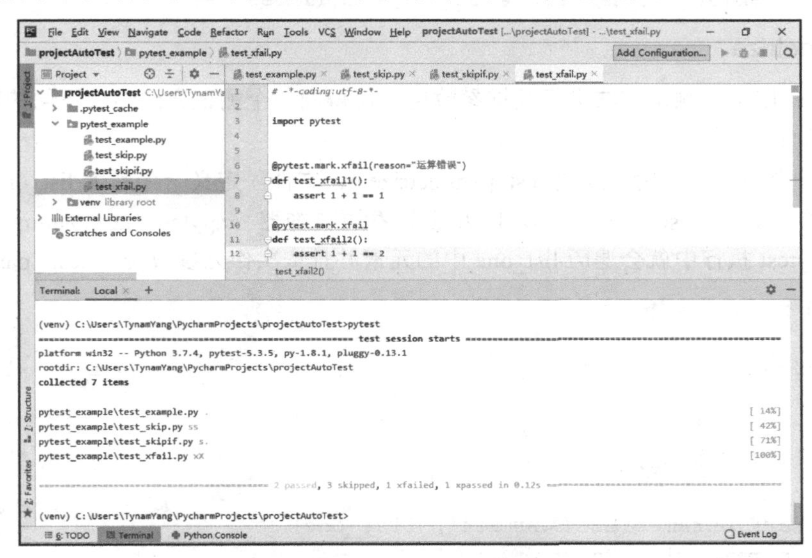

图 6-5　xfail 实例运行结果

使用 pytest -v 命令再次运行脚本，则更容易看清楚执行结果。运行代码后控制台的输出结果如下：

```
C:\Users\TynamYang\PycharmProjects\projectAutoTest>pytest -v
============================================================ test session s
tarts ============================================================
platform win32 -- Python 3.7.4, pytest-5.3.5, py-1.8.1, pluggy-0.13.1 -- c
:\Users\TynamYang\PycharmProjects\projectAutoTest\venv\scripts\python.exe
cachedir: .pytest_cache
rootdir: C:\Users\TynamYang\PycharmProjects\projectAutoTest
collected 7 items


pytest_example/test_example.py::test_add1 PASSED
                                                                    [ 14%]
pytest_example/test_skip.py::test_skip1 SKIPPED
                                                                    [ 28%]
```

```
    pytest_example/test_skip.py::test_skip2 SKIPPED
                                                                [ 42%]
    pytest_example/test_skipif.py::test_skipif1 SKIPPED
                                                                [ 57%]
    pytest_example/test_skipif.py::test_skipif2 PASSED
                                                                [ 71%]
    pytest_example/test_xfail.py::test_xfail1 XFAIL
                                                                [ 85%]
    pytest_example/test_xfail.py::test_xfail2 XPASS
                                                                [100%]
    ========================================== 2 passed, 3 skipped, 1 xfailed,
1 xpassed in 0.19s ==========================================
    C:\Users\TynamYang\PycharmProjects\projectAutoTest>
```

4．parametrize

Parametrize 用于对测试方法进行数据参数化，使得同一个测试方法结合不同的测试数据也能达到同时测试的目的。

示例 1：一个参数的使用。新建 test_parametrize.py 文件，定义一个列表 list_one 和一个 test_parametrize1 方法。在 test_ parametrize1 方法前添加装饰器 @pytest.mark.parametrize(‘number’, list_one)，在 Pytest 执行中就会遍历 list_one 中的元素并且依次作为参数传入 test_ parametrize1。

```
# -*-coding:utf-8-*-

import pytest


list_one = [1, 2, 3, 4]

@pytest.mark.parametrize('number', list_one)
def test_parametrize1(number):
    assert number in list_one
```

使用 pytest –v 命令运行，如图 6-6 所示。在测试结果中可以发现 test_parametrize.py 后出现了 4 条测试成功的标识，与 list_one 中的参数数量相符合。

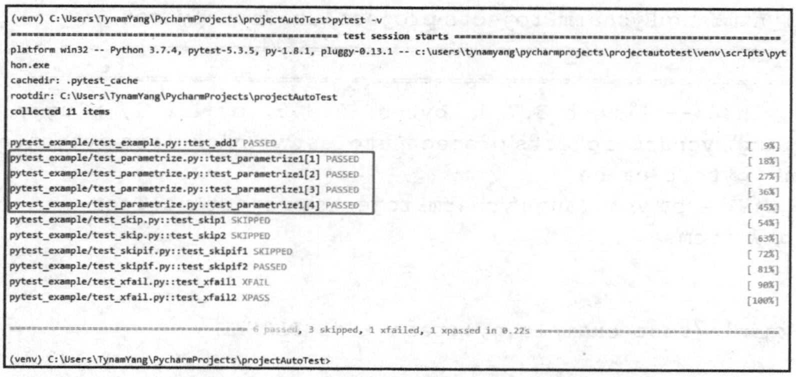

```
(venv) C:\Users\TynamYang\PycharmProjects\projectAutoTest>pytest -v
=============================== test session starts ===============================
platform win32 -- Python 3.7.4, pytest-5.3.5, py-1.8.1, pluggy-0.13.1 -- c:\users\tynamyang\pycharmprojects\projectautotest\venv\scripts\pyt
hon.exe
cachedir: .pytest_cache
rootdir: C:\Users\TynamYang\PycharmProjects\projectAutoTest
collected 11 items

pytest_example/test_example.py::test_add1 PASSED                          [  9%]
pytest_example/test_parametrize.py::test_parametrize1[1] PASSED           [ 18%]
pytest_example/test_parametrize.py::test_parametrize1[2] PASSED           [ 27%]
pytest_example/test_parametrize.py::test_parametrize1[3] PASSED           [ 36%]
pytest_example/test_parametrize.py::test_parametrize1[4] PASSED           [ 45%]
pytest_example/test_skip.py::test_skip1 SKIPPED                           [ 54%]
pytest_example/test_skip.py::test_skip2 SKIPPED                           [ 63%]
pytest_example/test_skipif.py::test_skipif1 SKIPPED                       [ 72%]
pytest_example/test_skipif.py::test_skipif2 PASSED                        [ 81%]
pytest_example/test_xfail.py::test_xfail1 XFAIL                           [ 90%]
pytest_example/test_xfail.py::test_xfail2 XPASS                           [100%]

================= 6 passed, 3 skipped, 1 xfailed, 1 xpassed in 0.22s =================

(venv) C:\Users\TynamYang\PycharmProjects\projectAutoTest>
```

图 6-6　parametrize 示例 1 的运行结果

示例 2：多个参数的使用。编辑 test_parametrize.py 文件，注释示例 1 中的代码。定义一个列表 list_two=[(1, 2, 3), (2, 3, 5), (3, 4, 7)] 和一个 test_ parametrize2 方法，在 test_ parametrize2 方法前添加装饰器 @pytest.mark.parametrize(‘num1，num2，sum’, list_two), test_ parametrize2 中添加运算第一个参数和第二个参数之和等于第三个参数。

```
list_two = [(1, 2, 3), (2, 3, 5), (3, 4, 7)]

@pytest.mark.parametrize('num1, num2, sum', list_two)
def test_parametrize2(num1, num2, sum):
    assert num1 + num2 == sum
```

使用 pytest -v 命令运行，如图 6-7 所示。在测试结果中可以发现，test_parametrize.py 后出现了 3 条测试成功的标识，并且每条测试用例中的参数对应的是 list_two 的值。

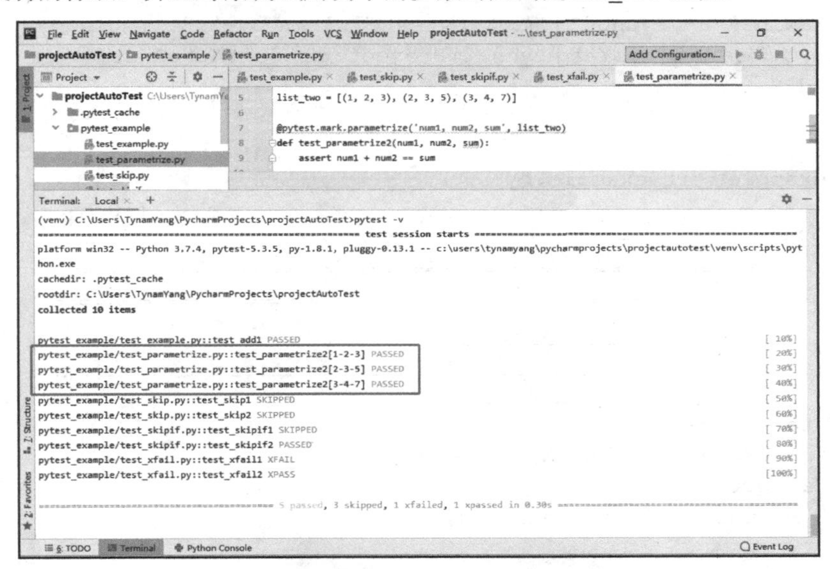

图 6-7　parametrize 示例 2 的运行结果

6.3.3　直接标记

mark 标记是通过在测试方法上添加装饰器进行标记，还有一种标记方法是在命令行中使用参数进行标记。

使用参数进行标记的方法有两种：一种是直接标记，即只运行某个固定的 py 文件，或在 py 文件后通过添加双引号 :: 运行固定的测试方法；另一种是通过参数-k 进行模糊匹配标记。

示例 1：使用直接标记的方法只运行 test_example.py 文件。

修改 test_example.py 文件如下：

```
# -*-coding:utf-8-*-

def add_number(a, b):
    return a + b
```

```
def test_add1():
    assert add_number(2, 3) == 5

def test_add2():
    assert add_number(2, 3) == 4
```

使用命令 pytest C:\Users\TynamYang\PycharmProjects\projectAutoTest\pytest_example\test_example.py 运行 test_example.py 文件。从执行结果可以看到，只执行了 test_example.py 文件中的所有测试方法。结果如下：

```
C:\Users\TynamYang>pytest C:\Users\TynamYang\PycharmProjects\projectAutoTest\pytest_example\test_example.py
============================================================ test session starts ============================================================
platform win32 -- Python 3.7.4, pytest-5.3.5, py-1.8.1, pluggy-0.13.1
rootdir: C:\Users\TynamYang\PycharmProjects\projectAutoTest
collected 2 items


pytest_example\test_example.py .F
                                                                    [100%]

============================================================ FAILURES ============================================================
____________________________________________________________ test_add2 ____________________________________________________________

    def test_add2():
>       assert add_number(2, 3) == 4
E       assert 5 == 4
E        +  where 5 = add_number(2, 3)

pytest_example\test_example.py:10: AssertionError
============================================================ 1 failed, 1 passed in 0.09s ============================================================

C:\Users\TynamYang>
```

示例 2：使用直接标记的方法在 test_example.py 文件后通过添加双引号 :: 只运行 test_add2。

使用命令：pytest C:\Users\TynamYang\PycharmProjects\projectAutoTest\pytest_example\test_example.py::test_add2 -v 运行。从执行结果可以看到，只执行了 test_example.py 文件中的 test_add2 方法。结果如下：

```
C:\Users\TynamYang>pytest C:\Users\TynamYang\PycharmProjects\projectAutoTest\pytest_example\test_example.py::test_add2 -v
============================================================ test session starts ============================================================
platform win32 -- Python 3.7.4, pytest-5.3.5, py-1.8.1, pluggy-0.13.1 -- c:\users\tynamyang\pycharmprojects\projectautotest\venv\scripts\python.exe
cachedir: .pytest_cache
```

```
rootdir: C:\Users\TynamYang\PycharmProjects\projectAutoTest
collected 1 item


pytest_example/test_example.py::test_add2 FAILED
                                                           [100%]

================================================================ FAILURES
=================================================================
________________________________________________________________ test_add2
________________________________________________________________

    def test_add2():
>       assert add_number(2, 3) == 4
E       assert 5 == 4
E         -5
E         +4

pytest_example\test_example.py:10: AssertionError
============================================================ 1 failed in 0
.06s =============================================================

C:\Users\TynamYang>
```

执行时也可以一次添加多个测试方法，示例如下：

```
pytest C:\test_1.py::test_1 C:\test_2.py::test_2
```

6.3.4　模糊匹配标记

在直接标记中一次只能执行一个测试文件或测试方法，如果需要一次执行多个测试方法可使用模糊匹配标记。模糊匹配标记使用起来很简单，方法是用 pytest -k 命令进行匹配标记即可。

示例：匹配测试方法名中含有 add 的测试方法。

使用 pytest -v -k add 进行匹配并且执行，结果如图 6-8 所示，可见匹配到了 test_example.py 文件中的两个测试方法，即 test_add1 和 test_add2。

在使用直接标记时一次只能标记一个测试方法，通过参数-k 进行模糊匹配标记可以批量操作，但是需要所执行的测试方法名符合某一固定匹配规则。这两种标记方法在临时运行中特别适合，如果在项目中需要长期对测试方法进行标记操作，建议通过装饰器的方法进行标记。

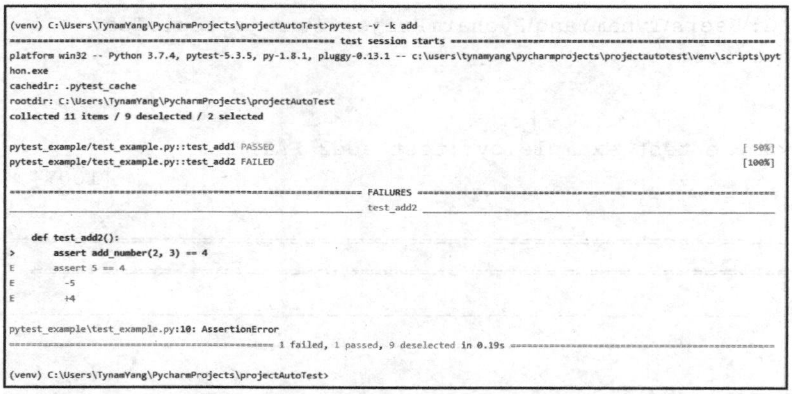

```
(venv) C:\Users\TynamYang\PycharmProjects\projectAutoTest>pytest -v -k add
======================================================== test session starts ========================================================
platform win32 -- Python 3.7.4, pytest-5.3.5, py-1.8.1, pluggy-0.13.1 -- c:\users\tynamyang\pycharmprojects\projectautotest\venv\scripts\pyt
hon.exe
cachedir: .pytest_cache
rootdir: C:\Users\TynamYang\PycharmProjects\projectAutoTest
collected 11 items / 9 deselected / 2 selected

pytest_example/test_example.py::test_add1 PASSED                                                                            [ 50%]
pytest_example/test_example.py::test_add2 FAILED                                                                            [100%]

============================================================= FAILURES =============================================================
____________________________________________________________ test_add2 _____________________________________________________________

    def test_add2():
>       assert add_number(2, 3) == 4
E       assert 5 == 4
E         -5
E         +4

pytest_example\test_example.py:10: AssertionError
============================================ 1 failed, 1 passed, 9 deselected in 0.19s ============================================

(venv) C:\Users\TynamYang\PycharmProjects\projectAutoTest>
```

图 6-8　模糊匹配标记示例的运行结果

6.3.5　使用 mark 自定义标记

我们可以使用 mark 进行自定义标记，只需在测试方法前添加装饰器 pytest.mark.标记名即可。标记名建议根据项目取比较容易识别的词，例如：conmmit、mergerd、done、undo 等。

在命令行模式下使用时，只需要通过参数 -m 加上标记名就可执行被标记的测试方法。

示例：添加 test_customize.py 文件，并且定义 3 个测试方法，即 test_add1、test_add2 和 test_add3。在 test_add1 方法前添加标记 @pytest.mark.done，在 test_add2 和 test_add3 方法前添加标记 @pytest.mark.undo。具体内容如下：

```
# -*-coding:utf-8-*-

import pytest


def add_number(a, b):
    return a + b

@pytest.mark.done
def test_add1():
    assert add_number(2, 3) == 5

@pytest.mark.undo
def test_add2():
    assert add_number(2, 3) == 4

@pytest.mark.undo
def test_add3():
    assert add_number(3, 3) == 6
```

Pytest 在执行时通过 –m 参数只执行被标记为 done 的测试方法，使用命令 pytest -v -m “done” 运行，结果如图 6-9 所示。

从运行结果可以看出，只有 test_customize.py 文件中一条测试用例 test_add1 被执行。

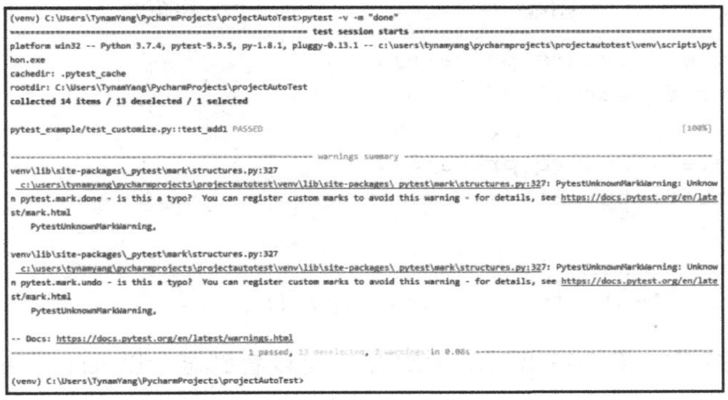

```
(venv) C:\Users\TynamYang\PycharmProjects\projectAutoTest>pytest -v -m "done"
============================ test session starts ============================
platform win32 -- Python 3.7.4, pytest-5.3.5, py-1.8.1, pluggy-0.13.1 -- c:\users\tynamyang\pycharmprojects\projectautotest\venv\scripts\pyt
hon.exe
cachedir: .pytest_cache
rootdir: C:\Users\TynamYang\PycharmProjects\projectAutoTest
collected 14 items / 13 deselected / 1 selected

pytest_example/test_customize.py::test_add1 PASSED                    [100%]

------------------------------ warnings summary ------------------------------
venv\lib\site-packages\_pytest\mark\structures.py:327
  c:\users\tynamyang\pycharmprojects\projectautotest\venv\lib\site-packages\_pytest\mark\structures.py:327: PytestUnknownMarkWarning: Unknow
n pytest.mark.done - is this a typo?  You can register custom marks to avoid this warning - for details, see https://docs.pytest.org/en/late
st/mark.html
    PytestUnknownMarkWarning,

venv\lib\site-packages\_pytest\mark\structures.py:327
  c:\users\tynamyang\pycharmprojects\projectautotest\venv\lib\site-packages\_pytest\mark\structures.py:327: PytestUnknownMarkWarning: Unknow
n pytest.mark.undo - is this a typo?  You can register custom marks to avoid this warning - for details, see https://docs.pytest.org/en/late
st/mark.html
    PytestUnknownMarkWarning,

-- Docs: https://docs.pytest.org/en/latest/warnings.html
=============== 1 passed, 13 deselected, 2 warnings in 0.08s ===============

(venv) C:\Users\TynamYang\PycharmProjects\projectAutoTest>
```

图6-9 自定义标记运行结果

如图6-9所示在运行脚本时弹出了警告，可以通过添加--disable-warnings禁用，如图6-10所示。但是一般情况下不建议禁用，因为某些警告可能会转换成错误。

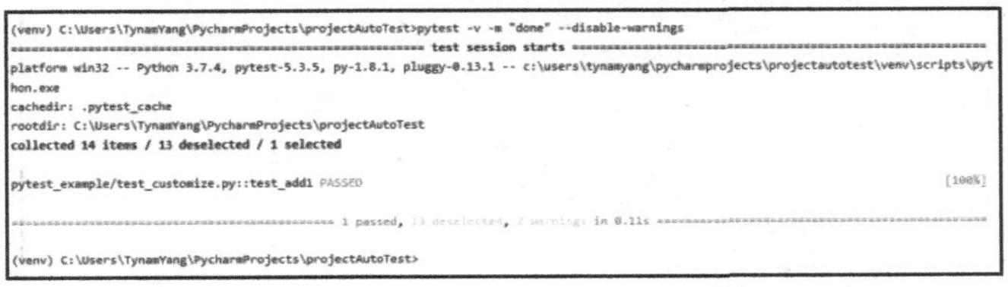

```
(venv) C:\Users\TynamYang\PycharmProjects\projectAutoTest>pytest -v -m "done" --disable-warnings
============================ test session starts ============================
platform win32 -- Python 3.7.4, pytest-5.3.5, py-1.8.1, pluggy-0.13.1 -- c:\users\tynamyang\pycharmprojects\projectautotest\venv\scripts\pyt
hon.exe
cachedir: .pytest_cache
rootdir: C:\Users\TynamYang\PycharmProjects\projectAutoTest
collected 14 items / 13 deselected / 1 selected

pytest_example/test_customize.py::test_add1 PASSED                    [100%]

=============== 1 passed, 13 deselected, 2 warnings in 0.11s ===============

(venv) C:\Users\TynamYang\PycharmProjects\projectAutoTest>
```

图6-10 运行结果中禁止弹出警告

6.4 固件Fixture

Fixture中文称为固件或夹具，用于测试用例执行前的数据准备、环境搭建和测试用例执行后的数据销毁、环境恢复等工作，其与单元测试框架UnitTest中的setup、teardown功能类似，但是Pytest框架提供的Fixture更灵活，不但允许代码在运行时只在某些特定测试用例前执行，而且还可以在测试用例和测试用例之间传递参数和数据。

6.4.1 Fixture的使用

如果要将一个方法作为Fixture使用，只需要在该方法前添加装饰器@pytest.fixture( )即可。

示例：新建test_fixture.py文件，有一个测试准备方法fixture_prepare和两个测试方法，使用参数-s将文本输出到控制台。

```
# -*-coding:utf-8-*-

import pytest

@pytest.fixture()
def fixture_prepare():
    print('\nthis is fixture prepare')
```

```
def test_fixture1(fixture_prepare):
    print('test_fixture1')

def test_fixture2(fixture_prepare):
    print('test_fixture2')

if __name__ == '__main__':
    pytest.main(['-s', 'test_fixture.py'])
```

运行代码，执行结果如图 6-11 所示，从结果中可以看到每个以 test 开头的测试方法在运行前都先执行了准备方法 fixture_prepare。

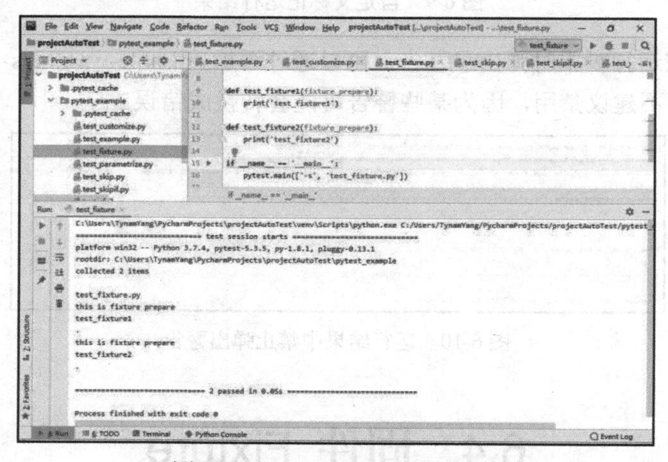

图 6-11　Fixture 示例的运行结果

在使用 pytest.fixture()方法时有很多参数可供选择，源码定义中为 fixture(scope="function", params=None, autouse=False, ids=None, name=None)，这些参数都有各自不同的用法，说明如下：

- scope：定义 Fixture 的作用域，有 4 组可选参数 function、calss、module、package/session。默认为 function。
- params：一个可选的参数列表，会使多个参数调用 Fixture 函数和所有测试使用它。
- autouse：如果为 True，则所有测试方法都会执行固件方法；如果为 False（默认值），则只对添加了固件方法的测试方法执行固件方法。
- ids：每个参数都与列表中的字符串 id 对应，因此它们是测试 id 的一部分。如果没有提供 id 将会从参数中自动生成。
- name: Fixture 的名称，默认为装饰器的名称。如果 Fixture 在与它定义的模块中使用，那么这个 Fixture 功能名称将会被请求的 Fixture 功能参数遮盖。可以通过将装饰函数命名为“fixture_<fixturename>”然后使用“@ pytest.fixture（name ='<fixturename>'）”解决这个问题。

6.4.2　Fixure 的作用域

Fixture 的作用域用来指定固件的使用范围，固件的指定范围可通过 scope 参数声明，scope 参数有 4 个可选项可以使用：

- function：函数级别，默认级别，每个测试方法执行前都会执行一次。
- class：类级别，每个测试类执行前执行一次。
- module：模块级别，每个模块执行前执行一次，也就是每个.py 文件执行前都会执行一次。
- session：会话级别，一次测试只执行一次，即多个文件调用一次，可以跨 .py 文件。

示例：新建 fixture_scope.py 文件，定义固件 4 个级别的方法 session_fixture、module_fixture、class_fixture、func_fixture 和一个测试方法 test_fixture，并且以参数的形式将固件 4 个级别的方法传入到测试方法中，来观察测试固件的作用域。

```
    # -*-coding:utf-8-*-
    import pytest

    @pytest.fixture(scope='session')
    def session_fixture():
        pass

    @pytest.fixture(scope='module')
    def module_fixture():
        pass

    @pytest.fixture(scope='class')
    def class_fixture():
        pass

    @pytest.fixture(scope='function')
    def func_fixture():
        pass

    def test_fixture(session_fixture, module_fixture, class_fixture, func_fixt
ure):
        pass

    if __name__ == '__main__':
        pytest.main(['--setup-show', 'fixture_scope.py'])
```

使用参数 –setup-show（查看具体的 setup 和 teardown 顺序）运行脚本，结果如图 6-12 所示，可以清楚地看到各个固件的作用域和执行顺序。

从图 6-12 运行结果中也可以看到明显的作用域表示符号：

- S：表示作用范围最大的 Fixture，session 会话级。
- M：表示 module 模块级。
- C：表示 class 类级别的 Fixture。
- F：表示 function 函数级。

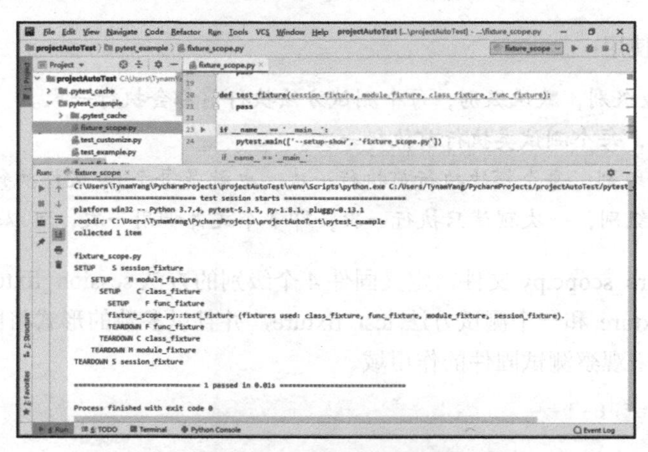

图 6-12　Fixture 作用域示例的运行结果

当用例需要调用 Fixture 时可以通过直接在用例里加 Fixture 参数，如果一个测试 class 类中所有的测试方法都需要用到 Fixture，每个用例都去传参会比较麻烦，这个时候可以选择在 class 类上使用装饰器@pytest.mark.usefixtures( )修饰，使整个 class 都调用 Fixture。

示例：

```
@pytest.mark.usefixtures('func_fixture')
class TestFixture():
    def test_fixture1(self):
        pass

    def test_fixture2(self):
        pass
```

注　意

如果 Fixture 有返回值，而 usefixtures 无法获取到返回值，则不再适用。

6.4.3 autouse（自动使用）

在上一小节中，我们看到测试方法通过参数名称可以使用测试固件，但是当测试方法特别多时，每次都传入参数会特别麻烦。为了解决这一问题，Fixture 提供了参数 autouse，可以自动将测试固件添加到测试方法上。autouse 默认为 Fasle，不启用。如果设置为 True 则开启自动使用 Fixture 功能，这样就不需要每次必须传入参数，即可使用测试固件。

示例：新建文件 fixture_autouse.py，定义测试固件 autouse_fixture 并设置其装饰器 pytest.fixture 的参数 autouse 为 True，再定义两个测试方法 test_fixture1 和 test_fixture2。代码执行后如果两个测试方法的 setup 和 teardown 中都执行了固件 autouse_fixture，则可证明 autouse 参数可以自动将测试固件添加到测试方法上。

```
# -*-coding:utf-8-*-

import pytest
```

```
@pytest.fixture(autouse=True)
def autouse_fixture():
    print('this is autouse of fixture')

def test_fixture1():
    print('this is test_fixture1')

def test_fixture2():
    print('this is test_fixture2')

if __name__ == '__main__':
    pytest.main(['-s', '--setup-show', 'fixture_autouse.py'])
```

使用参数 –setup-show（查看具体的 setup 和 teardown 顺序）和参数-s（显示函数中 print( )输出）运行代码，控制台的输出结果如下：

```
============================= test session starts =========================
======
platform win32 -- Python 3.7.4, pytest-5.3.1, py-1.8.0, pluggy-0.13.1
rootdir: C:\Users\TynamYang\PycharmProjects\projectAutoTest\pytest_example
collected 2 items

fixture_autouse.py this is autouse of fixture

        SETUP    F autouse_fixture
        fixture_autouse.py::test_fixture1 (fixtures used: autouse_fixture)
this is test_fixture1
    .
        TEARDOWN F autouse_fixturethis is autouse of fixture

        SETUP    F autouse_fixture
        fixture_autouse.py::test_fixture2 (fixtures used: autouse_fixture)
this is test_fixture2
    .
        TEARDOWN F autouse_fixture

============================== 2 passed in 0.01s ==========================
======
```

从上面的运行结果中可以得出，test_fixture1 和 test_fixture2 两个测试方法的 setup 和 teardown 中都执行了固件 autouse_fixture，与预期结果一致，可见 autouse 参数可以自动地将测试固件添加到测试方法上。

6.4.4 yield 的使用

在 UnitTest 单元测试框架中，我们知道有 setup 和 teardowm 功能可以用作数据的准备和销毁。从上一小节 autouse（自动使用）的示例中可以知道，测试固件只在测试方法运行前进行内容输出，而测试方法执行完成后测试固件则再也没有任何内容输出。这是因为在 Pytest 测试框架中使用测试固件，如果想在测试结束后执行操作需要关键字 yield 的配合，如果没有 yield 就相当于只有 setup 没有 teardown。如果在测试固件中使用 yield，则 yield 后面的内容就相当于是单元测试框架中的 teardown。编程中使用关键字 yield 可以把同一组的准备、销毁工作编写在一起，使用上更加方便，逻辑上也更紧密。

我们编写一个简单的示例进行说明。新建一个 test_yield.py 文件，定义一个测试准备和测试销毁的方法 fixture_yield，使测试用例在执行前输出“Test started”，执行后输出“End of test”。

```
# test_yield.py
# -*-coding:utf-8-*-

import pytest

@pytest.fixture()
def fixture_yield():
    print('\nTest started')
    yield
    print('\nEnd of test')

def test_yield(fixture_yield):
    print('\n 数据销毁操作测试')

if __name__ == '__main__':
    pytest.main(['-s', '--setup-show', 'test_yield.py'])
```

使用-s 和--setup-show 参数运行脚本，在控制台的输出结果如下：

```
============================ test session starts ==========================
======
platform win32 -- Python 3.7.4, pytest-5.3.1, py-1.8.0,  pluggy-0.13.1
rootdir: C:\Users\TynamYang\PycharmProjects\projectAutoTest\pytest_example
collected 1 item

test_yield.py
Test started

        SETUP    F fixture_yield
        test_yield.py::test_yield (fixtures used: fixture_yield)
数据销毁操作测试
.
End of test

        TEARDOWN F fixture_yield

============================= 1 passed in 0.01s ==========================
======
```

从结果中可以看出，测试用例在执行前执行了 yield 关键词之前的语句，测试用例执行后执行了 yield 关键词之后的语句。

使用关键字 yield 时需要注意以下几点：

- 如果测试用例中的代码出现异常或者断言失败，并不会影响固件中 yield 后面代码的执行。
- 如果固件中 yield 之前的代码出现异常，那么测试方法不会继续执行，关键字 yield 后面的代码也不会再执行。
- yield 只是一个关键字，后面或前面的代码执行几次取决于 Fixture 装饰器给出的参数作用域。

6.4.5 共享 Fixture 功能

熟悉测试工作的都知道，许多测试用例的前置条件都存在相同的内容，比如一个后台管理系统的测试，即登录是绕不过去的。如果每执行一个测试用例都要复写一遍登录显然是不合理的。因此需要将登录写成一个方法，然后共享给所有需要使用的测试用例即可达到复用的目的。在 Pytest 框架下便提供了一个共享 Fixture 的功能。只需要创建一个名为 conftest.py 的文件，将需要共享的功能在里面定义，其他测试文件在运行时会自动查找。

在使用 conftest.py 文件时需要注意以下几点：

- conftest.py 文件名称需固定，不能更改。
- conftest.py 需要与运行的用例文件在同一个 pakage 下，并且存在__init__.py 文件。
- 使用 conftest.py 时不需要 import 导入，Pytest 用例会自动识别。
- 如果 conftest.py 放在项目的根目录下，则对全局生效。如果放在某个 package 下则只对 package 下的用例文件生效，允许存在多个 conftest.py 文件。
- conftest.py 文件不能被其他文件导入。
- 所有同目录测试文件运行前都会执行 conftest.py 文件。

示例：新建一个 FileConftest 文件，然后在其下创建一个__init__.py 文件、一个 conftest.py 文件和两个测试文件 test_file1.py、test_file2.py，目录结构如图 6-13 所示。

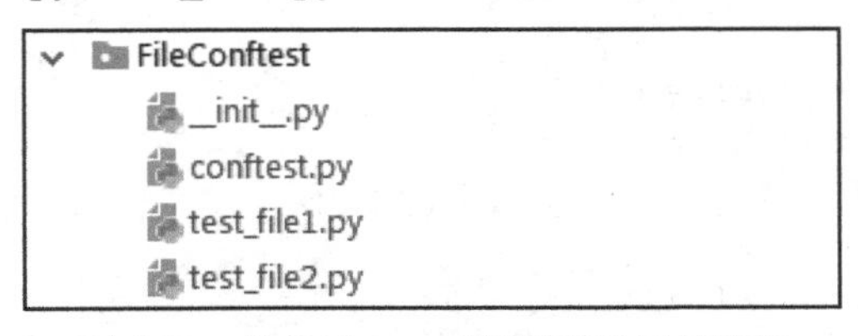

图 6-13 共享 Fixture 功能示例的目录结构

在 conftest.py 文件中定义一个登录退出功能，在测试方法运行前进行登录，测试方法运行结束后退出登录，并且给登录退出方法上添加 Fixture 装饰器 @pytest.fixture( )。内容如下：

```
# -*-coding:utf-8-*-
import pytest

@pytest.fixture()
def signin_signout():
    print('\nSuccessful signin to the system')
    yield
    print('\nExit the system successfully')
```

test_file1.py 文件中定义一个测试方法 test_conftest1，内容如下：

```
# -*-coding:utf-8-*-
import pytest

def test_conftest1(signin_signout):
    print('第一个测试方法进行操作')
```

test_file2.py 文件中定义两个测试方法 test_conftest2 和 test_conftest3，内容如下：

```
# -*-coding:utf-8-*-
import pytest

def test_conftest2(signin_signout):
    print('第二个测试方法进行操作')

def test_conftest3(signin_signout):
    print('第三个测试方法进行操作')
```

在命令行模式下进入 FileConftest 目录，使用 pytest –v –s 运行脚本，在控制台上输出测试结果：

```
(venv) C:\Users\TynamYang\PycharmProjects\projectAutoTest\pytest_example\FileConftest>pytest -v -s
=========================================================================== test session starts ===================================================================
platform win32 -- Python 3.7.4, pytest-5.3.1, py-1.8.0, pluggy-0.13.1 -- C:\Users\TynamYang\PycharmProjects\projectAutoTest\venv\scripts\python.exe
cachedir: .pytest_cache
rootdir: C:\Users\TynamYang\PycharmProjects\projectAutoTest\pytest_example\FileConftest
collected 3 items

test_file1.py::test_conftest1
Successful signin to the system
第一个测试方法进行操作
PASSED
Exit the system successfully

test_file2.py::test_conftest2
Successful signin to the system
第二个测试方法进行操作
PASSED
Exit the system successfully

test_file2.py::test_conftest3
Successful signin to the system
第三个测试方法进行操作
PASSED
Exit the system successfully
```

```
======================================================================== 3 pa
ssed in 0.03s ===================================================================
=====
```

如上结果所示，所有的测试方法在运行前和运行结束后都执行共享文件 conftest.py 中的登录退出方法。因为 conftest.py 文件中的登录退出功能作用域是函数级别的，所以程序运行过程中每个测试方法都会被执行。如果想要登录退出功能在程序运行过程中只运行一次，那么只需要将 Fixture 作用域改为会话级别 session 即可。

6.4.6 参数化

在 mark 标记中已经了解到可以使用装饰器@pytest.mark.parametrize( )对测试方法进行参数化，那么在固件中也同样可以对其进行参数化，因为固件 Fixture 也是函数。与 pytest.mark.parametrize( ) 不同的是，Fixture 参数化是通过参数 params 实现的。

同一个测试方法可能需要不同的参数来构造逻辑基本相同、环境或者结果稍微有所不同的场景，这时就可以利用 Fixture 的参数化（Parametrizing）来减少重复工作。例如，需要测试两个数之和的一个测试方法，则可使用参数化进行测试。编写如下代码：

```
# test_params.py
# -*-coding:utf-8-*-
import pytest

@pytest.fixture(params=[
    (1, 3, 4),
    (2, 4, 6),
    (12, 33, 45)
])
def test_params(request):
    return request.param

def test_add(test_params):
    assert test_params[2] == test_params[0] + test_params[1]

if __name__ == '__main__':
    pytest.main(['-s', '-v', 'test_params.py'])
```

执行时固件参数化会使用 Pytest 中内置的固件 request，并通过 request.param 来获取参数。代码运行结束后，可以看到测试方法总共执行了 3 次，有 3 组测试数据。测试结果如下：

```
============================= test session starts ==========================
======
platform win32 -- Python 3.7.4, pytest-5.3.1, py-1.8.0,  pluggy-0.13.1
cachedir: .pytest_cache
rootdir: C:\Users\TynamYang\PycharmProjects\projectAutoTest\pytest_example
collecting ... collected 3 items

test_params.py::test_add[test_params0] PASSED
test_params.py::test_add[test_params1] PASSED
```

```
test_params.py::test_add[test_params2] PASSED

============================== 3 passed in 0.01s ==============================
======
```

6.4.7 内置 Fixture

在 Pytest 测试框架中也有许多 Fixture 内置功能，因为是内置所以可以直接使用，不需要再单独编写代码。在某些特定的场景下，使用 Fixture 的内置功能不仅可以大幅简化测试工作，还可以提高测试效率。

使用命令 pytest --fixtures 或 pytest --funcargs 查看所有可用的 Fixture，包括内置的、插件中的以及当前项目定义的，如图 6-14 所示。

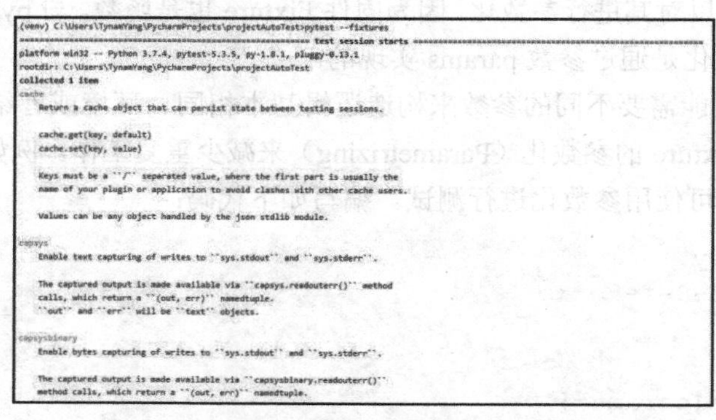

图 6-14　查看所有可用的 Fixture

注意，在查看可用的 Fixture 时，如果出现“PermissionError: [WinError 5] 拒绝访问” 的错误，这是因为权限不够导致的，不影响使用，可以暂时忽略。

下面介绍一些常用的内置固件。

1. Tmpdir 和 tmpdir_factory 固件

tmpdir 和 tmpdir_factory 用于临时文件和目录的管理，在测试开始前创建临时文件目录，并在测试结束后进行销毁。适用于在测试过程中创建一个临时文件，并且对文件进行读写操作的场景。

tmpdir 和 tmpdir_factory 都可用于临时文件和目录的管理，但是两者又有不同。tmpdir 的作用范围是函数级别的，而 tmpdir_factory 的作用范围是会话级别的，在 session、module、class 和 function 中都可以使用。所以如果单个测试方法需要临时目录或文件则选择 tmpdir，如果多个测试方法需要则应该选择 tmpdir_factory。

例如，在 tmpdir 中使用 tmpdir.mkdir( )创建临时目录，使用 tmpdir.join( )创建临时文件。编写如下代码：

```
# test_tmpdir.py
# -*-coding:utf-8-*-
import pytest

def test_tmpdir(tmpdir):
    # 创建临时目录
```

```
    tmp_dir = tmpdir.mkdir('testdir')
    # 创建临时 txt 文件
    tmp_file = tmp_dir.join('tmpfile.txt')

    tmp_file.write('this is a temporary file')

    assert tmp_file.read() == 'this is a temporary file'

if __name__ == '__main__':
    pytest.main(['-v', 'test_tmpdir.py'])
```

运行脚本后控制台的输出结果如下：

```
============================= test session starts ============================
platform win32 -- Python 3.7.4, pytest-5.3.1, py-1.8.0, pluggy-0.13.1
cachedir: .pytest_cache
rootdir: C:\Users\TynamYang\PycharmProjects\projectAutoTest\pytest_example
collecting ... collected 1 item

test_tmpdir.py::test_tmpdir PASSED                                       [
100%]

============================== 1 passed in 0.02s =============================
```

从结果中可以看出断言成功，显然临时目录和临时文件创建成功，并且可以对创建的文件进行读写操作。

上述示例中使用了 tmpdir 对测试方法进行了临时文件和目录的验证，接下来使用 tmpdir_factory 在 module 级别进行验证。

在 tmpdir_factory 中使用 tmpdir_factory.mktemp( )创建临时目录，使用 tmpdir_factory.join( )创建临时文件。编写如下代码：

```
# test_tmpdir_factory.py
# -*-coding:utf-8-*-

import pytest

@pytest.fixture(scope='module')
def test_tmpdir_factory(tmpdir_factory):
    # 创建临时目录
    tmp_dir = tmpdir_factory.mktemp('testdir')
    # 创建临时 txt 文件
    tmp_file = tmp_dir.join('tmpfile.txt')

    tmp_file.write('this is a temporary file')

    return tmp_file

def test_tempdir1(test_tmpdir_factory):
```

```
    with test_tmpdir_factory.open() as f:
        assert f.read() == 'this is a temporary file'

def test_tempdir2(test_tmpdir_factory):
    assert 'a temporary file' in test_tmpdir_factory.read()

if __name__ == '__main__':
    pytest.main(['-v', 'test_tmpdir_factory.py'])
```

运行脚本后控制台的输出结果如下：

```
    ============================= test session starts =========================
======
    platform win32 -- Python 3.7.4, pytest-5.3.1, py-1.8.0,  pluggy-0.13.1
    cachedir: .pytest_cache
    rootdir: C:\Users\TynamYang\PycharmProjects\projectAutoTest\pytest_example
    collecting ... collected 2 items

    test_tmpdir_factory.py::test_tempdir1 PASSED                              [
 50%]
    test_tmpdir_factory.py::test_tempdir2 PASSED                              [
100%]

    ============================== 2 passed in 0.03s ===========================
======
```

从结果中可以看出断言成功，则可判断 tmpdir_factory 在 module 级别可以创建目录和文件并且对文件进行读写操作，当然 tmpdir_factory 的作用域在会话级别。用相同的方法也可判断出 tmpdir_factory 在 session、class 和 function 级别创建目录和文件，并且对文件进行读写操作。

2．cache 固件

在自动化测试中，我们在设计测试用例时通常会使每个测试用例相对独立，彼此之间的依赖性很低甚至没有依赖。这样设计测试用例的目的是，保证在运行过程中即使以不同的顺序执行都可以得到相同的测试结果。在保证每个测试用例独立性的同时，我们也希望每个测试会话可以重复，不会因为上一段会话的运行影响到下一段的测试行为。对于这种将上一段会话信息传递给下一段的工作可以使用 Pytest 框架内置的 cache 固件，该固件能够存储一段测试会话的信息并且在下一段测试会话中使用。

cache 固件经常使用的命令参数如下：

- --lf：也可以写成 --last-failed，只执行上次失败的测试，如果没有失败的则全部执行。
- --ff：也可以写成 --failed-first，先执行上次失败的测试，然后执行上次正常的测试。执行过程中可能会对测试进行重置，从而导致重复执行 Fixture。
- --cache-show：显示缓存内容，不执行收集或测试。
- --cache-clear：在测试运行开始时删除所有缓存的内容。

示例：定义三个测试方法，第一个测试方法 test_cache1 和第三个测试方法 test_cache3 使断言成功，第二个测试方法 test_cache2 使断言失败。

```
# test_cache.py
# -*-coding:utf-8-*-

def test_cache1():
    assert 1 == 1

def test_cache2():
    assert 0

def test_cache3():
    assert 'a' == 'a'
```

在命令行中先运行一次，在控制台的输出结果如下：

```
(venv) C:\Users\TynamYang\PycharmProjects\projectAutoTest\pytest_example\test_cache>pytest test_cache.py -v
=============================================================================== test session starts ===============================================================================
platform win32 -- Python 3.7.4, pytest-5.3.1, py-1.8.0, pluggy-0.13.1 --
C:\Users\TynamYang\PycharmProjects\projectAutoTest\venv\scripts\python.exe
cachedir: .pytest_cache
rootdir: rootdir: C:\Users\TynamYang\PycharmProjects\projectAutoTest\pytest_example\test_cache
collected 3 items


test_cache.py::test_cache1 PASSED

    [ 33%]
test_cache.py::test_cache2 FAILED

    [ 66%]
test_cache.py::test_cache3 PASSED

    [100%]

=============================================================================== FAILURES ===============================================================================
_______________________________________________________________________________ test_cache2 _______________________________________________________________________________

    def test_cache2():
>       assert 0
E       assert 0

test_cache.py:10: AssertionError
=========================================================================== 1
```

```
failed, 2 passed in 0.06s ==============================================
===================
```

执行结果与预期结果一致：test_cache1 和 test_cache3 成功，test_cache2 失败。

现在使用命令 python --cache-show 查看缓存的内容，在控制台的输出结果如下：

```
    (venv) C:\Users\TynamYang\PycharmProjects\projectAutoTest\pytest_example\t
est_cache>pytest --cache-show
    ================================================================ test sessi
on starts ===================================================================
    platform win32 -- Python 3.7.4, pytest-5.3.1, py-1.8.0,  pluggy-0.13.1 --
C:\Users\TynamYang\PycharmProjects\projectAutoTest\venv\scripts\python.exe
    rootdir: rootdir: C:\Users\TynamYang\PycharmProjects\projectAutoTest\pytes
t_example\test_cache
    cachedir: C:\Users\TynamYang\PycharmProjects\projectAutoTest\pytest_exampl
e\test_cache\.pytest_cache
    --------------------------------------------------------------- cache value
s for '*' -------------------------------------------------------------------
    cache\lastfailed contains:
      {'test_cache.py::test_cache2': True}
    cache\nodeids contains:
      ['test_cache.py::test_cache1',
       'test_cache.py::test_cache2',
       'test_cache.py::test_cache3']
    cache\stepwise contains:
      []

    =============================================================== no tests ra
n in 0.00s ==================================================================
```

从结果中可以看到缓存的内容，缓存文件中上次执行失败的测试方法是 test_cache.py 文件中的 test_cache2。

除了使用命令 python --cache-show 查看缓存的内容，也可以直接在缓存文件中查看缓存的内容，如图 6-15 所示。

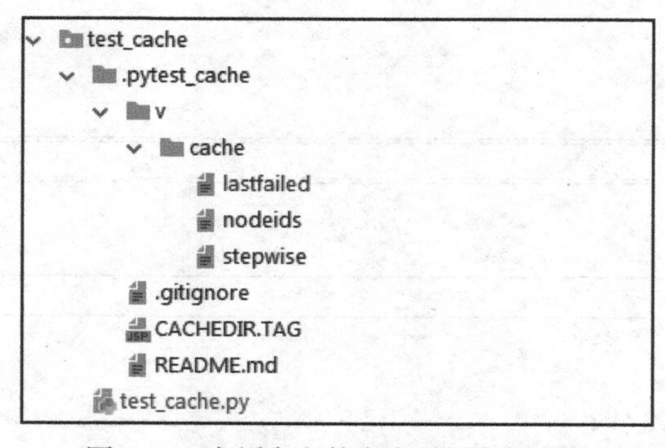

图 6-15　在缓存文件中查看缓存的内容

例如，test_cache/.pytest_cache/v/cache 下的 lastfailed 文件，就专门存放了上次执行失败的测试方法，其内容如下：

```
{
  "test_cache.py::test_cache2": true
}
```

再次使用 --lf参数只执行上次失败的测试，运行脚本，控制台的输出结果如下：

```
(venv) C:\Users\TynamYang\PycharmProjects\projectAutoTest\pytest_example\t
est_cache>pytest test_cache.py -v --lf
================================================================ test sessi
on starts ================================================================
platform win32 -- Python 3.7.4, pytest-5.3.1, py-1.8.0,  pluggy-0.13.1 --
C:\Users\TynamYang\PycharmProjects\projectAutoTest\venv\scripts\python.exe
cachedir: .pytest_cache
rootdir: rootdir: C:\Users\TynamYang\PycharmProjects\projectAutoTest\pytes
t_example\test_cache
collected 3 items / 2 deselected / 1 selected

run-last-failure: rerun previous 1 failure

test_cache.py::test_cache2 FAILED
                                                                   [100%]

================================================================= FAILU
RES =================================================================
____________________________________________________________________ test_c
ache2 _____________________________________________________________

    def test_cache2():
>       assert 0
E       assert 0

test_cache.py:10: AssertionError
============================================================ 1 failed, 2 dese
lected in 0.05s ============================================================
```

结果很显然，只执行了上次失败的测试 test_cache2。

3. 其他内置固件

- pytestconfig：使用内置固件pytestconfig能够方便地读取命令行参数和配置文件，可以通过命令行参数、选项、配置文件、插件、运行目录等方式来控制Pytest。准确地说，pytestconfig是request.config的快捷方式，在Pytest文档中也被称为“pytest配置对象”。
- capsys：用于捕获stdout和stderr的内容，并临时关闭系统输出。
- recwarn：用于检查待测代码产生的警告信息，有两种使用方法，一种是当作参数传入被测方法中，例如test_warn(recwarn)；另一种是当作方法使用pytest.warns( )。
- monkeypatch：程序在运行时动态修改类或模块，测试结束后无论结果成功或失败代码都会还原，不会影响下次运行。
- tmp_path：在临时目录的根目录中创建一个独立的临时目录，方便测试时使用。默认情况下，临时目录创建为系统临时目录的子目录。

6.5 Pytest 插件

我们都知道，Pytest 测试框架非常受欢迎，不但是因为它拥有非常灵活地测试固件 Fixture，而且它还有非常强大的插件生态系统，也是一个插件化的测试平台。不同的插件满足了测试过程中的不同需求，这就使得 Pytest 拥有了更多的便利与可能性。 如果既有的插件无法满足需要，则可以定制自己需要的插件，以下列举一些非常实用的插件：

- pytest-sugar：改变 Pytest 的默认外观，增加了一个进度条，并立即显示失败的测试。使用非常方便，只要安装了 pytest-sugar 插件并且使用 Pytest 运行测试就可获得更漂亮、更有用的输出。
- pytest-xdist：允许开启多个 worker 进程，同时执行多个测试用例，达到并发运行的效果，提升了构建效率。
- pytest-allure-adaptor：生成漂亮的 allure 报告，在持续集成中推荐使用。
- pytest-instafail：在测试运行期间报告失败。修改 Pytest 默认行为，将失败和错误的代码立即显示，改变了 Pytest 需要完成每个测试后才显示的行为。
- pytest-rerunfailures：失败用例重跑，是个非常实用的插件。如果对失败的测试用例进行重新测试，将有效提高报告的准确性。
- pytest-ordering：可以指定一个测试套中所有用例执行顺序。Pytest 默认情况下是根据测试方法名由小到大执行的，使用 pytest-ordering 插件则可改变这种运行顺序。
- pytest-cov：覆盖率报告，与分布式测试兼容。支持 Pytest 的代码覆盖，显示已经被测和没有测试的代码，还可包括项目的测试覆盖率。
- pytest-django：为 Django 应用程序和项目添加 Pytest 支持。
- pytest-timeout: 根据函数标记或全局定义使测试超时。

当然还有许多非常强有力的插件。在 pytest Plugin Compatibility 的网站 http://plugincompat.herokuapp.com/ 中可以查看针对不同 Pytest 和 Python 版本的几乎所有的插件列表。也可以在 pytest- pypi.org 中搜索查找需要的插件，如图 6-16 所示就是 pytest Plugin Compatibility 网站列出的部分插件状态。

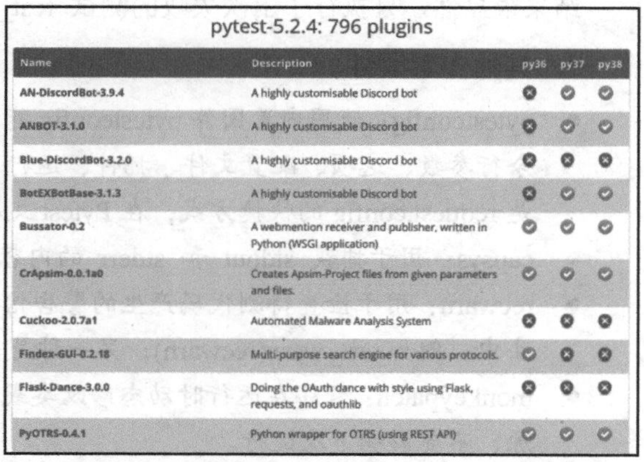

pytest-5.2.4: 796 plugins

Name	Description	py36	py37	py38
AN-DiscordBot-3.9.4	A highly customisable Discord bot	✗	✓	✓
ANBOT-3.1.0	A highly customisable Discord bot	✗	✓	✓
Blue-DiscordBot-3.2.0	A highly customisable Discord bot	✗	✗	✗
BotEXBotBase-3.1.3	A highly customisable Discord bot	✗	✓	✓
Bussator-0.2	A webmention receiver and publisher, written in Python (WSGI application)	✓	✓	✓
CrApsim-0.0.1a0	Creates Apsim-Project files from given parameters and files.	✓	✓	✓
Cuckoo-2.0.7a1	Automated Malware Analysis System	✗	✗	✗
Findex-GUI-0.2.18	Multi-purpose search engine for various protocols.	✓	✗	✗
Flask-Dance-3.0.0	Doing the OAuth dance with style using Flask, requests, and oauthlib	✗	✗	✗
PyOTRS-0.4.1	Python wrapper for OTRS (using REST API)	✓	✓	✓

图 6-16 pytest Plugin Compatibility 网站中部分插件状态

6.5.1 插件的安装与卸载

Pytest 的第三方插件安装很简单，和 Python 的包安装类似，使用 Python 包管理工具 pip 即可。语法为：pip install pytest-NAME，NAME 为插件名。

例如，安装插件 pytest-ordering，可使用命令：pip install pytest-ordering，如图 6-17 所示。

```
C:\Users\TynamYang>pip install pytest-ordering
WARNING: Retrying (Retry(total=4, connect=None, read=None, redirect=None, status=None)) after connection broken by 'ReadTimeo
utError("HTTPSConnectionPool(host='pypi.org', port=443): Read timed out. (read timeout=15)")': /simple/pytest-ordering/
Collecting pytest-ordering
  Using cached https://files.pythonhosted.org/packages/ec/98/adc368fe369465f291ab24e18b9900473786ed1afdf861ba90467eb0767e/pyt
est_ordering-0.6-py3-none-any.whl
Requirement already satisfied: pytest in c:\users\tynamyang\appdata\local\programs\python\python37\lib\site-packages (from py
test-ordering) (5.3.3)
Requirement already satisfied: importlib-metadata>=0.12; python_version < "3.8" in c:\users\tynamyang\appdata\local\programs\
python\python37\lib\site-packages (from pytest->pytest-ordering) (1.1.0)
Requirement already satisfied: py>=1.5.0 in c:\users\tynamyang\appdata\local\programs\python\python37\lib\site-packages (from
 pytest->pytest-ordering) (1.8.0)
Requirement already satisfied: atomicwrites>=1.0; sys_platform == "win32" in c:\users\tynamyang\appdata\local\programs\python
\python37\lib\site-packages (from pytest->pytest-ordering) (1.3.0)
Requirement already satisfied: wcwidth in c:\users\tynamyang\appdata\local\programs\python\python37\lib\site-packages (from p
ytest->pytest-ordering) (0.1.7)
Requirement already satisfied: colorama; sys_platform == "win32" in c:\users\tynamyang\appdata\local\programs\python\python37
\lib\site-packages (from pytest->pytest-ordering) (0.4.1)
Requirement already satisfied: pluggy<1.0,>=0.12 in c:\users\tynamyang\appdata\local\programs\python\python37\lib\site-packag
es (from pytest->pytest-ordering) (0.13.1)
Requirement already satisfied: packaging in c:\users\tynamyang\appdata\local\programs\python\python37\lib\site-packages (from
 pytest->pytest-ordering) (19.2)
Requirement already satisfied: more-itertools>=4.0.0 in c:\users\tynamyang\appdata\local\programs\python\python37\lib\site-pa
ckages (from pytest->pytest-ordering) (8.0.0)
Requirement already satisfied: attrs>=17.4.0 in c:\users\tynamyang\appdata\local\programs\python\python37\lib\site-packages (
from pytest->pytest-ordering) (19.3.0)
Requirement already satisfied: zipp>=0.5 in c:\users\tynamyang\appdata\local\programs\python\python37\lib\site-packages (from
 importlib-metadata>=0.12; python_version < "3.8"->pytest->pytest-ordering) (0.6.0)
Requirement already satisfied: pyparsing>=2.0.2 in c:\users\tynamyang\appdata\local\programs\python\python37\lib\site-package
s (from packaging->pytest->pytest-ordering) (2.4.5)
Requirement already satisfied: six in c:\users\tynamyang\appdata\local\programs\python\python37\lib\site-packages (from packa
ging->pytest->pytest-ordering) (1.13.0)
Installing collected packages: pytest-ordering
Successfully installed pytest-ordering-0.6
```

图 6-17　安装插件 pytest-ordering

卸载插件和安装插件类似，只不过是将 install 换成 uninstall。使用语法：pip uninstall pytest-NAME。例如，卸载插件 pytest-ordering，则可使用命令 pip uninstall pytest-ordering 完成，如图 6-18 所示。

```
C:\Users\TynamYang>pip uninstall pytest-ordering
Uninstalling pytest-ordering-0.6:
  Would remove:
    c:\users\tynamyang\appdata\local\programs\python\python37\lib\site-packages\pytest_ordering-0.6.dist-info\*
    c:\users\tynamyang\appdata\local\programs\python\python37\lib\site-packages\pytest_ordering.py
    c:\users\tynamyang\appdata\local\programs\python\python37\lib\site-packages\pytest_ordering\*
Proceed (y/n)? y
  Successfully uninstalled pytest-ordering-0.6

C:\Users\TynamYang>
```

图 6-18　卸载插件 pytest-ordering

6.5.2　查看活动插件

如果想要知道环境中有哪些插件是活动的，可以使用命令 pytest --trace-config 进行查看。如图 6-19 所示是查看的结果，由于内容较多，这里只截取了部分。

```
C:\Users\TynamYang>pytest --trace-config
PLUGIN registered: <_pytest.config.PytestPluginManager object at 0x000001C085859C08>
PLUGIN registered: <_pytest.config.Config object at 0x000001C08629F608>
PLUGIN registered: <module '_pytest.mark' from 'c:\\users\\tynamyang\\appdata\\local\\programs\\python\\python37\\lib\\site-p
ackages\\_pytest\\mark\\__init__.py'>
PLUGIN registered: <module '_pytest.main' from 'c:\\users\\tynamyang\\appdata\\local\\programs\\python\\python37\\lib\\site-p
ackages\\_pytest\\main.py'>
PLUGIN registered: <module '_pytest.runner' from 'c:\\users\\tynamyang\\appdata\\local\\programs\\python\\python37\\lib\\site
-packages\\_pytest\\runner.py'>
PLUGIN registered: <module '_pytest.fixtures' from 'c:\\users\\tynamyang\\appdata\\local\\programs\\python\\python37\\lib\\si
te-packages\\_pytest\\fixtures.py'>
PLUGIN registered: <module '_pytest.helpconfig' from 'c:\\users\\tynamyang\\appdata\\local\\programs\\python\\python37\\lib\\
site-packages\\_pytest\\helpconfig.py'>
PLUGIN registered: <module '_pytest.python' from 'c:\\users\\tynamyang\\appdata\\local\\programs\\python\\python37\\lib\\site
-packages\\_pytest\\python.py'>
PLUGIN registered: <module '_pytest.terminal' from 'c:\\users\\tynamyang\\appdata\\local\\programs\\python\\python37\\lib\\si
te-packages\\_pytest\\terminal.py'>
PLUGIN registered: <module '_pytest.debugging' from 'c:\\users\\tynamyang\\appdata\\local\\programs\\python\\python37\\lib\\s
ite-packages\\_pytest\\debugging.py'>
PLUGIN registered: <module '_pytest.unittest' from 'c:\\users\\tynamyang\\appdata\\local\\programs\\python\\python37\\lib\\si
te-packages\\_pytest\\unittest.py'>
PLUGIN registered: <module '_pytest.capture' from 'c:\\users\\tynamyang\\appdata\\local\\programs\\python\\python37\\lib\\sit
e-packages\\_pytest\\capture.py'>
PLUGIN registered: <module '_pytest.skipping' from 'c:\\users\\tynamyang\\appdata\\local\\programs\\python\\python37\\lib\\si
te-packages\\_pytest\\skipping.py'>
PLUGIN registered: <module '_pytest.tmpdir' from 'c:\\users\\tynamyang\\appdata\\local\\programs\\python\\python37\\lib\\site
-packages\\_pytest\\tmpdir.py'>
PLUGIN registered: <module '_pytest.monkeypatch' from 'c:\\users\\tynamyang\\appdata\\local\\programs\\python\\python37\\lib\
\site-packages\\_pytest\\monkeypatch.py'>
PLUGIN registered: <module '_pytest.recwarn' from 'c:\\users\\tynamyang\\appdata\\local\\programs\\python\\python37\\lib\\sit
e-packages\\_pytest\\recwarn.py'>
PLUGIN registered: <module '_pytest.pastebin' from 'c:\\users\\tynamyang\\appdata\\local\\programs\\python\\python37\\lib\\si
te-packages\\_pytest\\pastebin.py'>
PLUGIN registered: <module '_pytest.nose' from 'c:\\users\\tynamyang\\appdata\\local\\programs\\python\\python37\\lib\\site-p
ackages\\_pytest\\nose.py'>
PLUGIN registered: <module '_pytest.assertion' from 'c:\\users\\tynamyang\\appdata\\local\\programs\\python\\python37\\lib\\s
ite-packages\\_pytest\\assertion\\__init__.py'>
PLUGIN registered: <module '_pytest.junitxml' from 'c:\\users\\tynamyang\\appdata\\local\\programs\\python\\python37\\lib\\si
te-packages\\_pytest\\junitxml.py'>
PLUGIN registered: <module '_pytest.resultlog' from 'c:\\users\\tynamyang\\appdata\\local\\programs\\python\\python37\\lib\\s
ite-packages\\_pytest\\resultlog.py'>
PLUGIN registered: <module '_pytest.doctest' from 'c:\\users\\tynamyang\\appdata\\local\\programs\\python\\python37\\lib\\sit
e-packages\\_pytest\\doctest.py'>
```

图 6-19　查看活动插件

从打印的结果中可以得到激活的插件及其名称和加载的文件位置。

6.5.3 插件的注销

在使用插件的过程中我们也可以阻止插件的加载或者将其注销，使用命令 pytest -p no:NAME，NAME 为插件名。如果某插件被注销，则后续激活或加载该插件都不会生效。例如，注销 pytest-ordering 插件，可运行命令：pytest -p no: ordering，如图 6-20 所示。

```
C:\Users\TynamYang\PycharmProjects\projectAutoTest>pytest -p no:ordering
platform win32 -- Python 3.7.4, pytest-5.3.3, py-1.8.0, pluggy-0.13.1
rootdir: C:\Users\TynamYang\PycharmProjects\projectAutoTest
plugins: allure-adaptor-1.7.10
INTERNALERROR> Traceback (most recent call last):
INTERNALERROR>   File "c:\users\tynamyang\appdata\local\programs\python\python37\lib\site-packages\_pytest\main.py", line 196
, in wrap_session
INTERNALERROR>     session.exitstatus = doit(config, session) or 0
INTERNALERROR>   File "c:\users\tynamyang\appdata\local\programs\python\python37\lib\site-packages\_pytest\main.py", line 245
, in _main
INTERNALERROR>     config.hook.pytest_collection(session=session)
INTERNALERROR>   File "c:\users\tynamyang\appdata\local\programs\python\python37\lib\site-packages\pluggy\hooks.py", line 286
, in __call__
INTERNALERROR>     return self._hookexec(self, self.get_hookimpls(), kwargs)
INTERNALERROR>   File "c:\users\tynamyang\appdata\local\programs\python\python37\lib\site-packages\pluggy\manager.py", line 9
3, in _hookexec
INTERNALERROR>     return self._inner_hookexec(hook, methods, kwargs)
INTERNALERROR>   File "c:\users\tynamyang\appdata\local\programs\python\python37\lib\site-packages\pluggy\manager.py", line 8
7, in <lambda>
INTERNALERROR>     firstresult=hook.spec.opts.get("firstresult") if hook.spec else False,
INTERNALERROR>   File "c:\users\tynamyang\appdata\local\programs\python\python37\lib\site-packages\pluggy\callers.py", line 2
08, in _multicall
INTERNALERROR>     return outcome.get_result()
INTERNALERROR>   File "c:\users\tynamyang\appdata\local\programs\python\python37\lib\site-packages\pluggy\callers.py", line 8
0, in get_result
INTERNALERROR>     raise ex[1].with_traceback(ex[2])
INTERNALERROR>   File "c:\users\tynamyang\appdata\local\programs\python\python37\lib\site-packages\pluggy\callers.py", line 1
87, in _multicall
INTERNALERROR>     res = hook_impl.function(*args)
INTERNALERROR>   File "c:\users\tynamyang\appdata\local\programs\python\python37\lib\site-packages\_pytest\main.py", line 255
, in pytest_collection
INTERNALERROR>     return session.perform_collect()
INTERNALERROR>   File "c:\users\tynamyang\appdata\local\programs\python\python37\lib\site-packages\_pytest\main.py", line 455
, in perform_collect
INTERNALERROR>     self.config.pluginmanager.check_pending()
INTERNALERROR>   File "c:\users\tynamyang\appdata\local\programs\python\python37\lib\site-packages\pluggy\manager.py", line 2
77, in check_pending
INTERNALERROR>     % (name, hookimpl.plugin),
INTERNALERROR> pluggy.manager.PluginValidationError: unknown hook 'pytest_namespace' in plugin <module 'allure.pytest_plugin'
 from 'c:\\users\\tynamyang\\appdata\\local\\programs\\python\\python37\\lib\\site-packages\\allure\\pytest_plugin.py'>
```

图 6-20 注销 pytest-ordering 插件

6.6 Allure 测试报告

Allure 是一款非常轻量级且灵活的开源测试报告生成框架，它支持绝大多数测试框架，例如 TestNG、Pytest、JUint 等，使用起来很简单，也可配合持续集成工具 Jenkins 使用。

6.6.1 Allure 的安装

首先需要安装 Allure Pytest Adaptor 插件，这是 Pytest 的一个插件，通过它可以生成 Allure 需要的数据，然后利用这些数据再生成测试报告。因为是 Pytest 的插件，所以遵循 Pytest 插件安装的规则，在命令行中运行 pip install pytest-allure-adaptor 命令即可完成安装，如图 6-21 所示。

安装 Allure Pytest Adaptor 插件后还需要安装 Allure。注意，因为 Allure 是基于 Java 的一个程序，所以使用时需要 Java1.8 的环境。

```
C:\Users\TynamYang>pip install pytest-allure-adaptor
Collecting pytest-allure-adaptor
  Downloading pytest_allure_adaptor-1.7.10-py3-none-any.whl (21 kB)
Requirement already satisfied: enum34 in c:\users\tynamyang\appdata\local\programs\python\python37\lib\site-packages (from py
test-allure-adaptor) (1.1.6)
Requirement already satisfied: lxml>=3.2.0 in c:\users\tynamyang\appdata\local\programs\python\python37\lib\site-packages (fr
om pytest-allure-adaptor) (4.4.2)
Requirement already satisfied: pytest>=2.7.3 in c:\users\tynamyang\appdata\local\programs\python\python37\lib\site-packages (
from pytest-allure-adaptor) (5.3.3)
Requirement already satisfied: namedlist in c:\users\tynamyang\appdata\local\programs\python\python37\lib\site-packages (from
 pytest-allure-adaptor) (1.7)
Requirement already satisfied: six>=1.9.0 in c:\users\tynamyang\appdata\local\programs\python\python37\lib\site-packages (fro
m pytest-allure-adaptor) (1.13.0)
Requirement already satisfied: pluggy<1.0,>=0.12 in c:\users\tynamyang\appdata\local\programs\python\python37\lib\site-packag
es (from pytest>=2.7.3->pytest-allure-adaptor) (0.13.1)
Requirement already satisfied: attrs>=17.4.0 in c:\users\tynamyang\appdata\local\programs\python\python37\lib\site-packages (
from pytest>=2.7.3->pytest-allure-adaptor) (19.3.0)
Requirement already satisfied: wcwidth in c:\users\tynamyang\appdata\local\programs\python\python37\lib\site-packages (from p
ytest>=2.7.3->pytest-allure-adaptor) (0.1.7)
Requirement already satisfied: colorama; sys_platform == "win32" in c:\users\tynamyang\appdata\local\programs\python\python37
\lib\site-packages (from pytest>=2.7.3->pytest-allure-adaptor) (0.4.1)
Requirement already satisfied: more-itertools>=4.0.0 in c:\users\tynamyang\appdata\local\programs\python\python37\lib\site-pa
ckages (from pytest>=2.7.3->pytest-allure-adaptor) (8.0.0)
Requirement already satisfied: atomicwrites>=1.0; sys_platform == "win32" in c:\users\tynamyang\appdata\local\programs\python
\python37\lib\site-packages (from pytest>=2.7.3->pytest-allure-adaptor) (1.3.0)
Requirement already satisfied: py>=1.5.0 in c:\users\tynamyang\appdata\local\programs\python\python37\lib\site-packages (from
 pytest>=2.7.3->pytest-allure-adaptor) (1.8.0)
Requirement already satisfied: importlib-metadata>=0.12; python_version < "3.8" in c:\users\tynamyang\appdata\local\programs\
python\python37\lib\site-packages (from pytest>=2.7.3->pytest-allure-adaptor) (1.1.0)
Requirement already satisfied: packaging in c:\users\tynamyang\appdata\local\programs\python\python37\lib\site-packages (from
 pytest>=2.7.3->pytest-allure-adaptor) (19.2)
Requirement already satisfied: zipp>=0.5 in c:\users\tynamyang\appdata\local\programs\python\python37\lib\site-packages (from
 importlib-metadata>=0.12; python_version < "3.8"->pytest>=2.7.3->pytest-allure-adaptor) (0.6.0)
Requirement already satisfied: pyparsing>=2.0.2 in c:\users\tynamyang\appdata\local\programs\python\python37\lib\site-package
s (from packaging->pytest>=2.7.3->pytest-allure-adaptor) (2.4.5)
Installing collected packages: pytest-allure-adaptor
Successfully installed pytest-allure-adaptor-1.7.10
```

图 6-21　安装 Allure Pytest Adaptor 插件

进入到 Allure 网站 https://github.com/allure-framework/allure2/releases 进行下载。例如，下载 allure2.10.0，如图 6-22 所示。

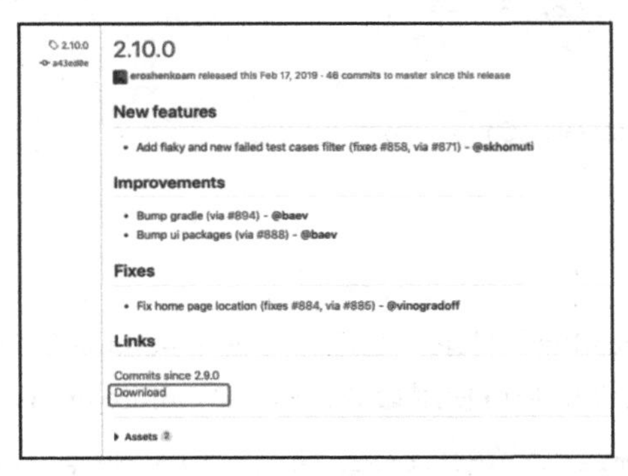

图 6-22　下载 allure2.10.0

下载完成后解压，因为运行 Allure 的是 bin 目录下的 allure.bat 文件，所以需要对其进行环境变量配置。例如解压到 C 盘根目录，allure.bat 文件路径为 C:\allure-2.10.0\bin，将其添加到系统环境变量 Path 中，可参考本书 1.1.4 小节环境变量配置的内容。

保存环境变量后，打开命令行窗口验证 Allure 环境配置是否成功。在命令行中输入 allure，如果出现 Allure 的使用说明则表示配置成功，如图 6-23 所示。

```
C:\Users\TynamYang>allure
Usage: allure [options] [command] [command options]
  Options:
    --help
      Print commandline help.
    -q, --quiet
      Switch on the quiet mode.
      Default: false
    -v, --verbose
      Switch on the verbose mode.
      Default: false
    --version
      Print commandline version.
      Default: false
  Commands:
    generate      Generate the report
      Usage: generate [options] The directories with allure results
        Options:
          -c, --clean
            Clean Allure report directory before generating a new one.
            Default: false
          --config
            Allure commandline config path. If specified overrides values from
            --profile and --configDirectory.
          --configDirectory
            Allure commandline configurations directory. By default uses
            ALLURE_HOME directory.
          --profile
            Allure commandline configuration profile.
          -o, --report-dir, --output
            The directory to generate Allure report into.
            Default: allure-report
```

图 6-23　在命令行中执行 Allure 命令

6.6.2 脚本应用

我们先新建一个 FileAllure 目录，在其下面新建一个测试文件 test_allure.py，然后，在测试文件中添加测试用例，定义两个成功的用例和一个失败的用例。

```
# -*-coding:utf-8-*-
import pytest

def add_number(a, b):
    return a + b

def test_add1():
    assert add_number(2, 3) == 5

def test_add2():
    assert add_number(2, 3) == 4

def test_add3():
    assert add_number(3, 3) == 6
```

6.6.3 报告生成

在命令行模式下进入 FileAllure 目录，在运行时使用--alluredir 选项将测试数据保存。例如，保存到当前目录下的 result 文件中则可使用命令：pytest --alluredir ./result/。

```
    (venv) C:Users\TynamYang\PycharmProjects\projectAutoTest\pytest_example\Fi
leAllure>pytest  --alluredir ./result/
    ============================================================ test session s
tarts ============================================================
    platform win32 -- Python 3.7.4, pytest-5.3.1, py-1.8.0, pluggy-0.13.1
    rootdir: C:Users\TynamYang\PycharmProjects\projectAutoTest\pytest_example\
FileAllure
    plugins: allure-pytest-2.8.6
    collected 3 items


    test_allure.py .F.
                                                                  [100%]

    ================================================================= FAILURES
=================================================================
    _________________________________________________________________ test_add2
_________________________________________________________________

       def test_add2():
    >      assert add_number(2, 3) == 4
    E      assert 5 == 4
    E       +  where 5 = add_number(2, 3)
```

```
test_allure.py:14: AssertionError
============================================================ 1 failed, 2 passed
 in 0.34s ============================================================

(venv) C:Users\TynamYang\PycharmProjects\projectAutoTest\pytest_example\Fi
leAllure>
```

命令运行完成后，将运行结果打印在控制台，同时会在当前目录下创建一个 result 文件夹，里面存放了运行后产生的测试数据 json 格式文件，如图 6-24 所示。

```
FileAllure
  .pytest_cache
  result
    6b9fe2f3-4023-462e-8ca9-3a94c4ce874c-result.json
    d947b8ab-e31b-408f-858c-2ed149787533-result.json
    f72e5a05-8ca5-4cf2-ab9b-8998c91779fb-result.json
  test_allure.py
```

图 6-24　运行命令后产生的测试数据 json 格式文件

接下来我们利用上面产生的测试数据使用命令生成 HTML 格式的测试报告。使用命令：allure generate ./result/ -o ./report/ --clean

```
(venv) C:\Users\TynamYang\PycharmProjects\projectAutoTest\pytest_example\F
ileAllure>allure generate ./result/ -o ./report/ --clean
.\result does not exists
Report successfully generated to .\report
```

Allure 命令中的参数说明：

- generate：生成测试报告，后面跟测试数据路径。
- --clear：也可以写成-c，清除 Allure 报告路径后再生成一个新的报告。
- -o：也可以写成--report-dir 或--output，生成报告的路径。

命令执行后会在 FileAllure 目录下生成一个 report 文件，文件中的 index.html 即为产生的测试报告，如图 6-25 所示。

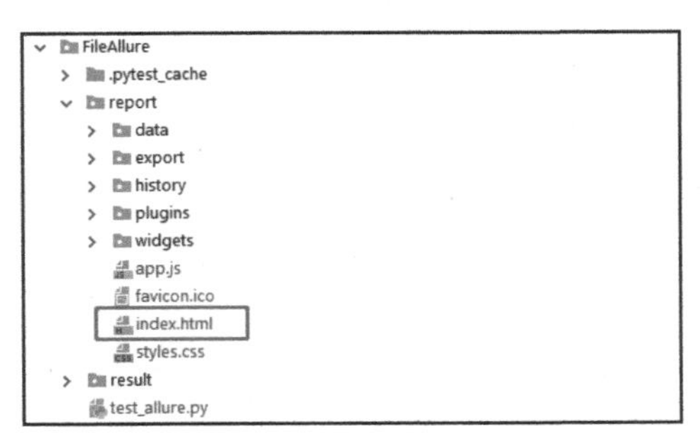

图 6-25　HTML 测试报告

打开 index.html 文件查看测试结果的统计数据，如图 6-26 所示。

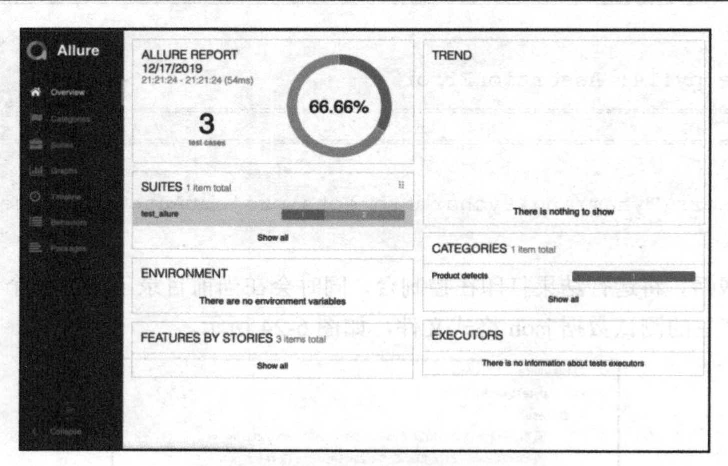

图 6-26 HTML 测试报告内容

在测试报告中可以通过左侧菜单查看以其他形式表示的测试结果，例如通过 Suite 形式查看。

如果在使用 pytest --alluredir ./result/ 命令时报错（pytest 没有参数 –alluredir），可通过卸载 pytest-allure-adaptor，然后安装 allure-pytest 的方法来解决。具体执行命令如下：

```
pip uninstall pytest-allure-adaptor
pip install allure-pytest
```

注 意

在使用 allure generate ./result/ -o ./report/ --clean 命令时需要在项目下执行，不然容易造成报告中没有数据的问题。

第7章

Python 脚本开发常用模块

在本书 2.14 模块一节中对 Python 模块已经做了一些说明，但是在实际脚本开发中，很多功能不需要我们自己再次开发，因为 Python 拥有强大的模块库，当需要某些功能时，只需要导入相关的库便可使用其功能，比如时间模块、日志模块、Excel 数据库操作模块、多线程模块等。本章将介绍在使用 Python 语言开发 Web 自动化脚本中常用的一些模块。

7.1 日期和时间模块 time 和 datetime

Python 语言中关于时间的操作主要使用 time 和 datetime 模块，Time 模块提供了很多管理时钟时间的方法，而 datetime 模块提供更多的则是日期和时间管理方法。

time 模块中经常用到的方法如表 7-1 所示。

表 7-1 time 模块的常用方法

语法	描述	实例	实例结果
time.time()	返回当前时间戳，单位秒	time.time()	1564921721.542928
time.ctime()	返回易于理解的直观的时间	time.ctime()	'Sun Aug 4 20:40:17 2019'
time.localtime()	UTC 格式当前时间	time.localtime()	time.struct_time(tm_year=2019, tm_mon=8, tm_mday=4, tm_hour=20, tm_min=46, tm_sec=36, tm_wday=6, tm_yday=216, tm_isdst=0)
time.strftime()	格式化时间	time.strftime("%y %b %d %H:%M:%s", time.localtime())	'19 Aug 04 20:54:1564923272'
time.sleep(time)	进程休眠	time.sleep(5)	进程休眠 5 秒再运行

datetime 模块中经常用到的方法如表 7-2 所示。

表 7-2　datetime 模块的常用方法

语法	描述	实例	实例结果
datetime.datetime.now()	返回当前时间	datetime.datetime.now()	2019-08-04 21:05:26.785236
datetime.datetime.fromtimestamp()	将时间戳转换成 datetime 类型	datetime.datetime.fromtimestamp(time.time())	2019-08-04 21:06:42.447185
datetime.datetime.strptime(str,format)	字符串转 datetime	datetime.datetime.strptime('2019-08-04 21:05:22', '%Y-%m-%d %H:%M:%S')	2019-08-04 21:05:22
datetime.datetime.strftime(format)	datetime 转字符串	datetime.datetime.now().strftime('%Y-%m-%d %H:%M:%S')	'2019-08-04 21:29:59'
datetime.datetime.timestamp()	datetime 转时间戳	datetime.datetime.now().timestamp()	1564925499.289342

示例：分别使用 time 和 datetime 库获取当前时间。

```
>>> import time
>>> import datetime
>>> print(time.ctime())
Mon Aug  5 22:11:48 2019
>>> print(datetime.datetime.now())
2019-08-05 22:12:48.199020
>>>
```

7.2　文件和目录模块 os

os 模块是 Python 的一个标准库，拥有丰富的处理文件和目录的方法，经常使用的方法有路径操作、进程管理、环境参数等几类，如表 7-3 所示。

表 7-3　os 模块的常用方法

语法	描述	实例	实例结果
os.getcwd()	返回当前工作的目录	os.getcwd()	'D:\\py\\projectAutoTest'
os.listdir()	返回指定目录下所有的文件和目录名	os.listdir()	['.DS_Store', 'projectHtml', 'venv', 'projectTest', '.idea']
os.mkdir(path)	创建目录	test = 'D:\\py\\learning\\test' os.mkdir(test)	在'D:\\py\\learning\\test'路径下多了一个 test 的目录

（续表）

语法	描述	实例	实例结果
os.rmdir(file)	删除指定目录	test = 'D:\\py\\learning\\test' os.rmdir(test)	删除 test 目录
os.remove(file)	删除指定文件	test = 'D:\\py\\learning\\test' os.remove(test)	删除 test 目录
os.path.exists(file)	检查指定的对象是否存在。存在返回 True，否则返回 False	test = 'D:\\py\\learning\\test' os.path.exists(test)	False
os.path.join(path, fileName)	连接目录和文件名	p1 = 'D:\\py\\projectAutoTest' p2 = 'test.txt' p = os.path.join(p1, p2)	打印 p：'D:\\py\\projectAutoTest\\test.txt'
os.rename(oldNeme, newName)	重命名文件	os.rename(' D:\\py\\projectAutoTest\\test.txt ', 'test1.txt')	test.txt 文件被命名为 test1.txt
os.path.exists(path)	检验路径是否存在	os.path.exists('D:\\py\\projectAutoTest\\test.txt')	False

示例：将 test.txt 添加到 'D:\\py\\ projectAutoTest' 目录下。

```
>>> import os
>>> p1 = 'D:\\py\\projectAutoTest'
>>> p2 = 'test.txt'
>>> os.path.join(p1, p2)
'D:\\py\\projectAutoTest/test.txt'
>>>
```

7.3　系统功能模块 sys

sys 模块是 Python 解释器的一个标准库，提供访问由 Python 解释器使用或维护的变量和与解释器交互用的函数。

在 Python 解释器中导入 sys 模块，然后输入“[e for e in dir(sys) if not e.startswith('_')]”可获得 sys 模块中的全部成员，如下所示：

```
>>> import sys
>>> [e for e in dir(sys) if not e.startswith('_')]
['abiflags', 'api_version', 'argv', 'base_exec_prefix', 'base_prefix', 'bu
iltin_module_names', 'byteorder', 'call_tracing', 'callstats', 'copyright', 'd
isplayhook', 'dont_write_bytecode', 'exc_info', 'excepthook', 'exec_prefix', '
executable', 'exit', 'flags', 'float_info', 'float_repr_style', 'get_asyncgen_
hooks', 'get_coroutine_wrapper', 'getallocatedblocks', 'getcheckinterval', 'ge
tdefaultencoding', 'getdlopenflags', 'getfilesystemencodeerrors', 'getfilesyst
emencoding', 'getprofile', 'getrecursionlimit', 'getrefcount', 'getsizeof', 'g
```

```
etswitchinterval', 'gettrace', 'hash_info', 'hexversion', 'implementation', 'i
nt_info', 'intern', 'is_finalizing', 'last_traceback', 'last_type', 'last_valu
e', 'maxsize', 'maxunicode', 'meta_path', 'modules', 'path', 'path_hooks', 'pa
th_importer_cache', 'platform', 'prefix', 'ps1', 'ps2', 'real_prefix', 'set_as
yncgen_hooks', 'set_coroutine_wrapper', 'setcheckinterval', 'setdlopenflags',
'setprofile', 'setrecursionlimit', 'setswitchinterval', 'settrace', 'stderr',
'stdin', 'stdout', 'thread_info', 'version', 'version_info', 'warnoptions']
>>>
```

在 sys 模块中常用的方法有：

- sys.argv：获取运行 Python 程序的命令行参数。sys.argv[0]通常指 Python 程序，sys.argv[1] 代表为 Python 提供的第一个参数。如果没有脚本名称传递给 Python 解释器，argv[0] 则为空字符串。
- sys.path：一个字符串列表，指定模块的搜索路径。
- sys.modules：返回模块名和载入模块对应关系的字典。
- sys.exit([arg])：退出 Python，通过引发 SystemExit 异常来实现，例如，sys.exit( )。
- sys.getdefaultencoding( )：获取系统当前编码。
- sys.maxsize：返回 Python 支持的整数最大值。
- sys.version：返回当前 Python 解释器版本信息。
- sys.copyright：返回与 Python 解释器有关的版权信息。
- sys.platform：返回当前操作系统平台。

示例：

（1）使用 sys.platform 获取当前操作系统。
（2）使用 sys.maxsize 获取 Python 支持的整数最大值。
（3）使用 sys.getdefaultencoding( )获取系统当前编码。

```
>>> import sys
>>>
>>> sys.platform
'win32'
>>> sys.maxsize
2147483647
>>> sys.getdefaultencoding()
'utf-8'
>>>
```

7.4 导入第三方模块 pip

pip 是 Python 包管理工具，主要功能是查找、下载、安装和卸载 Python 包。pip 一般都会集成在 Python 的安装包中，在 Python 编译器中的 Scripts 目录下，如果没有则需要安装，具体安装步骤如下。

1. 下载安装包

PyPI 官网网址：https://pypi.org/project/pip/。

进入 PyPI 官网下载 pip-19.2.2.tar.gz 包，如图 7-1 所示。

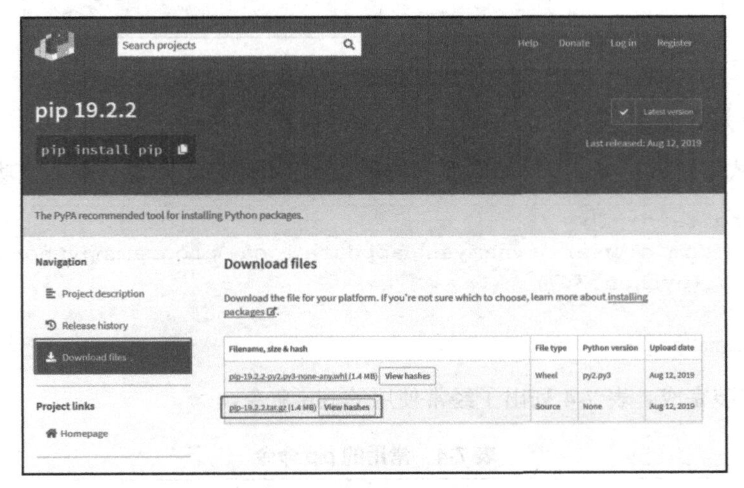

图 7-1　下载 pip 安装包

2. 命令行中安装

下载后解压缩，在命令行中使用 cd 命令进入解压的目录（如果解压的目录不在 C 盘而在 D 盘，则需要在命令行中输入“D:”切换到 D 盘后再使用 cd 命令）。使用命令 python setup.py install 进行安装。

```
C:\Users\TynamYang>cd C:\Users\TynamYang\Desktop\pip-19.2.2
C:\Users\TynamYang\Desktop\pip-19.2.2>python setup.py install
```

执行后在 Python 编译器所在目录下会生成一个 Scripts 目录，Scripts 目录中包含 pip 程序，如图 7-2 所示。

名称	修改日期	类型	大小
pip.exe	2019/8/13 20:34	应用程序	64 KB
pip.exe.manifest	2019/8/13 20:34	MANIFEST 文件	1 KB
pip3.7.exe	2019/8/13 20:34	应用程序	64 KB
pip3.7.exe.manifest	2019/8/13 20:34	MANIFEST 文件	1 KB
pip3.7-script.py	2019/8/13 20:34	Python File	1 KB
pip3.exe	2019/8/13 20:34	应用程序	64 KB
pip3.exe.manifest	2019/8/13 20:34	MANIFEST 文件	1 KB
pip3-script.py	2019/8/13 20:34	Python File	1 KB
pip-script.py	2019/8/13 20:34	Python File	1 KB

图 7-2　Scripts 目录下的 pip 程序

3. 配置 pip 环境变量

将 Scripts 目录添加到系统变量中的 Path，如图 7-3 所示，环境变量配置可参考本书 1.1.4 小节环境变量设置的内容。

编辑系统变量

变量名(N): Path

变量值(V): ɔon\Python37;C:\Users\TynamYang\AppData\Local\Programs\Python\Python37\Scripts

确定 取消

图 7-3 将 Scripts 目录添加到系统变量

4. 验证 pip 是否安装成功

在命令行模式中输入：pip –V，如果显示的是 pip 版本信息，则表示安装成功。

```
    C:\Users\TynamYang>pip -V
    pip 19.0.3 from c:\users\tynamyang\appdata\local\programs\python\python37\lib\s
ite-packages\pip (python 3.7)

    C:\Users\TynamYang>
```

至此，pip 安装完成。表 7-4 列出了经常使用的 pip 命令。

表 7-4 常用的 pip 命令

语法	描述
pip –V	查看版本和路径
pip –help	获取帮助
pip –list	查看已经安装的包
pip install -U pip	升级 pip
pip install Package	安装包，默认为最新版本的包
pip install Package==1.04	安装指定版本的包
pip show Package	显示安装包信息
pip uninstall Package	卸载包
pip search Package	搜索包

示例：安装 selenium 包。

```
    C:\Users\TyanmYang>pip install selenium
    Collecting selenium
      Downloading https://files.pythonhosted.org/packages/80/d6/4294f0b4bce4de
0abf13e17190289f9d0613b0a44e5dd6a7f5ca98459853/selenium-3.141.0-py2.py3-none-a
ny.whl (904kB)
        100% |████████████████████████████████
| 911kB 1.7MB/s
    Collecting urllib3 (from selenium)
      Downloading https://files.pythonhosted.org/packages/e6/60/247f23a7121ae6
32d62811ba7f27d75e58a94d329d51550a47d/urllib3-1.25.3-py2.py3-none-any.whl (150
kB)
        100% |████████████████████████████████
| 153kB 822kB/s
    Installing collected packages: urllib3, selenium
    Successfully installed selenium-3.141.0 urllib3-1.25.3
```

```
C:\Users\TyanmYang>
```

7.5 邮件模块 smtplib

smtplib 模块是关于 SMTP（简单邮件传输协议）的操作模块，在发送邮件的过程中起到服务器之间互相通信的作用。

7.5.1 开启邮箱 SMTP 服务

在使用 smtplib 模块时需要对自己的邮箱开启 SMTP 服务，这里以 163 邮箱为例开启 SMTP 服务。

（1）进入 163 邮箱，选择【设置】中的【pop3/smtp/imap】选项，如图 7-4 所示。

（2）开启 SMTP 服务，如果没有开启，单击【设置】，进行手机号码验证后勾选【POP3/SMTP 服务】和【IMAP/SMTP 服务】复选框，开启后如图 7-5 所示。

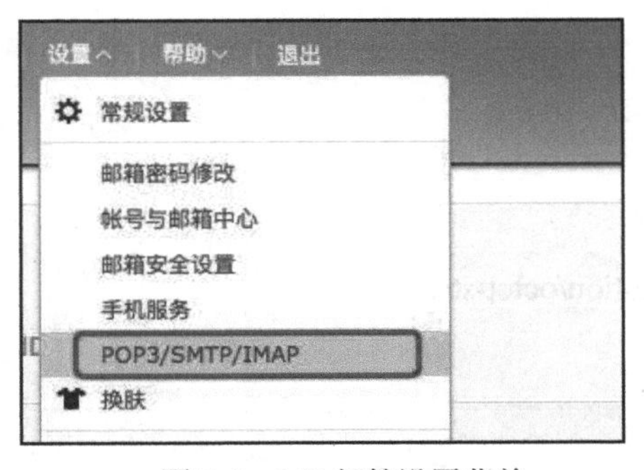

图 7-4 163 邮箱设置菜单

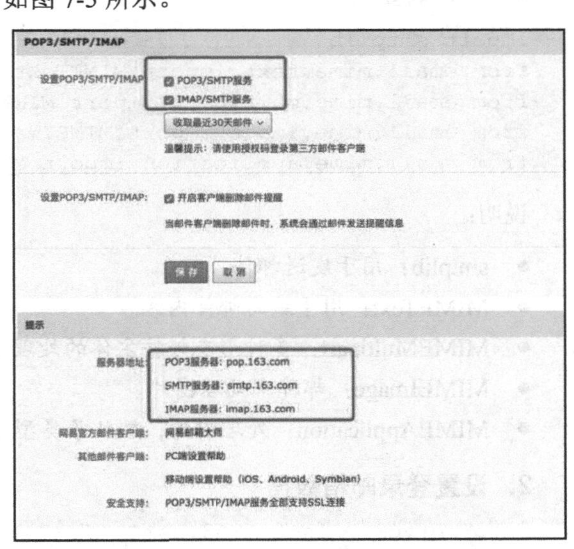

图 7-5 pop3/smtp/imap 设置

（3）SMTP 服务开启后设置客户端授权密码，在【客户端授权密码】中获取，如图 7-6 所示。

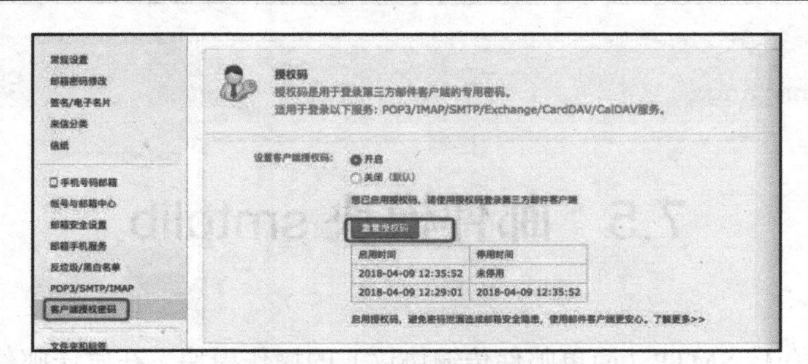

图 7-6　客户端授权密码设置

SMTP 服务开启后邮箱准备工作设置完毕。

7.5.2　smtplib 模块的使用

因为 smtplib 库是 Python 语言的一个第三方库，所以使用时需要安装，在命令行模式下执行命令 pip install smtplib 即可完成安装。

SMTP 模块导入成功后实现邮件的发送，实现步骤如下。

1．导入需要的库

```
import smtplib
from email.mime.text import MIMEText
from email.mime.multipart import MIMEMultipart
from email.mime.image import MIMEImage
from email.mime.application import MIMEApplication
```

说明：

- smtplib：用于发送邮件。
- MIMEText：用于编写邮件内容。
- MIMEMultipart：多种形态邮件主体的处理。
- MIMEImage：邮件中处理图片。
- MIMEApplication：处理附件，默认子类型是 application/octet-stream。

2．设置登录邮箱数据

```
smtp_server = 'smtp.163.com'
sender = 'xxxx@163.com'
pwd = 'xxx'
receivers = ['xxx@163.com']
```

说明：

- smtp_server：使用发送邮件的服务。
- sender：发件人。
- pwd：客户端授权登录密码。
- receivers：收件人，如果发送多人可写成['xxx1@qq.com', 'xxx2@163.com']。

3. 编辑发送内容

```
content = 'Autotest 发送邮件'
text = MIMEText(content)
```

说明：

- text：发送的内容。
- MIMEText(content)：内容转化为邮件的文本内容。

4. 设置需要上传的附件

附件的格式是多种多样的，这里以 txt 文件和图片为例进行说明。

```
    # 使用 MIMEApplication 处理 txt 附件
    file = MIMEApplication(open(' D:\\py\\learning\\test\\test.txt','rb').read
())
    file.add_header('Content-Disposition', 'attachment', filename=('utf-8','',
'test.txt'))

    # 使用 MIMEImage 处理 img 附件
    with open(' D:\\py\\learning\\test\\testimg.png','rb')as fp:
        img = MIMEImage(fp.read())
        img['Content-Type'] = 'application/octet-stream'
        img['Content-Disposition'] = 'attachment;filename="testimg.png"'
```

在添加附件时需要对附件进行处理，分别使用 MIMEApplication 处理 txt 附件和使用 MIMEImage 处理图片附件。

5. 将需要发送的内容添加到邮件主体中

```
#将需要发送的内容添加到邮件主体中
txt = MIMEMultipart()
txt.attach(text)
txt.attach(file)
txt.attach(img)
txt['Subject'] = 'test send email'
```

其中，txt['Subject'] 设置的是邮件名称。

6. 发送邮件

各种信息准备就绪后，登录邮箱发送邮件。

```
try:
    smtpObj = smtplib.SMTP()
    smtpObj.connect(smtp_server, 25)
    smtpObj.login(sender, pwd)
    smtpObj.sendmail(sender, receivers, txt.as_string())
    print('send success')
    smtpObj.quit()
except smtplib.SMTPException as e:
    print('send mail error', e)
```

说明：

- connect(smtp_server, 25)：连接服务器，第一个参数为邮箱服务，第二个参数为端口。
- login(sender, pwd)：登录邮箱，参数分别是用户名和密码，密码是客户端授权密码，并非登录密码。
- sendmail(sender, receivers, txt.as_string( ))：发送邮件，参数分别是发送者、收件人和邮件主体。
- quit( )：退出邮箱登录。

完整的实现代码如下：

```
import smtplib
from email.mime.text import MIMEText
from email.mime.multipart import MIMEMultipart
from email.mime.image import MIMEImage
from email.mime.application import MIMEApplication

# 设置登录邮箱数据
smtp_server = 'smtp.163.com'
sender = 'xxxx@163.com'
pwd = 'xxx'
receivers = ['xxx@163.com']

# 设置发送的内容
content = 'Autotest 发送邮件'
text = MIMEText(content)

# 使用 MIMEApplication 处理 txt 附件
file = MIMEApplication(open(' D:\\py\\learning\\test\\test.txt','rb').read
())
file.add_header('Content-Disposition', 'attachment', filename=('utf-8','',
'test.txt'))

# 使用 MIMEImage 处理图片附件
with open(' D:\\py\\learning\\test\\testimg.png','rb')as fp:
    img = MIMEImage(fp.read())
    img['Content-Type'] = 'application/octet-stream'
    img['Content-Disposition'] = 'attachment;filename="testimg.png"'

# 将需要发送的内容添加到邮件主体中
txt = MIMEMultipart()
txt.attach(text)
txt.attach(file)
txt.attach(img)
txt['Subject'] = 'test send email'

# 登录并发送
try:
    smtpObj = smtplib.SMTP()
    smtpObj.connect(smtp_server, 25)
    smtpObj.login(sender, pwd)
```

```
    smtpObj.sendmail(sender, receivers, txt.as_string())
    print('send success')
    smtpObj.quit()
except smtplib.SMTPException as e:
    print('send mail error', e)
```

发送后的结果如图 7-7 所示。

图 7-7　邮件发送成功的结果

7.6　日志模块 logging

logging 模块是 Python 中的一个标准库，可以对程序运行过程进行记录，主要用于输出运行日志，例如，可以设置输出日志的等级、日志保存路径、日志文件回滚等。

示例：logging 的简单使用。

```
# 导入 logging 模块
import logging

# 简单设置
logging.basicConfig(level = logging.INFO, format = '%(asctime)s - %(name)s
- %(levelname)s - %(message)s')
# 获取 logger 对象
logger = logging.getLogger(__name__)

# 输出内容
logger.info("Start print log")
logger.debug("this is test log")
logger.warning("test log")
```

运行代码后控制台的输出结果如下：

```
2019-08-07 13:29:55,952 - __main__ - INFO - Start print log
2019-08-07 13:29:55,952 - __main__ - WARNING - test log

Process finished with exit code 0
```

上述示例中用到的方法参数说明：

- level：设置日志输出级别，日志打印时只打印等于和大于设置的级别，总共有 5 个级别，分别是：
  - ➢ DEBUG：调试，调试时触发。
  - ➢ INFO：提示，程序正常运行时触发。
  - ➢ WARINING：警告，可正常运行，但有可能发生错误时触发。
  - ➢ ERROR：错误，当程序发生错误无法执行某些功能时触发。
  - ➢ CRITICAL：严重的、致命的，当程序发生严重错误无法继续运行时触发。
- format：输出的格式和内容。常用的参数如下：
  - ➢ %(levelno)s：打印日志级别的数值。
  - ➢ %(levelname)s：打印日志级别的名称。
  - ➢ %(pathname)s：打印当前执行程序的路径。
  - ➢ %(filename)s：打印当前执行的程序名。
  - ➢ %(funcName)s：打印日志的当前函数。
  - ➢ %(asctime)s：打印日志的时间。
  - ➢ %(thread)d：打印线程 ID。
  - ➢ %(threadName)s：打印线程名称。
  - ➢ %(process)d：打印进程 ID。
  - ➢ %(processName)s：打印进程名称。
  - ➢ %(module)s：打印模块名称。
  - ➢ %(message)s：打印日志信息。
- logging.getLogger("AppName")：根据不同的名字定义不同的 logger 对象，默认为 root。
- filename：将日志输出到日志文件中。例如，在 basicConfig 中配置 filename='myLog.log'，日志文件将输出在 myLog.log 中。
- handler：处理日志信息的输出方向，可以添加多个 handler，代表同时向多个方向输出信息。例如，将日志输出到 myLog.log 文件中：logging.FileHandler("test.log")；使用 addHandler( )绑定 handler：logger.addHandler(handler)。

示例：自定义一个日志类。

```
# -*-coding:utf-8-*-

import logging
import datetime
import os

class TestLog:
```

```
        def __init__(self):
            self.logger = logging.getLogger(__name__)
            self.logger.setLevel(logging.DEBUG)

            # 以时间命名 log 文件名
            base_path = os.path.dirname(os.path.abspath(__file__))
            file_name = datetime.datetime.now().strftime("%y-%m-%d %H:%M") + '
.log'
            log_name = base_path + '/' + file_name

            # 将日志写入磁盘
            self.file_handle = logging.FileHandler(log_name, 'a', encoding='ut
f-8')
            self.file_handle.setLevel(logging.DEBUG)
            file_formatter = logging.Formatter('%(asctime)s - %(filename)s - %
(levelname)s - %(message)s')
            self.file_handle.setFormatter(file_formatter)
            self.logger.addHandler(self.file_handle)

        def get_log(self):
            """获取 log"""
            return self.logger

        def close_handle(self):
            """关闭 handle"""
            self.logger.removeHandler(self.file_handle)
            self.file_handle.close()

    if __name__ == '__main__':
        test = TestLog()
        test.get_log()
        test.get_log().debug('test log')
        test.get_log().info('test log info')
        test.get_log().critical('test log critical')
        test.close_handle()
```

运行代码后生成了一个 19-08-07 15:44.log 文件，内容如下：

```
2019-08-07 15:44:20,758 - period6.py - DEBUG - test log
2019-08-07 15:44:20,758 - period6.py - INFO - test log info
2019-08-07 15:44:20,758 - period6.py - CRITICAL - test log critical
```

7.7　CSV 文件读写模块 csv

在 Python 3 中，csv 模块是一个内置模块。CSV 文件是纯文本文件，它以逗号“，”作为分隔符，分隔两个单元格。

csv 模块的使用主要用到两个方法，即读取文本内容的方法 reader( )和写入文本内容方法

writer( )。

示例 1：封装一个方法 csv_ writer( )，并将文本头和文本内容写入 data.csv 文件。

```
# -*-coding:utf-8-*-

import csv

def csv_writer():
    """CSV 文本写入"""
    # 数据 data
    headers = ['code', 'name', 'ranking']
    rows = [
        (1, 'Python', 'first'),
        (2, 'Java', 'second'),
        (3, 'C', 'third')
    ]

    # 写入
    with open('data.csv', 'w', encoding='utf-8') as f:
        writer = csv.writer(f)
        writer.writerow(headers)
        # 直接写入
        writer.writerows(rows)
        # 也可使用 for 循环写入
        # for row in rows:
        #     writer.writerow(row)

if __name__ == '__main__':
    csv_writer()
```

在上述示例写入中，用到了两种写入方法，一次写入一行时使用 writer.writerow( )，一次写入多行时使用 writer.writerows( )。

执行代码后生成的 data.csv 文件内容如图 7-8 所示。

	A	B	C	D
1	code	name	ranking	
2	1	Python	first	
3	2	Java	second	
4	3	C	third	
5				

图 7-8　生成的 data.csv 文件内容

写入时如果 data.csv 文件不存在，则会新建 data.csv 文件。如果 data.csv 文件存在，则会清空 data.csv 文件中的内容重新写入。

示例 2：封装一个方法 CSV_ reader( )，读取 data.csv 文件。

```
def csv_reader():
    """CSV 文本读取"""
```

```
    with open('data.csv', 'r', encoding='utf-8') as f:
        reader = csv.reader(f)
        print(list(reader))
```

执行代码后控制台的输出结果如下：

```
[['code', 'name', 'ranking'], ['1', 'Python', 'first'], ['2', 'Java', 'second'], ['3', 'C', 'third']]

Process finished with exit code 0
```

控制台输出的结果与 data.csv 文件内容一致。

7.8　Excel 操作模块 openpyxl

openpyxl 是用来操作 Excel 2007 及以上版本产生的 xlsx 文件，可以用来创建工作簿、选择活动工作表、写入和读取单元格数据以及设置单元格的字体颜色、边框样式、合并单元格、设置单元格背景等。

openpyxl 是 Python 的一个扩展库，使用时需要安装，可以使用 pip 命令安装，即 pip install openpyxl。

示例 1：创建一个 xlsx 文件并写入内容。

首先需要使用 Workbook( )创建一个文件对象，其次获取文件工作表 sheet，对该工作表进行操作，然后以单元格或行的形式写入数据，最后保存文件。

```
# -*-coding:utf-8-*-

from openpyxl import Workbook
import datetime

# 创建文件对象
wb = Workbook()
# 使用 active 获取第一个工作表 sheet
ws = wb.active

# 单元格写入内容
ws['A1'] = "编号"
ws['B1'] = "任务"
ws['C1'] = "创建时间"

# 行写入
ws.append({'A' : 10001, 'B' : "测试任务", "C" : datetime.datetime.now()})

# 保存文件
wb.save("data.xlsx")
```

如上述示例可知，插入单元格数据使用 ws['A1'] = "编号"，就是在 A1 单元格输入内容“编号”；

行插入数据 ws.append({'A' : 10001, 'B' : "测试任务", "C" : datetime.datetime.now()})，就是接着已有的数据行，在下一行 A 列输入内容“10001”，B 列输入内容 "测试任务"，C 列输入内容 datetime.datetime.now( )。

执行代码后新创建了一个文件“data.xlsx”，并且写入了数据，如图 7-9 所示。

	A	B	C	D
1	编号	任务	创建时间	
2	10001	测试任务	2019-08-08 14:47:22	
3				

图 7-9　生成的 data.xlsx 文件内容

下面对 openpyxl 模块中的常用方法做一些说明：

1. Excel 文件操作

- Workbook( )：创建 xlsx 文件。
- save( )：保存文件，如果传参为“D:\py\projectAutoTest\test.xlsx”则表示将文件保存在 projectAutoTest 目录下，并且文件名为 test.xlsx。

2. sheet 操作

- Workbook( ).get_sheet_names( )：以 list 格式返回 Excel 中所有工作表名。
- Workbook( ).sheetnames( )：以 list 格式返回 Excel 中所有工作表。
- Workbook( ).create_sheet(u'sheet 名', index=0)：新建 sheet。
- Workbook( ).active：获取默认工作表，即最后操作过的 sheet。
- Workbook( ).get_sheet_by_name(u"sheet 名")：通过表名得到工作表。
- Workbook( )["sheet 名"]：通过表名得到工作表。
- Workbook( )["sheet 名"].title：更改工作表名。
- del Workbook( )["sheet 名"]：删除工作表。
- Workbook( ).remove(Workbook( )["sheet 名"])：删除工作表。

3. sheet 数据操作

代码格式：sheet = Workbook( )["sheet 名"]

- sheet.max_row：返回 sheet 中有数据的最大行数。
- sheet.min_row：返回 sheet 中有数据的最小行数。
- sheet.max_column：返回 sheet 中有数据的最大列数。
- sheet.min_column：返回 sheet 中有数据的最小列数。

4. 单元格操作

代码格式：sheet = Workbook( )["sheet 名"]

在单元格中，精准写入数据可使用以下 3 种方法来完成：

- sheet['A1']='A1'：将 A1 单元格内容设置为'A1'。
- sheet['A3'].value='A1'：将 A3 单元格值设置为'A1'。

- sheet.cell(row=3, column=2).value = 'B3'：将第三行第二列单元格值设置为'B3'。

5. 行/列写入数据

代码格式：sheet = Workbook()["sheet 名"]

- sheet.append(['This is A1', 'This is B1', 'This is C1'])：在数据行最底部添加一行数据。
- sheet.append({'A' : 'This is A1', 'C' : 'This is C1'})：按照设置的列在数据行的最底部添加数据。
- sheet.append({1 : 'This is A1', 3 : 'This is C1'})：按照设置的行在数据列的最右侧添加数据。

示例 2：读取 data.xlsx 文件的内容。

```
# -*-coding:utf-8-*-
from openpyxl import load_workbook

wb = load_workbook(r'data.xlsx')
ws = wb.active

# 精准获取
print(ws['A1'], ws['B1'].value, ws['C1'].value)

# 访问具体的一列
for each_row in ws.rows:
    print(each_row[1].value, end=' ') #end 用来分割单元格

print('\n')
# 访问具体的一行
for each_column in ws.columns:
    print(each_column[0].value, end='|')
```

数据的读取和写入一样，也可以精准到单元格获取，或按照行或列获取。

执行代码后控制台的输出结果如下：

```
<Cell 'Sheet'.A1> 任务 创建时间
任务 测试任务

编号|任务|创建时间|

Process finished with exit code 0
```

7.9　MySQL 数据库操作包 pymysql

在自动化测试中经常需要用到大量的数据，由于数据的类型多样，我们需要将这些数据按一定的章法存储起来，以便在使用时易于获取。存贮这些数据的最好的解决方案是使用数据库，在众多数据库中，MySQL 数据库以入门容易、语法简单、功能强大、适应性广等特点，得到了广泛应用。Python 中提供了专门操作 MySQL 数据库的包 pymysql，使用前需要使用 pip 命令导入，即 pip install pymysql。

下面以数据库中的 student 表为例介绍 pymysql 常用方法的使用，student 表的内容如图 7-10 所示。

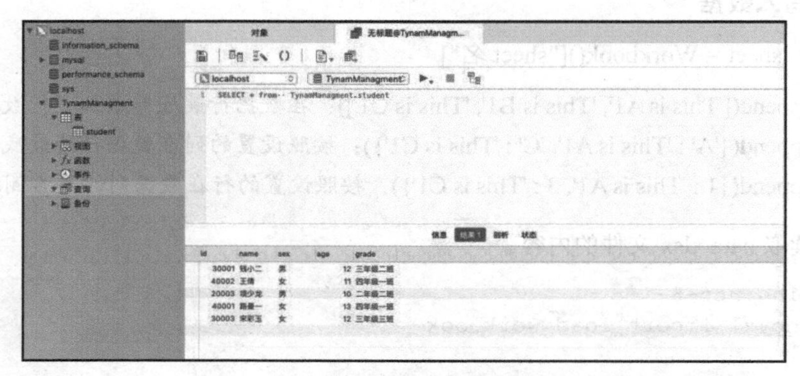

图 7-10 student 表的内容

7.9.1 简单使用

示例：连接数据后，创建游标并获取数据。

```
# -*-coding:utf-8-*-
import pymysql

# 连接 database
db = pymysql.connect(
    host="localhost",
    port=3306,
    user="root",
    password="12345678",
    database="TynamManagment",
    charset="utf8",
    )

# 创建游标对象
cursor = db.cursor()

# SQL 语句
sql = "select * from student where sex='男'"

# 执行 SQL 语句
try:
    cursor.execute(sql)

    # 获取所有记录列表
    results = cursor.fetchall()
    for row in results:
        id = row[0]
        name =row[1]
        sex = row[2]
```

```
        age = row[3]
        grade = row[4]

        print(id, name, sex, age, grade, end='\n')
except:
    print("获取数据失败")

# 关闭游标
cursor.close()
# 断开连接
db.close()
```

参数说明：

- host="localhost"：数据库地址，IP。
- port=3306：端口号。
- user="root"：用户名。
- password="12345678"：密码。
- database="TynamManagment"：数据库名。
- charset="utf8"：编码格式。

在上述示例中使用了 cursor.fetchall( )方法获取执行 SQL 语句后查询到的所有数据，然后使用 row( )方法获取每一列数据，最后按照数据行将数据输出。

执行代码后控制台的输出结果如下：

```
30001 钱小二 男 12 三年级二班
20003 项少龙 男 10 二年级二班

Process finished with exit code 0
```

7.9.2 获取查询数据

使用 fetch 获取数据，默认是以元组的形式返回。常用的方法如下：

- 获取第一行数据：cursor.fetchone( )
- 获取前 n 行数据：cursor.fetchmany(n)
- 获取所有数据：cursor.fetchall( )

示例：

（1）获取 student 表的第一行数据。
（2）获取 student 表的前 3 行数据。
（3）获取 student 表的所有数据。

```
# 创建游标对象
cursor = db.cursor()
# SQL 语句
sql = "select * from student"
```

```
# 执行 SQL 语句
cursor.execute(sql)

# 获取第一行数据
row_first = cursor.fetchone()
print(row_first)

# 获取前 3 行数据
row_n = cursor.fetchmany(3)
print(row_n)

# 获取所有数据
row_all = cursor.fetchall()
print(row_all)
```

执行代码后控制台的输出结果如下：

```
(30001, '钱小二', '男', 12, '三年级二班')
((40002, '王倩', '女', 11, '四年级一班'), (20003, '项少龙', '男', 10, '二年级二班'), (40001, '路曼一', '女', 13, '四年级一班'))
((30003, '宋彩玉', '女', 12, '三年级三班'))

Process finished with exit code 0
```

在创建游标对象中可以使用 cursor=pymysql.cursors.DictCursor 参数将输出结果以字典的形式返回。

示例：以字典的形式返回数据。

```
# 创建游标对象
cursor = db.cursor(cursor=pymysql.cursors.DictCursor)
# 数据删除
sql = "select * from student"
# 执行 SQL 语句
cursor.execute(sql)
row_all = cursor.fetchall()
print(row_all)
```

执行代码后控制台的输出结果如下：

```
[{'id': 30001, 'name': '钱小二', 'sex': '男', 'age': 12, 'grade': '三年级二班'}, {'id': 40002, 'name': '王倩', 'sex': '女', 'age': 11, 'grade': '四年级一班'}, {'id': 20003, 'name': '项少龙', 'sex': '男', 'age': 10, 'grade': '三年级三班'}, {'id': 40001, 'name': '路曼一', 'sex': '女', 'age': 13, 'grade': '四年级一班'}, {'id': 30003, 'name': '宋彩玉', 'sex': '女', 'age': 12, 'grade': '三年级三班'}]

Process finished with exit code 0
```

7.9.3 增删改数据

1. 添加数据

可以通过执行 SQL 语句对数据表数据进行增加。

示例：在 student 表中添加数据【id=50002，name=“王海洋”，sex=“男”】。

```
# 创建游标对象
cursor = db.cursor()
# 数据增加
sql = "insert into student(id, name, sex) values(50002, '王海洋', '男')"

# 执行 SQL 语句
cursor.execute(sql)

# 写操作需要对数据进行提交
db.commit()

# 关闭游标
cursor.close()
# 断开连接
db.close()
```

执行后数据库 student 表会添加一条【id=50002，name=“王海洋”，sex=“男”】的数据，如图 7-11 所示。

id	name	sex	age	grade
30001	钱小二	男	12	三年级二班
40002	王倩	女	11	四年级一班
20003	项少龙	男	10	二年级二班
40001	路曼一	女	13	四年级一班
30003	宋彩玉	女	12	三年级三班
50002	王海洋	男	(NULL)	(NULL)

图 7-11 student 表添加数据后的结果

2. 修改数据

可以通过执行 SQL 语句对数据表数据进行修改。

示例：将 id=30001 的数据，name 修改为“钱晓强”。

```
# 数据修改
sql = "update student set name = '钱晓强' where id = 30001"
# 执行 SQL 语句
cursor.execute(sql)
# 写操作需要对数据进行提交
db.commit()
```

执行代码后修改的数据被更新，结果如图 7-12 所示。

id	name	sex	age	grade
30001	钱晓强	男	12	三年级二班
40002	王倩	女	11	四年级一班
20003	项少龙	男	10	二年级二班
40001	路曼一	女	13	四年级一班
30003	宋彩玉	女	12	三年级三班
50002	王海洋	男	(NULL)	(NULL)

图 7-12 数据库修改数据后的结果

3. 删除数据

可以通过执行 SQL 语句对数据表数据进行删除。

示例：删除 id=40002 的数据。

```
# 数据删除
sql = "delete from student where id = 40002"
# 执行 SQL 语句
cursor.execute(sql)
# 写操作需要对数据进行提交
db.commit()
```

执行代码后 id=40002 的数据被删除，结果如图 7-13 所示。

id	name	sex	age	grade
30001	钱晓强	男	12	三年级二班
20003	项少龙	男	10	二年级二班
40001	路曼一	女	13	四年级一班
30003	宋彩玉	女	12	三年级三班
50002	王海洋	男	(NULL)	(NULL)

图 7-13 数据库删除数据后的结果

7.10 JSON 数据

JSON（JavaScript Object Notation）是 JavaScrip 对象表示法，是一种轻量级的文本数据交换格式，易于阅读和编写。在 JSON 解析器和 JSON 库中都支持多种不同的编程语言，JSON 文件的文件类型是 “.json”，JSON 文本的 MIME 类型是“application/json”。

JSON 官方文档的网址：http://json.org。

7.10.1 JSON 语法

JSON 数据的书写格式是：名称：值对。数据之间使用逗号“，”分隔，使用花括号{}保存对象，使用方括号[ ]保存数组。

示例：

对象格式：{"name":"Tynam", "age":18}

数组格式： [{"name":"Tynam", "age":18}, {"name":"Peter", "age":32}]

7.10.2 Python 读写 JSON

Python 语言中使用 JSON 模块来编码和解析 JSON 对象，使用时需要先导入 JSON 模块，执行命令：import json。

JSON 模块提供了 4 个功能：dumps、dump、loads、load。

- dumps：将 Python 的数据类型转换成 JSON 的字符串。
- dump：将 Python 的数据类型转换成 JSON 的字符串并存储在文件中。
- loads：将 JSON 的字符串转换成 Python 的数据类型。
- load：打开文件并将 JSON 字符串转换成 Python 的数据类型。

示例：将 Python 的数据类型编码成 JSON 字符串格式并写入文件，然后从文件中读取 JSON 字符串。

```
# -*-coding:utf-8-*-
import json

user = {'name':'Tynam', 'age':18}
print(type(user))
json_str = json.dumps(user)
print(type(json_str))
print(json_str)

with open('json.json', 'w') as f:
    json.dump(user, f)

with open('json.json') as f:
    json_dict = json.load(f)
    print(type(json_dict))
    print(json_dict)
```

执行代码后控制台的输出结果如下：

```
<class ‘dict’>
<class ‘str’>
{“name”: “Tynam”, “age”: 18}
<class ‘dict’>
{‘name’: ‘Tynam’, ‘age’: 18}

Process finished with exit code 0
```

执行代码后生成的 JSON 文件内容如图 7-14 所示。

```
json.json ×
1   {"name": "Tynam", "age": 18}
```

图 7-14 生成的 json.json 文件内容

7.11 多线程模块 threading

线程是操作系统能够运算调度的最小单位，是进程中的实际处理单位。一个进程中可以并发多个线程，每条线程并行执行不同的任务，多条线程并行运行可以加快程序的运行速度。在 Python 中，threading 模块提供了操作线程的一些方法。

threading 模块常用的方法如下：

- current_thread( )：返回当前线程。
- active_count( )：返回正在运行的线程数。
- get_ident( )：返回当前线程。
- enumerater( )：返回一个包含正在运行的线程的 list。
- main_thread( )：返回主 Thread 对象。

在 threading 模块中，Thread 类提供了处理线程的一些方法，源码中 Thread 类的定义如下：

```
threading.Thread(self, group=None, target=None, name=None, args=(), kwargs
=None, *, daemon=None)
```

参数说明：

- group: 线程组，用于将来扩展。
- target: 要执行的方法。
- name: 线程名。
- args/kwargs: 调用 target 时传入方法的参数。

接下来对 Thread 类中常用方法进行说明：

- start( )：开启线程等待 CPU 的调度。
- run( ): 定义线程功能的方法，通常会在子类中重写。
- join([timeout])：阻塞主线程直到调用 join 方法的线程运行结束或超时。timeout 为阻塞时间，如果为 None 则一直阻塞直至调用 join 方法的线程结束。
- isAlive( ): 检查线程是否处于活动状态。
- getName( ): 返回线程名。
- setName( ): 设置线程名。
- ident：线程标识符。只有在调用了 start( )方法之后才有效，否则返回 None。

示例 1：使用 start( )方法启动 3 条线程。

```
# -*-coding:utf-8-*-

import datetime, time
import threading

def do_thing(name):
```

```
    """线程运行的方法"""
    print('start doing thing:' + str(name), datetime.datetime.now())
    time.sleep(5)
    print('end doing thing:' + str(name), datetime.datetime.now())

names = ["第一条线程", "第二条线程", "第三条线程"]
for name in names:
    # 创建线程
    t = threading.Thread(target=do_thing, args=(name,))
    # 启动线程
    t.start()
    time.sleep(1)
```

运行代码后控制台的输出结果如下：

```
start doing thing:第一条线程 2019-08-09 21:21:11.303711
start doing thing:第二条线程 2019-08-09 21:21:12.308158
start doing thing:第三条线程 2019-08-09 21:21:13.311030
end doing thing:第一条线程 2019-08-09 21:21:16.308487
end doing thing:第二条线程 2019-08-09 21:21:17.312011
end doing thing:第三条线程 2019-08-09 21:21:18.311486

Process finished with exit code 0
```

由结果可以看出，在代码运行时是多个线程同时工作，不会前一个线程运行结束才运行下一个线程。

当使用 start( )方法启动线程时，实际上是 start( )方法调用 run( )方法，run( )方法调用函数完成的。对于 run( )方法通常会在子类中重新定义，而标准 run( )方法则调用回调对象作为参数传递给目标对象的构造函数。

示例 2：重写 run( )方法启动 3 条线程。

```
import threading, time, datetime

class MyThreading(threading.Thread):

    def __init__(self, func, args, name=""):
        threading.Thread.__init__(self)
        self.func = func
        self.args = args
        self.name = name

    def run(self):
        self.func(*self.args)

def do_thing(name):
    """线程运行的方法"""
    print('start doing thing:' + str(name), datetime.datetime.now())
    time.sleep(5)
    print('end doing thing:' + str(name), datetime.datetime.now())
```

```
names = ["第一条线程", "第二条线程", "第三条线程"]
for name in names:
    t = MyThreading(do_thing, (name,))
    t.start()
    time.sleep(1)
```

运行代码后控制台的输出结果如下：

```
start doing thing:第一条线程 2019-08-09 21:34:44.009165
start doing thing:第二条线程 2019-08-09 21:34:45.012378
start doing thing:第三条线程 2019-08-09 21:34:46.017694
end doing thing:第一条线程 2019-08-09 21:34:49.014341
end doing thing:第二条线程 2019-08-09 21:34:50.017438
end doing thing:第三条线程 2019-08-09 21:34:51.021433

Process finished with exit code 0
```

第二篇 实践篇

第 8 章

数据驱动模型及项目应用

数据驱动模型是针对同一个功能使用一套测试脚本进行不同数据的测试，从而检测测试结果的变化。数据驱动的形式有很多种，比如通过定义数据、字典的方式进行参数化，或者通过读取 Excel、CSV 等文件的方式进行参数化。本章将以读取 Excel 文件的方式介绍数据驱动模型在自动化测试中的应用。

8.1 数据驱动简介

数据驱动是从某个数据文件（例如 txt 文件、Excel 文件、CSV 文件、数据库等）中读取输入或输出的测试数据，然后以变量的形式传入事先录制好的或手工编写好的测试脚本中。在这个过程中，作为传递（输入/输出）的变量被用来验证应用程序的测试数据，而测试数据只包含在数据文件中而不是脚本里。测试脚本只是作为一个“驱动”，更恰当地说是一个传送数据的机制。相同的测试脚本可使用不同的测试数据来执行，测试数据和测试行为进行了完全分离，这样的测试脚本设计模式叫做数据驱动。

数据驱动的一般流程如下：

（1）测试框架搭建：设计测试框架，做到目录结构清晰，项目容易解读。

（2）设计测试用例：数据文件以怎样的数据格式进行设计，明确测试用例。

（3）数据文件的操作：对数据文件中的数据进行操作。

（4）测试用例的生成：包括对获取的文件数据处理、断言的封装及测试用例的步骤。

（5）运行：运行测试用例，生成测试报告。

8.2 ddt 的使用

在 Python 中使用 ddt 模块进行数据驱动，ddt 是 data-driven tests 的缩写，字面意思可理解为数据驱动测试。使用时用于给一个测试用例传入不同的参数，每组参数都会运行一次，就像是运行了多个测试用例一样。

关于 ddt 的使用可参考 ddt 的 demo 实例：http://ddt.readthedocs.io/en/latest/example.html。

8.2.1 ddt 的安装

因为 ddt 也是 Python 的一个模块，其安装和 Python 的其他第三方模块的安装是一样的，即使用 pip 命令 pip install ddt 进行安装。

```
C:\Users\TynamYang>pip install ddt
Collecting ddt
  Downloading https://files.pythonhosted.org/packages/85/f3/44aea9a98e15e01d276618955dd78229dbc1500ec64146cf215022b84615/ddt-1.2.2-py2.py3-none-any.whl
Installing collected packages: ddt
Successfully installed ddt-1.2.2

C:\Users\TynamYang>
```

8.2.2 ddt 的常用方法

下面介绍一些 ddt 的常用方法：

1. ddt.data(*values)

装饰测试方法，参数是一系列的值。作用是将测试用例添加到 unittest.TestCase 中。

2. ddt.ddt(cls)

unittest.TestCase 的子类的类装饰器。

使用@ddt 后，如果传递的数据存在__name__属性，则使用该数据的__name__值。如果未定义__name__属性，ddt 会将传递的数据转化为有效 Python 标识符的数据值并以字符串的形式表示。

3. ddt.file_data(value)

装饰测试方法。参数为文件名。

该文件中应包含 JSON 数据，可以是列表，也可以是字典。如果是列表则列表中的每个值将对应于一个测试用例。如果是字典，字典中的 key 将作为测试用例名的后缀显示，并且值将作为测试用例参数。

4. ddt.unpack(func)

参数是复杂的数据结构，比如元组。添加 unpack 后，ddt 会自动将元组对应到多个参数上，例如：@data([a, b])。如果没有@unpack，[a,b] 会被作为一个参数传入用例运行；如果有@unpack，则[a,b]会被分解开，按照用例中的两个参数传递。

8.2.3 实例

下面使用 ddt 做一个简单的示例：

```
import unittest
import time
from ddt import ddt, data, unpack

@ddt
class MyTesting(unittest.TestCase):
    def setUp(self):
        print("-------开始测试-------")
        time.sleep(1)

    def tearDown(self):
        print('-------测试结束-------')
        time.sleep(1)

    @data('hello', 'world')
    def test_print(self, value):
        print("传入的值是：" + value)

    @data([3, 2, 5], [3, 2, 4])
    @unpack
    def test_add(self, a, b, expected):
        actual = int(a) + int(b)
        expected = int(expected)
        self.assertEqual(actual, expected)

if __name__ == '__main__':
    unittest.main()
```

执行脚本后控制台的输出结果如下：

```
C:\Users\TynamYang>python C:\Users\TynamYang\PycharmProjects\AutoTestExamp
le\projectTest\ddt_example.py
-------开始测试-------
-------测试结束-------
.-------开始测试-------
-------测试结束-------
F-------开始测试-------
```

```
传入的值是：hello
--------测试结束--------
.--------开始测试--------
传入的值是：world
--------测试结束--------
.
======================================================================
FAIL: test_add_2__3__2__4_ (__main__.MyTesting)
----------------------------------------------------------------------
Traceback (most recent call last):
  File "c:\users\tynamyang\appdata\local\programs\python\python37\lib\site
-packages\ddt.py", line 145, in wrapper
    return func(self, *args, **kwargs)
  File "period4.py", line 25, in test_add
    self.assertEqual(actual, expected)
AssertionError: 5 != 4

----------------------------------------------------------------------
Ran 4 tests in 8.005s

FAILED (failures=1)

C:\Users\TynamYang>
```

如结果所示，使用不同的 ddt 方法产生的效果是不同的，本例在测试方法前添加@data( )实现了参数化。

8.3 项目解析

从本节开始，我们以登录页面为例，使用 Excel 文件存放测试数据实践数据运动模型的应用。本示例将使用的登录页面如图 8-1 所示。

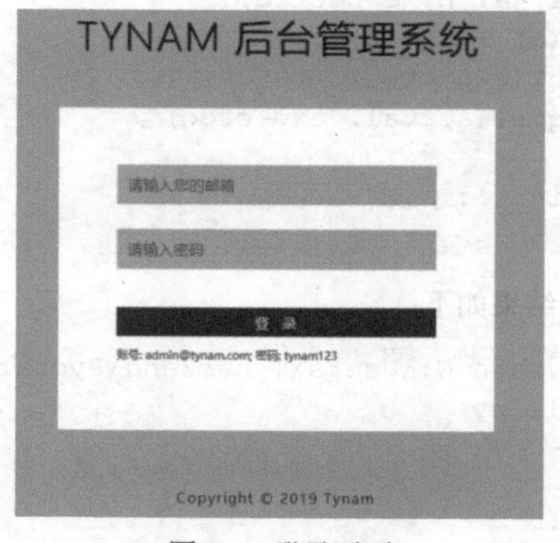

图 8-1 登录页面

HTML 脚本：

```
<!DOCTYPE HTML>
<html lang="zh-CN">

<head>
   <meta charset="utf-8" />
   <meta content="IE=edge">
   <title>TYNAM 后台管理系统</title>
   <link href="./style.css" rel='stylesheet' type='text/css' />
</head>

<body>
   <h1>TYNAM 后台管理系统</h1>
   <div class="login box">
      <!-- form starts-->
      <form action="#">
         <div class="txt">
               <input placeholder="请输入您的邮箱" id="ty-email"/>
               <div class="msg" id="ty-email-error"></div>
         </div>
         <div class="txt">
               <input type="password" placeholder="请输入密码
" id="ty-pwd" />
               <div class="msg" id="ty-pwd-error"></div>
            </div>
         <div class="login-btn">
            <input type="submit" onclick="login()" value="登  录">
            </div>
            <div class="account">
            <p>账号: admin@tynam.com; 密码: tynam123</p>
         </div>
      </form>
   </div>
   <!-- form ends -->
   <!--copyright-->
   <div class="copyright">
      <p>Copyright © 2019 Tynam</p>
   </div>
    <!--copyright-->
</body>
<html>
```

图 8-1 的登录画面使用脚本进行测试的正常操作流程为：

（1）打开浏览器。
（2）输入邮箱地址。
（3）输入密码。
（4）单击登录按钮。
（5）进行断言。

（6）退出系统，关闭浏览器。

项目在数据驱动模型中进行的流程为：

（1）设计一个有效的测试框架，比如 data 目录下存放 Excel 文件，common 目录下存放数据文件读取的封装等。

（2）设计测试用例，比如用例编号、测试标题、预期结果等。

（3）对 Excel 文件数据进行操作。

（4）使用 ddt 生成自动化测试用例。

（5）运行脚本，对成功或失败的用例进行标记。

接下来将会以项目在数据驱动模型中进行的流程步骤展开说明。

8.4 框架搭建

配置一个合适的测试自动化结构，需要有全局观念，追求项目的最优化。一个合适的项目结构可以使项目逻辑层次加明了、管理方便。

数据驱动模型下搭建的项目结构如图 8-2 所示。

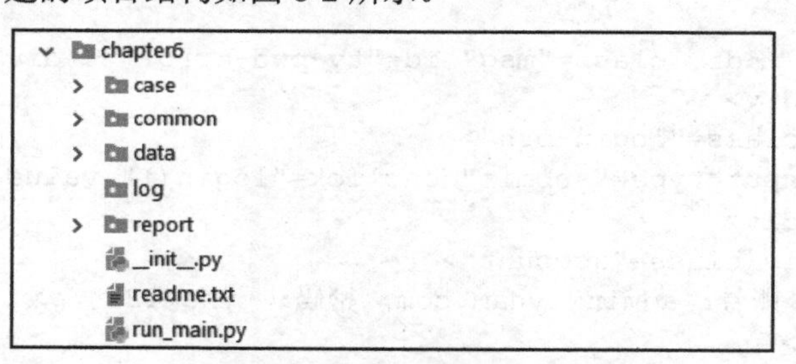

图 8-2 数据驱动模型的项目结构

目录的说明：

- common: 公共层目录，存放数据文件的读写，还可存放日志方法、发送邮件等。
- data: 存放数据文件，即测试用例。
- case：存放测试用例的生成文件。
- run_main.py: 运行脚本并生成测试报告。
- report：存放测试报告目录。
- log：日志目录。如果需要使用日志则构建日志目录。
- readme.txt: 对项目的说明。

上面的目录结构只是一个简单的示例结构，实际项目的复杂多变是难以预料的，在设计目录结构时一定要切合实际项目，全盘考虑。例如，根据项目的大小设计模块层结构，或者根据测试数据的数据量设计数据层结构等。

8.5　设计测试用例

根据页面的输入及操作可知，数据需要邮箱地址、密码和登录操作；根据功能测试用例的设计可知，自动化测试中除了邮箱地址、密码、登录操作还需要 URL、操作步骤、预期结果和实际结果；除以上数据外还可增加用例的编号、用例标题，方便用例设计时知道用例的作用。

其中 URL 可直接写入代码中，操作步骤是执行过程需要代码实现，实际结果在一个用例运行后使用代码获取。因此测试用例数据格式可设计为：用例编号、标题、邮箱地址、密码、预期结果。

由手工操作可知，预期结果在三个地方出现。邮箱地址输入错误时出现在邮箱地址输入框下方；密码输入错误时出现在密码输入框下方；登录时出现在 alert 弹窗中。总之，预期结果出现的位置不唯一，所以需要确定预期结果的位置。因此测试用例数据格式中还需要添加预期结果定位。

经过以上分析，最终确定测试用例的格式为：用例编号、标题、邮箱地址、密码、预期结果定位、预期结果。

在 data 目录下新建 excel 文件 casedata.xlsx，并且将第一个 sheet 命名为 Login，如图 8-3 所示。

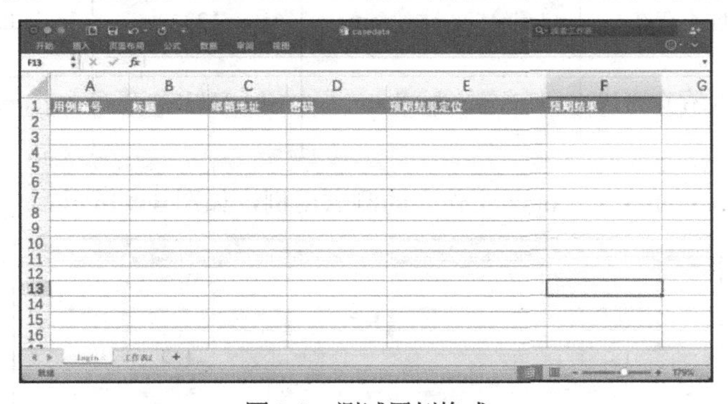

图 8-3　测试用例格式

在 casedata.xlsx 的 Login 工作表中编写测试用例，设计的测试用例如表 8-1 所示。

表 8-1　登录页面测试用例

用例编号	标题	邮箱地址	密码	预期结果定位	预期结果
login-001	登录成功	admin@tynam.com	tynam123	login success	登录成功！
login-002	邮箱地址不输入		tynam124	email error	邮箱地址不可为空
login-003	邮箱地址输入空格		tynam125	email error	邮箱地址中不能有空格
login-004	邮箱地址长度小于 6 位	a@t.c	tynam126	email error	邮箱地址长度在 6～30 位

（续表）

用例编号	标题	邮箱地址	密码	预期结果定位	预期结果
login-005	邮箱地址长度大于30位	adminadmadminadmincimin@adminadmin.comcom	tynam127	email error	邮箱地址长度在 6～30 位
login-006	邮箱格式错误 1	adminadm123	tynam128	email error	邮箱地址格式不正确
login-007	邮箱格式错误 2	@#$%^&@f.234$%	tynam129	email error	邮箱地址格式不正确
login-008	密码不输入	admin@tynam.com		password error	密码不可为空
login-009	密码长度小于 6 位	admin@tynam.com	tynam	password error	密码长度在 6～20 位
login-0010	密码长度大于20位	admin@tynam.com	tynam133tynam133tynam133tynam133	password error	密码长度在 6～20 位
login-0011	邮箱地址不存在	admin1@tynam.com	tynam123	login fail	邮箱或密码错误！
login-0012	邮箱地址存在密码不正确	admin@tynam.com	tynam1135	login fail	邮箱或密码错误！

编辑完成后 casedata.xlsx 的 Login 工作表的测试用例，如图 8-4 所示。

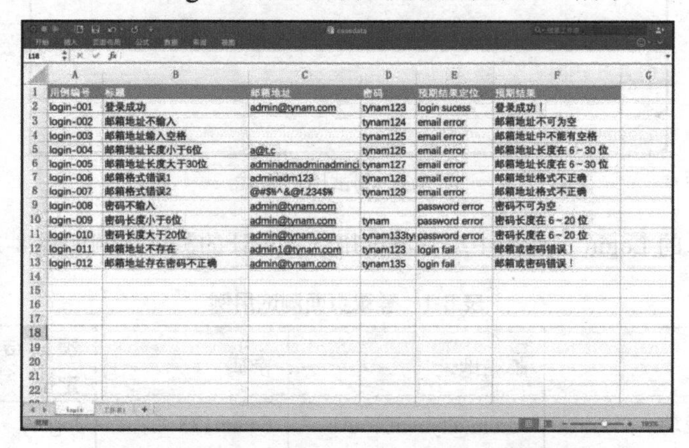

	A	B	C	D	E	F
1	用例编号	标题	邮箱地址	密码	预期结果定位	预期结果
2	login-001	登录成功	admin@tynam.com	tynam123	login sucess	登录成功！
3	login-002	邮箱地址不输入		tynam124	email error	邮箱地址不可为空
4	login-003	邮箱地址输入空格		tynam125	email error	邮箱地址中不能有空格
5	login-004	邮箱地址长度小于6位	a@t.c	tynam126	email error	邮箱地址长度在 6～30 位
6	login-005	邮箱地址长度大于30位	adminadmadminadminci	tynam127	email error	邮箱地址长度在 6～30 位
7	login-006	邮箱格式错误1	adminadm123	tynam128	email error	邮箱地址格式不正确
8	login-007	邮箱格式错误2	@#$%^&@f.234$%	tynam129	email error	邮箱地址格式不正确
9	login-008	密码不输入	admin@tynam.com		password error	密码不可为空
10	login-009	密码长度小于6位	admin@tynam.com	tynam	password error	密码长度在 6～20 位
11	login-010	密码长度大于20位	admin@tynam.com	tynam133ty	password error	密码长度在 6～20 位
12	login-011	邮箱地址不存在	admin1@tynam.com	tynam123	login fail	邮箱或密码错误！
13	login-012	邮箱地址存在密码不正确	admin@tynam.com	tynam135	login fail	邮箱或密码错误！

图 8-4　casedata.xlsx 的 Login 工作表中的测试用例

8.6 数据文件操作

确定下测试用例和测试数据的存储方式后，便需要构思怎么才能获取文件中的数据以便测试时使用。对数据文件读取可以采用一种灵活的方式，将读取方法进行封装，在使用的时候直接调用封装好的方法即可。接下来使用 Excel 操作模块 openpyxl 对文件进行读取。

在 common 目录下新建 ExcelUtil.py 文件，封装读取数据文件的方法，代码如下：

```
# -*-coding:utf-8-*-

from openpyxl import load_workbook
import os

class ExcelUtil(object):
    def __init__(self, excel_path=None, sheet_name=None):
        """获取 excel 工作表"""

        if excel_path == None:
            current_path = os.path.abspath(os.path.dirname(__file__))
            self.excel_path = current_path + '/../data/casedata.xlsx'
        else:
            self.excel_path = excel_path

        if sheet_name == None:
            self.sheet_name = "Sheet1"
        else:
            self.sheet_name = sheet_name

        # 打开工作表
        self.data = load_workbook(self.excel_path)
        self.sheet = self.data[self.sheet_name]

    def get_data(self):
        """
        获取文件数据
        每一行数据一个 list，所有的数据一个大 list
        """

        rows = self.sheet.rows
        row_num = self.sheet.max_row
        col_num = self.sheet.max_column

        if row_num <= 1:
            print("总行数小于 1,没有数据")
        else:
            case_all = []
            for row in rows:
                case = []
                for i in range(col_num):
                    case.append(row[i].value)
                case_all.append(case)
            return case_all

if __name__ == '__main__':
    sheet = 'Login'
```

```
    file = ExcelUtil(sheet_name=sheet)
    print(file.get_data())
```

封装思路：

首先定义 ExcelUtil 类，在初始化 ExcelUtil 类时定义两个默认参数 excel_path 和 sheet_name。如果在实例化 ExcelUtil 类时没有传入 excel_path 参数，将默认使用项目中 data 目录下的 casedata.xlsx 文件，否则读取指定的 Excel 文件；如果在实例化 ExcelUtil 类时没有传入 sheet_name 参数，将默认使用 Excel 文件中工作表名为“Sheet1”的工作表。

然后打开工作表，获取数据的行和列的最大数。如果最大行数小于等于 1，则该数据文件可能只有一个 header 行，没有测试数据。如果最大行数大于 1，则以行为单位，每一行数据设置成一个单独列表，每一行中的列数据作为列表的元素。接着将每一行数据生成的单独列表添加到一个大列表中。最后返回获取到的数据，返回的格式是一个大列表，大列表中包括测试用例格式和测试用例数据。

运行脚本后控制台的输出结果如下：

```
    C:\Users\TynamYang>python C:\Users\TynamYang\PycharmProjects\AutoTestExamp
le\projectTest\chapter8\common\ExcelUtil.py
    [['用例编号', '标题', '邮箱地址', '密码', '预期结果定位', '预期结果
'], ['login-001', '登录成功', 'admin@tynam.com', 'tynam123', 'login success', '
登录成功！'], ['login-002', '邮箱地址不输入', None, 'tynam124', 'email error', '邮箱
地址不可为空'], ['login-003', '邮箱地址输入空格
', '  ', 'tynam125', 'email error', '邮箱地址中不能有空格'], ['login-004', '邮箱地
址长度小于 6 位', 'a@t.c', 'tynam126', 'email error', '邮箱地址长度在 6～30 位
'], ['login-005', '邮箱地址长度大于 30 位
', 'adminadmadminadmincimin@adminadmin.comcom', 'tynam127', 'email error', '邮
箱地址长度在 6～30 位'], ['login-006', '邮箱格式错误
1', 'adminadm123', 'tynam128', 'email error', '邮箱地址格式不正确
'], ['login-007', '邮箱格式错误
2', '@#$%^&@f.234$%', 'tynam129', 'email error', '邮箱地址格式不正确
'], ['login-008', '密码不输入', 'admin@tynam.com', None, 'password error', '密码
不可为空'], ['login-009', '密码长度小于 6 位
', 'admin@tynam.com', 'tynam', 'password error', '密码长度在 6～20 位
'], ['login-010', '密码长度大于 20 位
', 'admin@tynam.com', 'tynam133tynam133tynam133tynam133', 'password error', '密
码长度在 6～20 位'], ['login-011', '邮箱地址不存在
', 'admin1@tynam.com', 'tynam123', 'login fail', '邮箱或密码错误！
'], ['login-012', '邮箱地址存在密码不正确
', 'admin@tynam.com', 'tynam135', 'login fail', '邮箱或密码错误！']]

    C:\Users\TynamYang>
```

从输出结果可以看出，Excel 中除了 header 行为测试用例格式外，其他每一行都是一条用例，且所用的数据以一个大列表的形式返回，每一条用例都是一个小列表。

8.7　测试用例生成

本节将从处理获取的数据、使邮箱地址列数据发送到邮箱地址输入框、密码列数据发送到密码输入框这样一个流程介绍测试用例的生成。

8.7.1　Excel 数据处理

要处理获取的数据，需要剔除 header 行和无用的数据，并且以邮箱地址、密码、预期结果定位、预期结果的顺序将数据返回。

在 case 目录下创建 TestLogin.py 文件，TestLogin.py 文件中创建 Case 类，Case 类中定义 get_case( )方法。编写如下代码：

```
class Case(object):

    def __init__(self):
        pass

    def get_case(self):
        """
        获取数据
        得到有用的数据，并且使数据以邮箱地址、密码、预期结果定位、预期结果的顺序返回
        """

        # 获取 Excel 中的文件数据
        sheet = 'Login'
        file = ExcelUtil(sheet_name=sheet)
        data = file.get_data()

        # 得到所需要数据的索引，然后根据索引获取相应顺序的数据
        email_index = data[0].index("邮箱地址")
        password_index = data[0].index("密码")
        expected_element_index = data[0].index("预期结果定位")
        expected_index = data[0].index("预期结果")

        data_length = data.__len__()
        all_case = []
        # 去除 header 行，和其他无用的数据
        for i in range(1, data_length):
            case = []
            case.append(data[i][email_index])
            case.append(data[i][password_index])
            case.append(data[i][expected_element_index])
            case.append(data[i][expected_index])
            all_case.append(case)
```

```
        return all_case
```

首先，使用之前定义的 ExcelUtil 类获取所有的测试数据；其次根据获取到的列表中第一个测试用例的格式列表得到需要数据的索引，然后根据索引在测试用例数据列表中获取对应索引的数据；最后以邮箱地址、密码、预期结果定位、预期结果的顺序在每一个测试用例数据列表中提取数据并且构成一个新的列表。获取到所有需要的数据后返回数据，还是以一个大列表中包含所有需要数据的小列表的形式返回。

在 PyCharm 中运行脚本并且打印 print(Case( ).get_case( )) ，控制台的输出结果如下：

```
    C:\Users\TynamYang\AppData\Local\Programs\Python\Python37\python.exe C:/Users/TynamYang/PycharmProjects/AutoTestExample/projectTest/chapter8/case/TestLogin.py
    [['admin@tynam.com', 'tynam123', 'login success', '登录成功！
'], [None, 'tynam124', 'email error', '邮箱地址不可为空
'], ['  ', 'tynam125', 'email error', '邮箱地址中不能有空格
'], ['a@t.c', 'tynam126', 'email error', '邮箱地址长度在 6～30 位
'], ['adminadmadminadmincimin@adminadmin.comcom', 'tynam127', 'email error', '邮箱地址长度在 6～30 位'], ['adminadm123', 'tynam128', 'email error', '邮箱地址格式不正确'], ['@#$%^&@f.234$%', 'tynam129', 'email error', '邮箱地址格式不正确
'], ['admin@tynam.com', None, 'password error', '密码不可为空
'], ['admin@tynam.com', 'tynam', 'password error', '密码长度在 6～20 位
'], ['admin@tynam.com', 'tynam133tynam133tynam133tynam133', 'password error', '密码长度在 6～20 位'], ['admin1@tynam.com', 'tynam123', 'login fail', '邮箱或密码错误！'], ['admin@tynam.com', 'tynam135', 'login fail', '邮箱或密码错误！']]

    Process finished with exit code 0
```

从输出结果可以看出，获取的数据正是测试用例中需要的数据，且所用的数据都包含在一个大列表中，每一个小列表都是测试用例中需要的一条数据。

8.7.2 测试步骤

在 8.3 节的项目解析中分析了自动化测试时执行的步骤，现在需要将步骤使用代码实现。

在 TestLogin.py 文件中创建 Login 类，Login 类中定义 login( )方法。为了使用灵活，将浏览器驱动 driver、邮箱地址、密码作为参数传入。代码如下：

```
class Login(object):

    def __init__(self, driver):
        self.driver = driver

    def login(self, email, password):
        """登录步骤"""

        # 邮箱地址、密码、单击登录按钮操作
        time.sleep(1)
        if email != None:
            email_element = self.driver.find_element_by_id('ty-email')
```

```
            email_element.send_keys(email)
        time.sleep(1)

        if password != None:
            password_element = self.driver.find_element_by_id('ty-pwd')
            password_element.send_keys(password)

        time.sleep(1)
        login_btn = self.driver.find_element_by_css_selector("input[value=
'登　录']")
        login_btn.click()
```

代码中定义了一个 login( )方法，该方法实现的是登录功能，即输入邮箱地址、输入密码然后单击登录按钮，并且将邮箱地址和密码以参数的形式传入。

8.7.3　断言处理

因为预期结果所需要的提示信息会在不同的地方出现，所以需要分析预期结果出现的位置。邮箱地址输出的错误提示信息如图 8-5 所示。

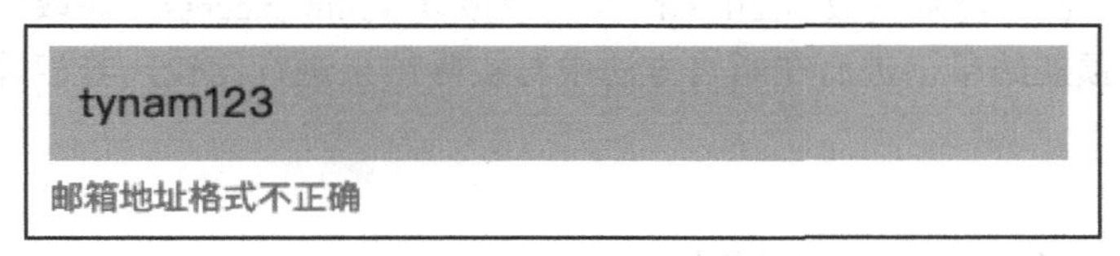

图 8-5　邮箱地址提示信息

密码错误提示信息如图 8-6 所示。

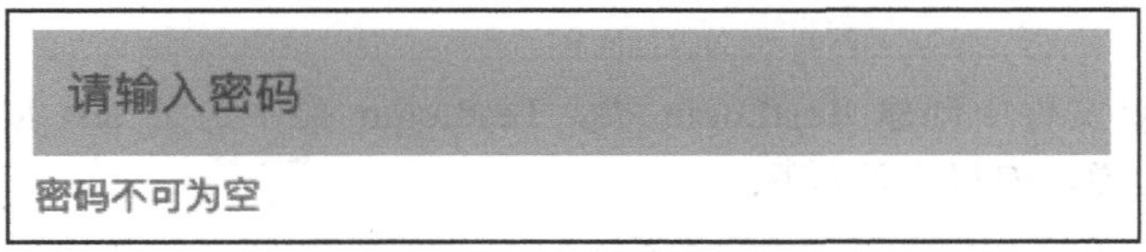

请输入密码

密码不可为空

图 8-6　密码提示信息

登录后提示信息如图 8-7 所示。

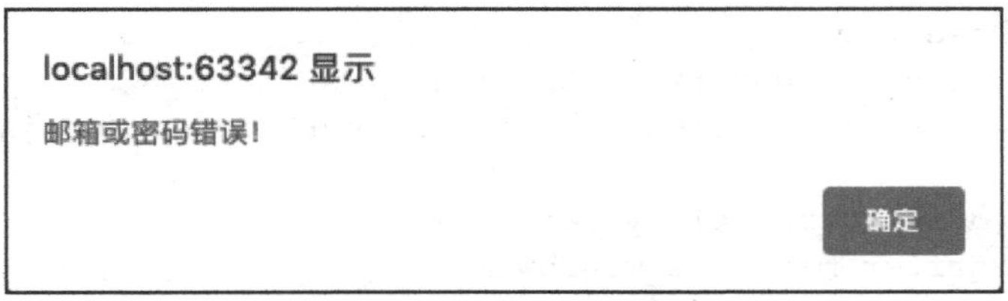

localhost:63342 显示

邮箱或密码错误!

确定

图 8-7　登录提示信息

明确断言出现的位置后需要针对传入的不同断言类型进行处理，因为登录方法和登录中使用的断言都是对登录功能的测试，所以将两者置于同一个类 Login 下。编写代码如下：

```
    def login_assert(self, assert_type, assert_message):
```

```
        """登录断言"""
        time.sleep(1)
        if assert_type == 'email error':
            email_message = self.driver.find_element_by_id('ty-email-error').t
ext
            assert email_message == assert_message

        elif assert_type == 'password error':
            passrowd_message = self.driver.find_element_by_id('ty-pwd-error').
text
            assert passrowd_message == assert_message

        elif assert_type in ['login success',  'login fail']:
            login_message = self.driver.switch_to.alert.text
            assert login_message == assert_message
        else:
            print("输入的断言类型不正确")
```

代码中定义了一个 login_assert( )方法作为登录功能测试断言方法。使用时需要传入两个参数 assert_type 和 assert_message，通过 assert_type 传入预期出现的断言类型（邮箱地址错误 email error、密码错误 password error、登录失败 login fail 和登录成功 login success）获取实际结果。通过参数 assert_message 传入预期结果，进而在断言方法中与实际结果进行比较，若相等则测试通过，否则测试失败。

8.7.4 使用 ddt 生成测试用例

使用 ddt 生成测试用例，将 Excel 获得的数据传入到测试方法中，再使用封装的断言进行测试断言。

在 TestLogin.py 文件中创建 TestLogin 类，TestLogin 类中定义 test_login( )方法并且使用 ddt.data( )进行参数传递。编写代码如下：

```
    @ddt
    class TestLogin(unittest.TestCase):
        """测试登录"""

        def setUp(self):
            self.driver = webdriver.Chrome()
            url = "http://localhost:63342/projectAutoTest/projectHtml/chapter8
/index.html"
            self.driver.implicitly_wait(20)
            self.driver.maximize_window()
            self.driver.get(url=url)

        def tearDown(self):
            self.driver.quit()

        case = Case().get_case()
```

```
    @data(*case)
    @unpack
    def test_login(self, email, password, assert_type, assert_message):
        login = Login(driver=self.driver)
        login.login(email=email, password=password)
        login.login_assert(assert_type=assert_type, assert_message=assert_
message)
```

使用单元测试框架 UnitTest 提供的 main( )方法执行测试用例。

```
if __name__ == '__main__':
    unittest.main()
```

执行脚本后控制台的输出结果如下：

```
C:\Users\TynamYang\AppData\Local\Programs\Python\Python37\python.exe C:/Us
ers/TynamYang/PycharmProjects/AutoTestExample/projectTest/chapter8/case/TestLo
gin.py
............
--------------------------------------------------------------------------
-----
Ran 12 tests in 86.333s

OK

Process finished with exit code 0
```

由结果可以看出，所有的测试结果标识都是点（.），表示测试通过。

8.8　测试执行

测试执行是将所有的测试用例组织在一起统一执行，最终生成可视化测试报告。

在 run_main.py 文件中获取所有的自动化测试用例，使用 HTMLTestRunner 进行测试报告的输出。编写如下代码：

```
# -*-coding:utf-8-*-

"""
Created on 2019-08-23
Project: TYNAM 后台管理系统
@Author: Tynam
"""

import os, time, unittest
import HTMLTestRunner

# 获取当前路径
current_path = os.path.abspath(os.path.dirname(__file__))
```

```
report_path = current_path + '/report/'

# 获取当前时间
now = time.strftime("%Y-%m-%d %H: %M", time.localtime(time.time()))

# 标题
title = u"TYNAM 后台管理系统"

# 设置报告存放路径，并且以当前时间进行报告命名
report_abspath = os.path.join(report_path, title + now + ".html")

def all_case():
    """导入所有的用例"""
    case_path = os.getcwd()
    discover = unittest.defaultTestLoader.discover(case_path,
                                                   pattern="Test*.py")
    print(discover)
    return discover

if __name__ == "__main__":
    fp = open(report_abspath, "wb")
    runner = HTMLTestRunner.HTMLTestRunner(stream=fp,
                                           title=title)
    runner.run(all_case())
    fp.close()
```

目前只有一个测试用例文件，生成的测试报告有点单调，我们将 TestLogin.py 文件复制一份并命名为 TestLogin2.py。

运行 run_main.py 文件，在 report 目录下会产生一个以 TYNAM 后台管理系统加上当前时间命名的 HTML 文件。打开 HTML 文件，结果如图 8-8 所示。

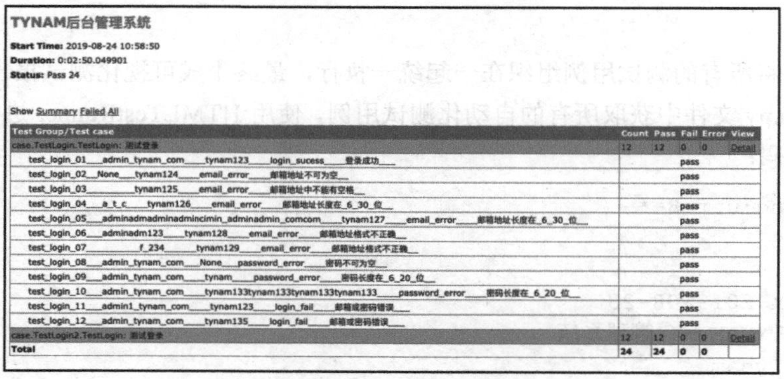

TYNAM后台管理系统

Start Time: 2019-08-24 10:58:50
Duration: 0:02:50.049901
Status: Pass 24

Show Summary Failed All

Test Group/Test case	Count	Pass	Fail	Error	View
case.TestLogin.TestLogin: 测试登录	12	12	0	0	Detail
test_login_01___admin_tynam_com____tynam123____login_sucess____登录成功___			pass		
test_login_02__None___tynam124____email_error____邮箱地址不可为空__			pass		
test_login_03__________tynam125____email_error____邮箱地址中不能有空格__			pass		
test_login_04___a_t_c____tynam126____email_error____邮箱地址长度在_6_30_位__			pass		
test_login_05___adminadmadminadmincimin_adminadmin_comcom____tynam127____email_error____邮箱地址长度在_6_30_位__			pass		
test_login_06___adminadm123____tynam128____email_error____邮箱地址格式不正确__			pass		
test_login_07__________f_234______tynam129____email_error____邮箱地址格式不正确__			pass		
test_login_08___admin_tynam_com___None___password_error____密码不可为空__			pass		
test_login_09___admin_tynam_com____tynam____password_error____密码长度在_6_20_位__			pass		
test_login_10___admin_tynam_com____tynam133tynam133tynam133tynam133____password_error____密码长度在_6_20_位__			pass		
test_login_11___admin1_tynam_com____tynam123____login_fail____邮箱或密码错误___			pass		
test_login_12___admin_tynam_com____tynam135____login_fail____邮箱或密码错误___			pass		
case.TestLogin2.TestLogin: 测试登录	12	12	0	0	Detail
Total	24	24	0	0	

图 8-8 测试结果报告内容

第 9 章

PO 模型——一个测试项目的实现

PO（Page Object）模型的中文名称为页面对象模型。PO 模型是自动化测试中的一种设计模式，该模型的作用是将每一个页面作为一个 page class 类，页面中所有的测试元素封装成方法，在自动化测试过程中通过页面类得到元素方法从而对元素进行操作。这样可以将页面定位和业务操作分离，即测试对象和测试脚本分离，标准化了测试与页面的交互方式。

PO 模型通过对页面元素和功能模块封装可以减少冗余代码，同时在项目后期的维护中，如果元素定位或功能模块发生了变化，只需要调整页面元素或功能模块封装的代码即可，大大提高了用例的可维护性。同时，测试用例根据页面封装的方法而生成，提高了用例的可读性。

PO 模型具有很强的扩展性。根据不同类型对项目成员进行分类，比如树结构功能操作，好多页面都存在，此时就不单单限于以页面结构为 class 进行封装，可以将树结构功能提出来单独封装，在每个页面中使用。灵活度高，也可提高代码的复用。

本章将以一个简单的 TYNAM 后台管理系统测试项目为例，介绍 PO 模型在自动化测试中的应用。

9.1 项目解析

关于项目搭建请参考附录 2。本项目主要有三个页面，即登录页面、主页和关于我们，外加一个退出登录功能。

登录页面如图 9-1 所示，可见页面上有邮箱、密码两个输入框和一个登录按钮，默认登录邮箱和密码为：admin@tynam.com, tynam123。

图 9-1 登录页面

9.1.1 主页

主页左边是菜单功能，右边有检索功能和一个表格。表格中的数据可以进行添加、编辑和删除，如图 9-2 所示。

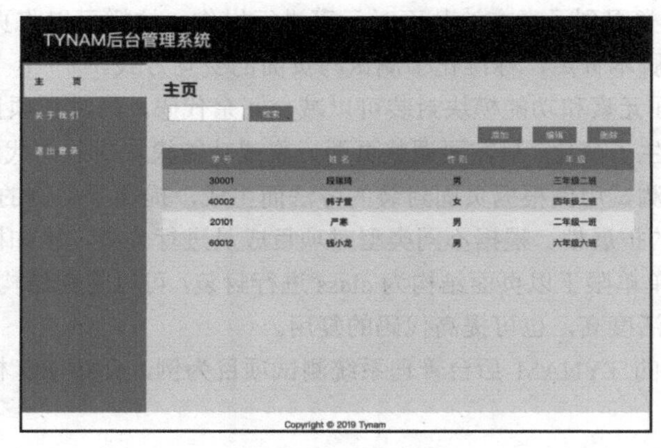

图 9-2 主页

添加数据的是一个对话框，有学号、姓名、性别和年级 4 个输入框，如图 9-3 所示。

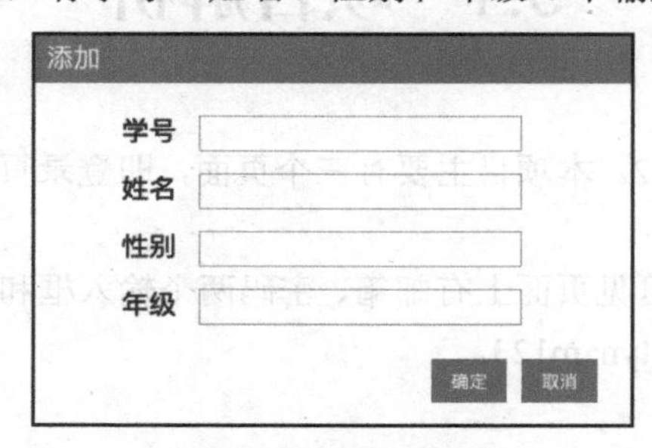

图 9-3 添加学生对话框

编辑数据和添加数据页面一样，也是一个弹出窗口，只不过编辑时会自动将选择的数据填入输入框中。

删除数据时则需要确认是否真的删除，弹出的对话框如图 9-4 所示。

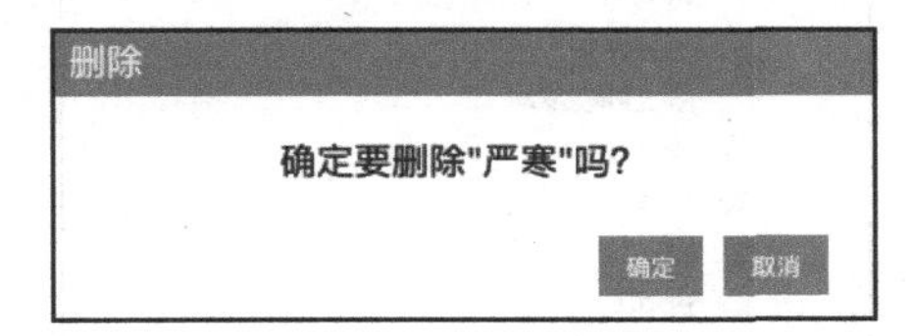

图 9-4　删除学生确认对话框

9.1.2　关于我们页面

关于我们页面是对项目的一些文字描述内容，如图 9-5 所示。

图 9-5　关于我们页面

9.1.3　退出登录

单击左侧的退出登录选项则退出系统，并且返回登录页面。

对于项目在 PO 模型下的使用，实例中只演示正常的业务逻辑，对于像输入框的长度验证、特殊符号验证等在实例中不做过多演示。

9.2　框架搭建

PO 模型可以很灵活地对项目结构进行配置，做到结构清晰，各司其职。本例搭建的是一个简单的 PO 模型的项目结构，如图 9-6 所示。

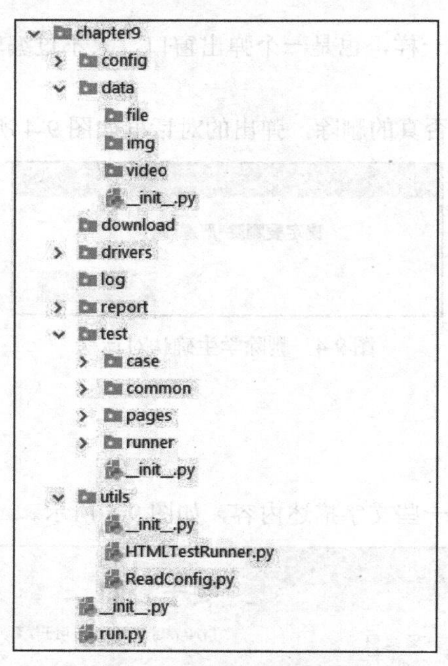

图 9-6　PO 模型项目结构

说明：

- config: 配置文件。
- data: 测试数据。存放上传数据，还可以细分，例如存放照片 image 目录、存放视频 video 目录、存放文本 txt 目录等。
- download: 存放下载的数据。存放下载的数据，例如存放下载的照片 image 目录、存放下载的视频 video 目录、存放下载的文本 txt 目录等。
- drivers: 驱动文件，存放浏览器驱动，例如谷歌浏览器驱动 chromedriver.exe、edge 浏览器驱动 edgedriver.exe 等。
- log: 日志文件，存放项目执行过程中的产生的 .log 文件。还可以添加 errorImage 目录存放用例执行失败时的页面截图。
- report: 测试报告，存放生成的 HTML 测试报告文件。
- test: 测试文件，存放测试脚本、测试用例等。
  - common: 公用方法，项目相关的方法。
  - pages: 以页面为单位，每个页面一个 page class。
  - case: 测试用例。
  - runner: 对测试用例进行组织。
- utils: 存放一些其他的方法。主要存放和测试相关，但是与项目无关的一些文件。比如，生成日志文件、发送邮件文件等。
  - HTMLTestRunner.py: 生成测试报告时使用的文件。
  - readConfig.py: 读取配置文件的文件。
- run.py: 执行文件，主要是对 /test/runner 下组织的用例进行执行并且生成测试报告。

9.3 配置文件

配置文件用来存放项目中的基础数据，比如 URL、登录用户名和密码等。这里以存放 URL、邮箱地址和密码的 JSON 格式为例进行讲解。

在 config 目录下新建 base_data.json 文件，内容中填写 URL、邮箱地址和密码信息，代码如下：

```
{
  "base_url": "http://localhost:63342/projectAutoTest/projectHtml/chapter9
/index.html",
  "email": "admin@tynam.com",
  "password": "tynam123"
}
```

对配置文件读取进行封装。编辑 /utils/readConfig.py 文件，内容如下：

```
# -*-coding:utf-8-*-
import json

class ReadConfig(object):
    """
    读取配置文件，Excel、josn 等文件的读取方法都可写在此类下
    """
    def __init__(self):
        pass

    def read_json(self, json_file):
        """读取 json 文件"""
        try:
            with open(json_file) as f:
                data = json.load(f)
                return data
        except:
            print("文件不存在或不是 json 文件")

if __name__ == '__main__':
    data = ReadConfig().read_json("../config/base_data.json")
    print(data)
    print(data['base_url'], data['email'], data['password'])
```

执行代码后控制台的输出结果如下：

```
{'base_url': 'http://localhost:63342/projectAutoTest/projectHtml/chapter9/
index.html', 'email': 'admin@tynam.com', 'password': 'tynam123'}
http://localhost:63342/projectAutoTest/projectHtml/chapter9/index.html adm
in@tynam.com tynam123

Process finished with exit code 0
```

读取配置文件，然后将读取到的内容返回。

9.4 常用结构的封装

常用结构或功能是指在项目不同的页面中经常出现的相同功能，此类功能可以进行单独封装，方便调用，同时，还可减少代码量和增加代码的复用。

9.4.1 判断元素存在

在封装常用结构时，需要判断某些元素是否存在，所以我们先要封装一个方法用来判断元素是否存在，类似于 is_displayed( )方法。

在 common 目录下新建 elementIsExist.py 文件，编辑文件内容如下：

```
# -*-coding:utf-8-*-

class ElementIsExist(object):
    def __init__(self, driver):
        self.driver = driver

    def is_exist(self, element):
        flag = True
        try:
            self.driver.find_element_by_css_selector(element)
            return flag

        except:
            flag = False
            return flag
```

这里定义了一个 is_exist( )方法，作用是判断元素是否存在于页面中，如果存在就返回 True，否则返回 False。

9.4.2 Tab 切换

Tab 切换是一种常见的功能，封装 Tab 切换的思路是：先定位到 tab 的父元素，然后在父元素下找各个 tab，每个 tab 的名称使用参数传入，当传入的参数与页面中存在的 tab 名称相等时单击该 tab 进行切换。

在 common 目录下新建 tabOperation.py 文件，编辑文件的内容如下：

```
# -*-coding:utf-8-*-

from time import sleep
from projectTest.chapter9.test.common.elementIsExist import ElementIsExist
```

```
class TabOperation(object):
    """Tab 操作"""
    def __init__(self, driver):
        self.driver = driver

    def get_all_tab(self):
        """获取所有的 tab"""
        sleep(1)

        # 获取所有的 tab 父元素
        # 元素定位，我们默认取 css 定位
        fathers_tabs = [['.tabs1', 'a2'],
                        ['.tabs', 'a'],
                        ]

        # 获取页面显示父节点下的所有 tab
        for father_tab in fathers_tabs:
            # 使用 is_exist()方法判断父节点是否存在，如果父节点不存在，则查找的 tab 不
匹配
            father_exist = ElementIsExist(self.driver).is_exist(father_tab
[0])
            # 父节点存在，则进行操作
            if father_exist:
                father = self.driver.find_element_by_css_selector(father_t
ab[0])
                tabs = father.find_elements_by_css_selector(father_tab[1])
                return tabs

    def switch_tab(self, tab_text):
        """
        切换 tab
        :param tab_text: 需要切换到的 tab 内容
        :return:
        """
        tabs = self.get_all_tab()
        for tab in tabs:
            if tab.text == tab_text:
                tab.click()
                return
```

示例：使用封装的 tab 切换方法进行 tab 切换，如图 9-7 所示。

图 9-7　tab 切换

HTML 脚本：

```
<!DOCTYPE html>
<html>

<head>
   <meta charset="UTF-8">
   <title>Tab 切换</title>
   <link rel="stylesheet" href="css/style.css" media="screen" type="text/c
ss" />
</head>

<body>
   <div class="tab">
      <ul class="tabs">
         <li><a href="#">Tab1</a></li>
         <li><a href="#">Tab2</a></li>
         <li><a href="#">Tab3</a></li>
      </ul>

      <div class="tab_content">
         <div class="tabs_item">
            <h4>Tab 1</h4>
            <p>this is tab1</p>
         </div> <!-- / tabs_item1 -->

         <div class="tabs_item">
            <h4>Tab 2</h4>
            <p>this is tab2</p>
         </div> <!-- / tabs_item2 -->

         <div class="tabs_item">
            <h4>Tab 3</h4>
            <p>this is tab3</p>
         </div> <!-- / tabs_item3 -->
      </div>
   </div>
   <script src='js/jquery.js'></script>
   <script src="js/index.js"></script>
</body>
</html>
```

使用 tab 切换方法执行切换，运行脚本如下：

```
if __name__ == '__main__':
    from selenium import webdriver
    driver = webdriver.Chrome()
    driver.get('http://localhost:63342/projectAutoTest/projectHtml/chapter
9/period4-1/index.html')
    sleep(1)
    tab = TabOperation(driver)
```

```
        tab.switch_tab('Tab2')
        # driver.quit()
```

脚本运行后，页面切换到 Tab2 下。

9.4.3 多级菜单

多级菜单是经常会碰到的一种导航结构。封装多级菜单的思路是：先定位到多级菜单的父元素，然后在父元素下找各个一级菜单，再通过一级菜单找下面的各个二级菜单。以列表的格式作为参数传入，列表中的每一个元素相当于一级菜单的操作。

在 common 目录下新建 multiMenuOperation.py 文件，编辑文件内容如下：

```
# -*-coding:utf-8-*-

from time import sleep
from projectTest.chapter9.test.common.elementIsExist import ElementIsExist

class MultiMenuOperation(object):
    """多级菜单操作"""
    def __init__(self, driver):
        self.driver = driver

    def get_all_menu(self):
        """获取所有的菜单"""
        driver = self.driver
        sleep(1)

        # 获取所有的 tab 父元素
        fathers_menus = [['#nav', '#nav>ul>li>a', '#nav>ul>li ul>li>a'],
                         ['#nav1', 'a', 'div'],
                         ]

        # 获取页面显示父元素下的所有菜单
        menu_level = []
        for father_menu in fathers_menus:
            #  使用 is_exist()方法确定一级菜单的父元素在页面中出现
            father_exist = ElementIsExist(driver).is_exist(father_menu[0])
            if father_exist:
                # 将第一级菜单添加到 list 中的第一个元素
                if ElementIsExist(driver).is_exist(father_menu[1]):
                    menu_level_1 = driver.find_elements_by_css_selector(fa
ther_menu[1])
                    menu_level.append(menu_level_1)

                    # 将第二级菜单添加到 list 中的第二个元素
                    if ElementIsExist(driver).is_exist(father_menu[2]):
                        menu_level_2 = driver.find_elements_by_css_selecto
r(father_menu[2])
                        menu_level.append(menu_level_2)
```

```
                    return menu_level
                return menu_level

    def select_menu(self, menu_text=[]):
        """
        选择菜单
        :param menu_text: 必须是list
        :return:
        """
        menu_levels = self.get_all_menu()
        i = 0
        for menus in menu_levels:
            for menu in menus:
                if menu.text == menu_text[i]:
                    sleep(1)
                    menu.click()
                    i += 1
                    break
```

示例：使用封装的多级菜单操作函数进行菜单的选择，如图 9-8 所示。

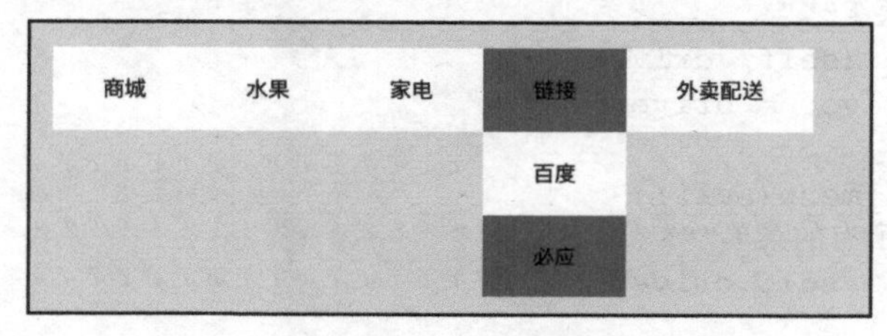

图 9-8　多级菜单操作

HTML 脚本：

```
<!DOCTYPE html>
<html lang="en">

<head>
    <meta charset="UTF-8">
    <title>多级菜单</title>
</head>

<body>
    <div id="nav">
        <ul>
            <li><a href="#">商城</a></li>
            <li onmouseover="show(this)" onmouseout="hide(this)"><a href="
#">水果</a>
                <ul>
                    <li><a href="#">苹果</a> </li>
                </ul>
            </li>
            <li onmouseover="show(this)" onmouseout="hide(this)"><a href="
#">家电</a>
```

```
                <ul>
                    <li><a href="#">电视</a> </li>
                    <li><a href="#">冰箱</a> </li>
                </ul>
            </li>
            <li onmouseover="show(this)" onmouseout="hide(this)"><a href="
#">链接</a>
                <ul>
                    <li><a href="https://www.baidu.com/">百度</a> </li>
                    <li><a href="https://cn.bing.com/">必应</a> </li>
                </ul>
            </li>
            <li><a href="#">外卖配送</a></li>
        </ul>
    </div>
    <script>
        function show(li) {
            var ul = li.getElementsByTagName("ul")[0];
            ul.style.display = "block";
        }
        function hide(li) {
            var ul = li.getElementsByTagName("ul")[0];
            ul.style.display = "none";
        }
    </script>
</body>

</html>
```

使用封装的多级菜单操作方法进行操作多级菜单，运行脚本：

```
if __name__ == '__main__':
    from selenium import webdriver
    driver = webdriver.Chrome()
    driver.maximize_window()
    driver.get('http://localhost:63342/projectAutoTest/projectHtml/chapter
9/period4-2/index.html')
    sleep(1)
    menu = MultiMenuOperation(driver)
    menu.select_menu(["链接", "必应"])
    #driver.quit()
```

脚本运行后，在浏览器中单击【链接】菜单，然后单击【必应】进入必应搜索主页。

9.4.4 表格结构

表格结构是由行（记录）和列（字段）构成的数据集合。封装表格结构的思路是：先定位到表格结构的父元素，缩小表格结构中查询元素的范围。通过每列的头查找该列下的元素，查找到则返回查找到列元素的行。

示例：如图 9-9 所示，对此表格进行封装。

学号	姓名	性别	年级
30001	段瑞琦	男	三年级二班
40002	韩子萱	女	四年级二班
20101	严寒	男	二年级一班
60012	钱小龙	男	六年级六班

图 9-9　表格结构操作

表格 HTML 脚本：

```
<div id="dataArea">
    <table cellspacing=0>
        <tr class="header">
            <td class="code">学 号</td>
            <td class="name">姓 名</td>
            <td class="sex">性 别</td>
            <td class="grader">年 级</td>
        </tr>
        <tr v-for="(data, index) in dataList" :key="index" v-on:click="row
Click(index)" v-bind:class="[currentRow === index ? 'active' : '']">
            <td class="code">{{data.code}}</td>
            <td class="name">{{data.name}}</td>
            <td class="sex">{{data.sex}}</td>
            <td class="grader">{{data.grader}}</td>
        </tr>
    </table>
</div>
```

代码实现步骤如下：

（1）例如，通过 header 行中的姓名查找姓名列中的【严寒】，然后单击【严寒】元素选中【严寒】所在的行。

（2）获取姓名在 header 中的 index。

（3）然后遍历数据中每一行，通过姓名的 index 获取每一行中姓名列的内容，如果获取的的内容值是【严寒】则返回该行，达到对【严寒】所在的行进行操作的目的。

在 common 目录下新建 tableOperation.py 文件，编辑文件内容如下：

```
# -*-coding:utf-8-*-

from time import sleep
from projectTest.chapter9.test.common.elementIsExist import ElementIsExist


class TableOperation(object):
    """表格操作"""
    def __init__(self, driver):
        self.driver = driver

    def get_table(self):
```

```
        """获取 table
            返回 table 的 headers、body_rows 和 body_rows_column
        """
        sleep(1)

        # 列表顺序：table、header、body_rows、body_rows_columns
        tables_header_body = [['table #dataArea>table',
                               'table #dataArea>table>.header>td',
                               "table #dataArea>table>tr:not(.header)",
                               "table #dataArea>table>tr:not(.header)>td"],
                              ]

        # 获取画面显示的 table
        for table_header_body in tables_header_body:
            # 如果找到的父节点为空，则父节点不存在，则查找的 table 不匹配,在页面中不存在
            if ElementIsExist(self.driver).is_exist(table_header_body[0]):
                table = self.driver.find_element_by_css_selector(table
_header_body[0])
                headers = table.find_elements_by_css_selector(table_he
ader_body[1])
                body_rows = table.find_elements_by_css_selector(table_
header_body[2])
                rows = []
                for body_row in body_rows:
                    body_row_column = body_row.find_elements_by_css_se
lector(table_header_body[3])
                    rows.append(body_row_column)
                return headers, rows
            else:
                print("table 定位失败")
                return

    def select_row(self, header_text, row_text):
        """
        根据 header 中的列获取对应的 body 中的行
        :param header_text: header 中列内容
        :param body_text: leader 列对应的 body 列内容
        :return: 返回 body 中的行
        """
        headers, rows = self.get_table()

        # 获取传入的 header 的 index
        idx = int()
        for header in headers:
            if header.text == header_text:
                idx = headers.index(header)

        # 通过 index 在 body 中寻找相应 index 的内容
        for row in rows:
            if row[idx].text == row_text:
```

```
                return row

    def row_click(self, header_text, row_text):
        """选择表格中行并且单击"""
        row = self.select_row(header_text, row_text)
        # 返回的 row 是一个 list，driver 不能进行单击操作，所以需要给具体的值
        # 如果返回的 row 中有 button，可以给出 button 的 index 实现 row 中 button 单击
        return row[0].click()
```

上面表格操作中实现了对选择行的单击，如果行中有按钮、a 链接等特殊的单击也可以实现。

在使用表格方法时，如果页面字符串中有空格，那么在传参数时字符串中也需要空格，只有字符串完全相等时才能返回所在行。当然，也可以对空格进行处理，去除空格匹配。

9.4.5 分页

当数据量太大时需要对数据进行分页处理，既可以增加页面的美观性也方便用户操作。封装分页结构的思路是：先定位到分页结构的父元素，再定位首页、末页、上一页、下一页或直接输入页数，根据传入的值确定用户需要的操作，然后返回。

示例：如图 9-10 所示，对此分页进行封装。

图 9-10 分页操作

分页 HTML 脚本：

```
<!doctype html>
<html dir="ltr" lang="en-US">

<head>
    <meta charset="utf-8">
    <title>分页</title>
    <!-- generic demo style -->
    <link rel="stylesheet" href="./css/reset.css" />
    <link rel="stylesheet" href="./css/demo.css" />
    <!-- jqPagination styles -->
    <link rel="stylesheet" href="./css/jqpagination.css" />
    <!-- scripts -->
    <script src="./js/jquery-1.7.2.min.js"></script>
    <script src="./js/jquery.jqpagination.js"></script>
    <script src="./js/scripts.js"></script>
    <!-- generic demo script -->
    <script src="./js/demo.js"></script>
</head>
```

```
    <body>
      <div id="wrapper">
        <h2 id="demo">分页</h2>
        <div class="gigantic pagination">
          <a href="#" class="first" data-action="first">&laquo;</a>
          <a href="#" class="previous" data-action="previous">&lsaquo;</a>
          <input type="text" readonly="readonly" />
          <a href="#" class="next" data-action="next">&rsaquo;</a>
          <a href="#" class="last" data-action="last">&raquo;</a>
        </div>
      </body>

    </html>
```

在 common 目录下新建 pagingOperation.py 文件，编辑文件内容如下：

```
# -*-coding:utf-8-*-

from selenium.webdriver.common.by import By
from selenium.webdriver.common.keys import Keys
from time import sleep

class PagingOperation(object):
    """Tab 操作"""
    def __init__(self, driver):
        self.driver = driver

        # 对分页中每个操作元素进行定位
        # 分页
        self.paging = self.driver.find_element(By.CLASS_NAME, 'pagination'
)
        # 首页
        self.first = self.paging.find_element(By.CLASS_NAME, 'first')
        # 上一页
        self.previous = self.paging.find_element(By.CLASS_NAME, 'previous'
)
        # 下一页
        self.next = self.paging.find_element(By.CLASS_NAME, 'next')
        # 末页
        self.last = self.paging.find_element(By.CLASS_NAME, 'last')
        # 输入页数
        self.input = self.paging.find_element(By.CSS_SELECTOR, 'input')

    def paging_operation(self, text):
        """分页操作"""
        sleep(1)
        if text == "首页" or text == "第一页":
            return self.first.click()
        elif text == "上一页":
            return self.previous.click()
        elif text == "下一页":
```

```
            return self.next.click()
        elif text == "未页" or text == "最后一页":
            return self.last.click()
        elif type(text) == int:
            self.input.click()
            self.input.send_keys(text)
            self.input.send_keys(Keys.ENTER)
        else:
            error = "只接收首页、第一页、上一页、下一页、未页、最后一页和整型数字"
            print(error)
            return
```

使用封装好的分页操作方法进行分析操作，执行代码如下：

```
if __name__ == '__main__':
    from selenium import webdriver
    driver = webdriver.Chrome()
    driver.maximize_window()
    driver.get('http://localhost:63342/projectAutoTest/projectHtml/chapter
9/period4-5/index.html')
    sleep(1)
    paging = PagingOperation(driver)
    paging.paging_operation(5)
    paging.paging_operation("上一页")
    paging.paging_operation("下一页")
    paging.paging_operation("首页")
    paging.paging_operation("未页")
    #driver.quit()
```

代码执行后，先进入第五页，然后进入第四页、第五页、首页、未页，与代码中的操作一致。

9.5 页面封装

页面封装是将每一个页面封装成一个类，使所有页面的类都继承一个基础的类，其中，基础类中封装 Selenium 的基础方法，从而在使用所有继承基础类的类时都可以使用封装的 Selenium 的方法。

9.5.1 基础页面

作为基础页面类，所有的页面都会继承该类，需要封装 Selenium 的常用方法，例如，元素定位、时间等待等。还可以将常用的一些方法封装在内，例如打开浏览器默认进入的页面、菜单操作等。

在 test/pages 目录下新建 basePage.py 文件，编辑文件内容如下：

```
# -*-coding:utf-8-*-
```

```
import os
from time import sleep
from selenium import webdriver
from selenium.webdriver.common.by import By

class BasePage(object):
    """基础页面"""

    def __init__(self, driver=None, base_url=None):
        """
        基础的参数，webdriver、默认访问的 url
        :param driver: 浏览器驱动
        :param base_url: 默认打开的 url，一般都是登录页面
        """

        if driver is None:
            current_path = os.path.abspath(os.path.dirname(__file__))
            driver_path = current_path + '/../../drivers/chromedriver.exe'
            self.driver = webdriver.Chrome(driver_path)
        else:
            self.driver = driver

        if base_url is None:
            self.base_url = 'http://localhost:35524/#/'
        else:
            self.base_url = base_url

        # 设置默认打开的页面
        self.open_page()

    def open_page(self):
        """打开默认页面"""
        self.driver.maximize_window()
        self.driver.implicitly_wait(10)
        self.driver.get(self.base_url)
        sleep(1)

    def close_page(self):
        """关闭页面"""
        return self.driver.close()

    def quit_driver(self):
        """关闭页面且退出程序"""
        return self.driver.quit()

    def find_element(self, by, element):
        """返回单个定位元素"""
        sleep(1)
        return self.driver.find_element(by, element)
```

```
    def find_elements(self, by, element):
        """返回一组定位元素"""
        sleep(1)
        return self.driver.find_elements(by, element)

    def switch_alert(self):
        """返回弹窗页面
        sleep(1)
        return self.driver.switch_to.alert
```

上述代码中，定义了一个 BasePage 基础类，并且在实例化对象时设置了两个默认参数 driver 和 base_url，表示使用哪个浏览器驱动启动哪个浏览器和访问项目的基础 URL。如果在实例化时没有设置 driver 参数，则默认使用项目 drivers 下的 chromedriver.exe 启动 Chrome 浏览器；如果在实例化时没有设置 base_url 参数，则默认使用项目登录页面的 URL，即 http://localhost:35524/#/。

在 BasePage 基础类下封装了一些常用的方法，包括 open_page( )、close_page( )、quit_driver( )、find_element( )、find_elements( )和 switch_alert( )。

- open_page( )方法用于打开项目访问 URL，在 BasePage 类中__init__下进行了调用，指在实例化 BasePage 对象时就进行了页面的访问。
- close_page( )和 quit_driver( )方法用于关闭页面，分别返回 driver.close()和 driver.quit()方法。
- find_element( ) 和 find_elements( ) 方法是定位元素的方法，分别返回的是一个定位元素和一组定位元素。
- switch_alert( )方法用来进入弹窗画面。

9.5.2 登录页面

登录页面的业务逻辑与数据分离的，所有页面只做定位与操作，不做数据处理。登录页面的 HTML 脚本如下：

```
<template>
    <div class="LoginPage">
        <h1>TYNAM 后台管理系统</h1>
        <div class="login box">
            <div class="login-form">
                <div class="txt">
                    <input placeholder="请输入您的邮箱
" class="email" v-model="email"/>
                    <div class="msg" v-show="error.email">{{error.email}}<
/div>
                </div>
                <div class="txt">
                    <input type="password" placeholder="请输入密码
" class="password" v-model="password"/>
                    <div class="msg" v-show="error.password">{{error.passw
ord}}</div>
                </div>
```

```
                <div class="login-btn">
                    <input type="button" v-on:click="login" value="登  录">
                </div>
                <div class="account">
                    <p>账号: admin@tynam.com; 密码: tynam123</p>
                </div>
            </div>
        </div>
        <div class="copyright">
            <p>Copyright © 2019 Tynam</p>
        </div>
    </div>
</template>
```

在 test/pages 目录下新建 loginPage.py 文件。由于直接继承 BasePage 类，所以 BasePage 类中的方法可以直接使用。对登录函数进行封装时可以设置默认的邮箱地址和密码，因为这是经常会被使用的功能。

```
# -*-coding:utf-8-*-

import os
from selenium.webdriver.common.by import By
from projectTest.chapter9.test.pages.basePage import BasePage
from projectTest.chapter9.utils.ReadConfig import ReadConfig

class LoginPage(BasePage):
    """登录页面"""

    def email_element(self):
        """邮箱地址"""
        return self.find_element(By.CLASS_NAME, "email")

    def password_element(self):
        """密码"""
        return self.find_element(By.CLASS_NAME, "password")

    def login_button(self):
        """登录按钮"""
        return self.find_element(By.CSS_SELECTOR, ".login-btn>input[value=
'登  录']")

    def email_error_element(self):
        """邮箱地址错误"""
        return self.find_element(By.CSS_SELECTOR, ".email+div.msg")

    def password_error_element(self):
        """密码错误"""
        return self.find_element(By.CSS_SELECTOR, ".password+div.msg")

    def login_fail_element(self):
```

```
        """登录失败"""
        return self.switch_alert()

    def login(self, email=None, password=None):
        """登录操作"""
        account_email, account_password = self.get_account()

        if email is None:
            email = account_email
        else:
            email = email

        if password is None:
            password = account_password

        self.email_element().send_keys(email)
        self.password_element().send_keys(password)
        self.login_button().click()

    @staticmethod
    def get_account():
        """获取默认邮箱地址和密码"""
        current_path = os.path.abspath(os.path.dirname(__file__))
        json_path = current_path + '/../../config/base_data.json'
        account = ReadConfig().read_json(json_path)
        return account['email'], account['password']
```

上述对于登录页面代码定义了一个 LoginPage 类，并且继承基础页面 BasePage 类。在 LoginPage 类下首先对所有需要定位的元素进行单个封装，包括邮箱地址输入框、密码输入框、登录按钮以及预期结果出现错误的元素的定位，如邮箱地址错误、密码错误和登录失败等。其次使用定位到的元素函数将登录操作步骤封装成 login( )方法，并且设置默认的邮箱地址和密码，默认值来于 get_account( )方法的返回值。get_account( )是读取配置文件 base_data.json 中的内容并且将读取到的邮箱地址和密码返回。

在对页面进行封装中，对每一个元素定位需要写上注释表明是那个字段，以增加代码的可读性，也方便后期维护。

接下来，我们来验证封装的正确性，实例化 LoginPage，并且使用 login( ) 进行登录，然后使用基础页面提供的 quit_driver( )方法退出浏览器。代码实现如下：

```
if __name__ == '__main__':
    a = LoginPage()
    a.login()
    # a.quit_driver()
```

运行上面的代码，可以看到浏览器登录系统并且进入到主页画面。

9.5.3　主页页面

主页的封装和登录页面类似，都是先获取各个元素的定位，然后根据功能对元素进行组合构成相应的功能函数。

主页页面的 HTML 脚本如下：

```
    <template>
        <div class="HomePage">
            <table cellspacing=0>
                <tr id="title">
                    <td colspan="2">
                        <h1>TYNAM 后台管理系统</h1>
                    </td>
                </tr>

                <tr>
                    <!-- menu start -->
                    <td id="menu">
                        <div v-on:click="pageSelect('home')" v-bind:class="[th
is.currentPage === 'home' ? 'active' : '']">
                            <h4>主
          页</h4>
                        </div>
                        <div v-on:click="pageSelect('about')" v-bind:class="[t
his.currentPage === 'about' ? 'active' : '']">
                            <h4>关 于 我 们</h4>
                        </div>
                        <div v-on:click="logOut">
                            <h4>退 出 登 录</h4>
                        </div>
                    </td>
                    <!-- menu end -->
                    <!-- data start -->
                    <td id="container" v-show="currentPage === 'home'">
                        <h1>主页</h1>
                        <div id="searchArea">
                            <input type="text" id="search-input" v-model="sear
chInput">
                            <input type="button" class="btn search" value="检索
" v-on:click="search">
                        </div>
                        <div id="btnArea">
                            <button class="btn" id="del" v-on:click="handleDel
ete">删除</button>
                            <button class="btn" id="edt" v-on:click="handleEdi
tor">编辑</button>
                            <button class="btn" id="add" v-on:click="handleAdd
">添加</button>
```

```
                        </div>
                        <div id="dataArea">
                            <table cellspacing=0>
                                <tr class="header">
                                    <td class="code">学 号</td>
                                    <td class="name">姓 名</td>
                                    <td class="sex">性 别</td>
                                    <td class="grader">年 级</td>
                                </tr>
                                <tr v-for="(data, index) in dataList" :key="in
dex" v-on:click="rowClick(index)" v-bind:class="[currentRow === index ? 'activ
e' : '']">
                                    <td class="code">{{data.code}}</td>
                                    <td class="name">{{data.name}}</td>
                                    <td class="sex">{{data.sex}}</td>
                                    <td class="grader">{{data.grader}}</td>
                                </tr>
                            </table>

                            <div id="del-dialog" v-show="showDeleteDialog">
                                <div class="header">删除</div>
                                <div class="text">确定要删除
"{{currentData ? currentData.name : ''}}"吗? </div>
                                <button id="confirm" v-on:click="handleDeleteD
ialogSave">确定</button>
                                <button id="concel" v-on:click="handleDeleteDi
alogCancel">取消</button>
                            </div>
                            <div id="add-dialog" v-show="showAddDialog">
                                <div class="header">添加</div>
                                <div>学号
<input type="text" class="code" maxlength="8" required v-model="studentInfo.co
de"></div>
                                <div>姓名
<input type="text" class="name" max="8" required v-model="studentInfo.name"></
div>
                                <div>性别
<input type="text" class="sex" maxlength="1" v-model="studentInfo.sex"></div>
                                <div>年级
<input type="text" class="grader" maxlength="10" v-model="studentInfo.grader">
</div>
                                <button id="confirm" v-on:click="handleAddDial
ogSave">确定</button>
                                <button id="concel" v-on:click="handleAddDialo
gCancel">取消</button>
                            </div>
                        </div>
                    </td>
                    <!-- data end -->
                    <td id="about" v-show="currentPage === 'about'">
```

```
                    <h1>关于我们</h1>
                    <div class="container">
                        <P>TYNAM 后台管理系统用于学习。
                        </P>
                    </div>
                </td>
            </tr>

            <tr>
                <td colspan="2" id="coperight">
                    Copyright © 2019 Tynam</td>
            </tr>
        </table>
    </div>
</template>
```

左边菜单为常用功能，因此可以封装在基础页面类中。在 basePage.py 文件 BasePage 类下新建 select_menu( )方法，提供菜单的选择，代码如下：

```
    def select_menu(self, menu_text):
        """菜单选择"""
        sleep(1)
        menus_element = self.driver.find_elements(By.CSS_SELECTOR, "#menu>div>
h4")
        for menu in menus_element:
            # replace(" ", "")去掉字符串中的空格
            if menu.text.replace(" ", "") == menu_text.replace(" ", ""):
                return menu.click()
        print(menu_text + "未找到")
        return
```

主页页面封装在 test/pages 目录下新建的 homePage.py 文件。

由于在常用结构封装中已经对数据表格操作进行了封装，所以在 homePage 中直接调用即可。主页的操作需要在登录以后进行，以此可以使主页类继承登录页面封装的类。编写代码如下：

```
# -*-coding:utf-8-*-

from selenium.webdriver.common.by import By
from projectTest.chapter9.test.pages.loginPage import LoginPage
from projectTest.chapter9.test.common.tableOperation import TableOperation

class HomePage(LoginPage):
    """主页页面"""

    # 检索
    def search_input_element(self):
        """检索输入框"""
        return self.find_element(By.ID, "search-input")

    def search_button_element(self):
        """检索按钮"""
```

```
        return self.find_element(By.CLASS_NAME, "search")

    # 按钮
    def add_button_element(self):
        """新增按钮"""
        return self.find_element(By.ID, "add")

    def edit_button_element(self):
        """编辑按钮"""
        return self.find_element(By.ID, "edt")

    def delete_button_element(self):
        """删除按钮"""
        return self.find_element(By.ID, "del")

    # 编辑弹窗
    def edit_code_element(self):
        """学号输入框"""
        return self.find_element(By.CSS_SELECTOR, "#add-dialog .code")

    def edit_name_element(self):
        """姓名输入框"""
        return self.find_element(By.CSS_SELECTOR, "#add-dialog .name")

    def edit_sex_element(self):
        """性别输入框"""
        return self.find_element(By.CSS_SELECTOR, "#add-dialog .sex")

    def edit_grader_element(self):
        """年级输入框"""
        return self.find_element(By.CSS_SELECTOR, "#add-dialog .grader")

    def edit_confirm_button_element(self):
        """编辑确定按钮"""
        return self.find_element(By.CSS_SELECTOR, "#add-dialog #confirm")

    def edit_cancel_button_element(self):
        """编辑取消按钮"""
        return self.find_element(By.CSS_SELECTOR, "#add-dialog #cancel")

    # 删除弹窗
    def del_confirm_button_element(self):
        """编辑确定按钮"""
        return self.find_element(By.CSS_SELECTOR, "#del-dialog #confirm")

    def del_cancel_button_element(self):
        """编辑取消按钮"""
        return self.find_element(By.CSS_SELECTOR, "#del-dialog #cancel")

    # 页面操作方法
```

```
    def search(self, text):
        """检索操作"""
        self.search_input_element().clear()
        self.search_input_element().send_keys(text)
        self.search_button_element().click()

    def edit_dialog(self, code=None, name=None, sex=None, grader=None, but
ton="确定"):
        """编辑弹窗操作"""
        if code is not None:
            self.edit_code_element().clear()
            self.edit_code_element().send_keys(code)

        if name is not None:
            self.edit_name_element().clear()
            self.edit_name_element().send_keys(name)

        if sex is not None:
            self.edit_sex_element().clear()
            self.edit_sex_element().send_keys(sex)

        if grader is not None:
            self.edit_grader_element().clear()
            self.edit_grader_element().send_keys(grader)

        if button == "确定":
            self.edit_confirm_button_element().click()
        elif button == "取消":
            self.edit_cancel_button_element().click()
        else:
            print("编辑弹窗中按钮只能是确定和取消")

    def add_data(self, code, name, sex=None, grader=None, button="确定"):
        """
        由于 code、name 为必输项，所以一定要接收参数
        但 sex、grader 为非必输项，所以可以不用传值，默认参数设置为 None
        :param code: 学号，必输项
        :param name: 姓名，必输项
        :param sex: 性别，非必输
        :param grader: 年级，非必输
        :param button: 新增时按钮一般都是确认按钮，所以按钮的默认值传入确定
        :return:
        """
        self.add_button_element().click()
        self.edit_dialog(code, name, sex, grader, button)

    def edit_data(self, header_text, row_text, code=None, name=None, sex=N
one, grader=None, button="确定"):
        """编辑数据"""
        # 使用 row_click()方法是为了直接选择要编辑的数据
```

```
            TableOperation(self.driver).row_click(header_text, row_text)
            self.edit_button_element().click()
            self.edit_dialog(code, name, sex, grader, button)

        def delete_data(self, header_text, row_text, button="确定"):
            """编辑数据"""
            # 使用 row_click()方法是为了直接选择要删除的数据
            TableOperation(self.driver).row_click(header_text, row_text)
            self.delete_button_element().click()
            if button == "确定":
                self.del_confirm_button_element().click()
            elif button == "取消":
                self.del_cancel_button_element().click()
            else:
                print("编辑弹窗中按钮只能是确定和取消")
```

和登录页面一样，先封装所有的定位元素，然后使用封装的定位元素进行步骤操作。在主页页面的 HomePage 类下，封装对数据的查 search( )、增 add_data( )、删 delete_data( )和改 edit_data( )方法。

我们来看看下面的示例，本示例实现的是操作浏览器登录到系统，然后对数据进行增、删、改、查操作。编写代码如下：

```
    if __name__ == '__main__':
        from selenium import webdriver

        driver = webdriver.Chrome()
        a = LoginPage(driver)
        a.login()

        home = HomePage(driver)
        home.add_data('1001', "张三")
        home.search("张三")
        home.edit_data('姓 名', "张三", name="李四")
        home.search("李四")
        home.delete_data('姓 名', "李四")

        # a.quit_driver()
```

运行脚本后浏览器的表现行为如下：

（1）打开浏览器，输入用户名和密码进行登录。

（2）登录完成后进入到主页页面。

（3）新建用户学号为 1001，名字为张三。

（4）检索出张三。

（5）对张三进行编辑，将名字修改为李四。

（6）检索出李四，删除李四。

9.5.4　关于我们页面

关于我们页面中全是文字说明，没有业务功能操作。

在 test/pages 目录下新建 aboutPage.py 文件，文件代码如下：

```
# -*-coding:utf-8-*-

from selenium.webdriver.common.by import By
from projectTest.chapter9.test.pages.loginPage import LoginPage

class AboutPage(LoginPage):
    """关于我们页面"""

    def about_element(self):
        """关于我们页面判断元素"""
        return self.find_element(By.CSS_SELECTOR, "#about h1")
```

因为没有业务逻辑的存在，所以只需要查找标志性的定位，证明是关于我们页面即可。

9.5.5　退出登录功能

退出登录功能虽然是在菜单操作中执行，但是该功能会被经常使用，所以单独封装一个方法可以更方便使用。

在基础页面 BasePage 类下新建 log_out( )方法，提供退出登录系统的操作。编写代码如下：

```
def log_out(self):
    """退出登录"""
    return self.select_menu("退出登录")
```

9.6　测试用例生成

页面封装完成，对页面的功能进行测试。因为我们只以测试业务的正常功能作为说明，所以测试用例编写起来比较简单。

9.6.1　登录功能的测试用例

在 test/case 目录下新建测试用例文件 testLogin.py，做正常登录操作测试，文件代码如下：

```
# -*-coding:utf-8-*-

import unittest
from projectTest.chapter9.test.pages.loginPage import LoginPage
```

```
class TestLogin(unittest.TestCase):
    """登录测试"""

    @classmethod
    def setUpClass(cls):
        cls.login = LoginPage()

    @classmethod
    def tearDownClass(cls):
        cls.login.quit_driver()

    def test_login01(self):
        """登录成功"""
        self.login.login()

if __name__ == '__main__':
    unittest.main()
```

将启动浏览器和关闭浏览器的操作分别放在测试的预置条件 setUpClass 和测试销毁 tearDownClass 中，进行测试登录的操作方法设置为 test_login01( )。

在测试用例的命名中使用测试页面名称加阿拉伯数字命名的方式，可以控制自动化用例在执行中的顺序。

9.6.2 主页页面测试用例

在 test/case 目录下新建测试用例文件 testHome.py，用于登录系统，然后在主页中对数据进行增、删、改操作，文件代码如下：

```
# -*-coding:utf-8-*-

import unittest
from projectTest.chapter9.test.pages.homePage import HomePage

class TestHome(unittest.TestCase):
    """测试主页功能"""

    @classmethod
    def setUpClass(cls):
        cls.home = HomePage()
        cls.home.login()

    @classmethod
    def tearDownClass(cls):
        cls.home.quit_driver()

    def setUp(self):
        pass
```

```
    def tearDown(self):
        pass

    def test_home01_add_data_cancel(self):
        """测试添加数据时取消"""
        self.home.add_data(code='302010', name="测试数据", sex="女", grader="
六年级一班", button="取消")

    def test_home02_add_data_confirm(self):
        """测试添加数据成功"""
        self.home.add_data(code='302010', name="测试数据", sex="女", grader="
六年级一班", button="确定")

    def test_home03_edit_data_cancel(self):
        """测试编辑数据时取消"""
        self.home.edit_data(header_text="姓 名", row_text="测试数据",
code='302011', sex="男", button="取消")

    def test_home04_edit_data_confirm(self):
        """测试编辑数据成功"""
        self.home.edit_data(header_text="姓 名", row_text="测试数据",
code='302011', sex="男", button="确定")

    def test_home05_search(self):
        """测试搜索功能"""
        self.home.search("测试数据")

    def test_home06_delete_data_cancel(self):
        """测试删除数据取消"""
        self.home.delete_data(header_text="姓 名", row_text="测试数据",
button="取消")

    def test_home07_delete_data_confirm(self):
        """测试删除数据成功"""
        self.home.delete_data(header_text="姓 名", row_text="测试数据",
button="确定")

if __name__ == '__main__':
    unittest.main()
```

将启动浏览器并且登录系统和关闭浏览器的操作分别放在测试的预置条件 setUpClass 和测试销毁 tearDownClass 中（严格来说，退出登录也需要放在测试销毁 tearDownClass 中），然后添加测试用例方法 test_home01_add_data_cancel( )、test_home02_add_data_confirm( )、test_home03_edit_data_cancel( )、test_home04_edit_data_confirm( )、test_home05_search( )、test_home06_delete_data_cancel( )、test_home07_delete_data_confirm( )。

9.6.3 关于我们页面的测试用例

在 test/case 目录下新建测试用例文件 testAbout.py，代码如下：

```
# -*-coding:utf-8-*-

import unittest
from projectTest.chapter9.test.pages.aboutPage import AboutPage

class TestAbout(unittest.TestCase):
    """测试关于我们页面"""

    @classmethod
    def setUpClass(cls):
        cls.about = AboutPage()
        cls.about.login()

    @classmethod
    def tearDownClass(cls):
        cls.about.quit_driver()

    def setUp(self):
        pass

    def tearDown(self):
        pass

    def test_about01(self):
        """进入关于我们页面测试"""
        self.about.select_menu("关于我们")
        about = self.about.about_element()
        self.assertEqual("关于我们", about.text)

if __name__ == '__main__':
    unittest.main()
```

由于关于我们页面只是文字性说明，所以测试用例只需要进行进入关于我们页面，并且使用证明是关于我们页面的元素进行断言即可。

9.6.4 退出登录功能的测试用例

在 test/case 目录下新建测试用例文件 testLogout.py，文件代码如下：

```
# -*-coding:utf-8-*-

import unittest
from projectTest.chapter9.test.pages.loginPage import LoginPage
```

```
class TestLogout(unittest.TestCase):
    """测试退出登录功能"""

    @classmethod
    def setUpClass(cls):
        cls.login = LoginPage()
        cls.login.login()

    @classmethod
    def tearDownClass(cls):
        cls.login.quit_driver()

    def test_logout01(self):
        """测试退出登录"""
        self.login.log_out()

if __name__ == '__main__':
    unittest.main()
```

9.7 测试用例的组织

本节我们将 test/case 目录下所有测试文件中的测试用例组织在一起。

在 test/runner 目录下新建 Main.py 文件。

定义获取所有测试用例的方法 get_all_case、测试报告输出的方法 set_report 和执行用例并输出测试报告的方法 run_case。

编写代码如下：

```
# -*-coding:utf-8-*-

import os, time
import unittest
from projectTest.chapter9.utils.HTMLTestRunner import HTMLTestRunner

class Main:

    def get_all_case(self):
        """导入所有的用例"""
        current_path = os.path.abspath(os.path.dirname(__file__))
        case_path = current_path + '/../case/'
        discover = unittest.defaultTestLoader.discover(case_path, pattern=
"test*.py")
        print(discover)
        return discover

    def set_report(self, all_case, report_path=None):
        """设置生成报告"""
```

```
        if report_path is None:
            current_path = os.path.abspath(os.path.dirname(__file__))
            report_path = current_path + '/../../report/'
        else:
            report_path = report_path

        # 获取当前时间
        now = time.strftime('%Y{y}%m{m}%d{d}%H{h}%M{M}%S{s}').format(y="年",
m="月", d="日", h="时", M="分", s="秒")

        # 标题
        title = u"TYNAM 后台管理系统"
        # 设置报告存放路径和命名
        report_abspath = os.path.join(report_path, title + now + ".html")
        # 测试报告写入
        fp = open(report_abspath, "wb")
        runner = HTMLTestRunner(stream=fp, title=title)
        runner.run(all_case)
        fp.close()
        return

    def run_case(self, report_path=None):
        all_case = self.get_all_case()
        self.set_report(all_case, report_path)

if __name__ == '__main__':
    Main().run_case()
```

代码说明：

在 Main 类中，定义 get_all_case( )方法获取所有的测试用例，然后定义生成测试报告的方法 set_report( )，最后使用 run_case( )方法运行获取到的所有测试用例并且生成测试报告。最后将整个自动化测试项目整理输出。

9.8 设置项目入口

每个项目都有一个入口文件，以对整个项目进行全盘整理、提取和运行。通过将项目运行部分整合到一个运行文件中，可以实现只需要执行该文件即可运行项目的目的。

将项目中的 run.py 文件设置成入口文件，该文件可执行测试用例并输出测试结果。编写代码如下：

```
# -*-coding:utf-8-*-

"""
Created on 2019-09-01
Project: TYNAM 后台管理系统
```

```
@Author: Tynam
"""

import sys
sys.path.append('./../../')
from projectTest.chapter9.test.runner.main import Main

if __name__ == '__main__':
    Main().run_case()
```

运行 run.py 脚本后，在 report 目录下会生成一个 HTML 文件，如图 9-11 所示。

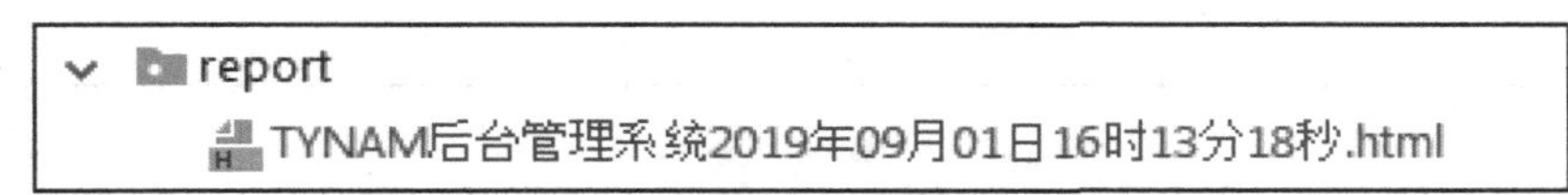

图 9-11　HTML 测试报告

打开 HTML 文件，可以看到该文件是对整个项目测试结果的展示统计，如图 9-12 所示。

TYNAM后台管理系统

Start Time: 2019-09-01 13:18:55

Duration: 0:01:20.081343

Status: Pass 10

Show Summary Failed All

Test Group/Test case	Count	Pass	Fail	Error	View
testAbout.TestAbout: 测试关于我们页面	1	1	0	0	Detail
test_about01: 进入关于我们页面测试			pass		
testHome.TestHome: 测试主页功能	7	7	0	0	Detail
test_home01_add_data_cancel: 测试添加数据时取消			pass		
test_home02_add_data_confirm: 测试添加数据成功			pass		
test_home03_edit_data_cancel: 测试编辑数据时取消			pass		
test_home04_edit_data_confirm: 测试编辑数据成功			pass		
test_home05_search: 测试搜索功能			pass		
test_home06_delete_data_cancel: 测试删除数据取消			pass		
test_home07_delete_data_confirm: 测试删除数据成功			pass		
testLogin.TestLogin: 登录测试	1	1	0	0	Detail
test_login01: 登录成功			pass		
testLogout.TestLogout: 测试退出登录功能	1	1	0	0	Detail
test_logout01: 测试退出登录			pass		
Total	10	10	0	0	

图 9-12　HTML 测试报告内容

至此，从对项目进行分析到结构搭建、配置文件、常用结构封装、页面封装再到设置项目运行入口、生成测试报告，一个完整的自动化测试开发流程就完成了。

第 10 章

持续集成在自动化测试中的应用

持续集成（Continuous Integration）简称 CI，持续即不间断地获取反馈、响应反馈，集成则是编译、测试和打包为一体，持续集成则可认为是在软件开发过程中只要项目有更改或者代码有变动，就会自动运行构建和测试，反馈运行结果。自动化测试中使用持续集成有很多优点：

- 可以及时反馈结果，尽早将问题暴露出来。
- 快速构建。
- 提高迭代的效率。
- 定位问题更加容易。

常用的持续集成工具有 Jenkins、Travis、Codeship 和 Strider。Jenkins 是最常用的开源工具，它可以自动化各种任务，包括构建、测试和部署软件，并且支持各种运行方式，如可以通过系统包、Docker 或者一个独立的 Java 程序来运行。

本章将以持续集成工具 Jenkins 结合第 9 章的 Page Object 产生的项目脚本介绍持续集成在自动化测试中的应用。

10.1　Jenkins 的安装

Jenkins 通常作为一个独立的应用程序在其自己的流程中运行，其内置于 Java servlet 容器/应用程序服务器（Jetty）中，使用时需要进行安装，本节主要介绍 Jenkins 的安装方法。

10.1.1　Jenkins 的下载

关于 Jenkins 的安装，可以从 Jenkins 官方网站 https://jenkins.io/ 下载最新的 war 包，war 包可

以直接使用 tomcat 或者 Java 命令运行。官方网站中还提供了 Windows、Linux、OS X 等各种安装程序，如图 10-1 所示。

图 10-1　Jenkins 安装包选择

10.1.2　安装

下载完成后，在命令行中切换到下载的 jenkins.war 所在目录下，执行命令 java -jar jenkins.war 启动 Jenkins，如图 10-2 所示。

```
C:\Users\TynamYang>cd jenkins

C:\Users\TynamYang\jenkins>java -jar jenkins.war
Running from: C:\Users\TynamYang\jenkins\jenkins.war
```

图 10-2　运行 Jenkins

首次启动会产生一个随机口令，产生的口令将会在解锁 Jenkins 中使用到，如图 10-3 所示。

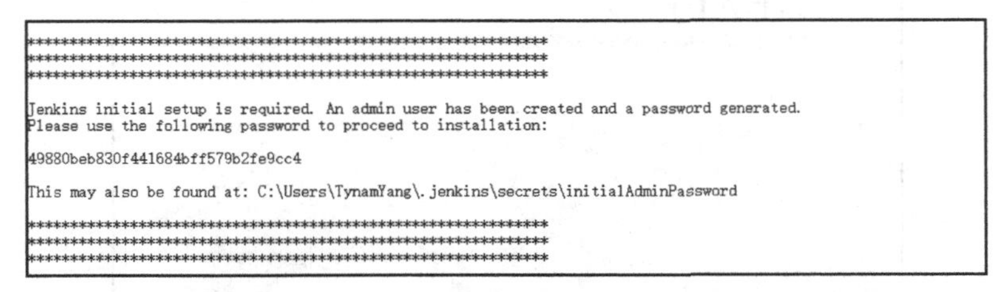

```
*************************************************************
*************************************************************
*************************************************************

Jenkins initial setup is required. An admin user has been created and a password generated.
Please use the following password to proceed to installation:

49880beb830f441684bff579b2fe9cc4

This may also be found at: C:\Users\TynamYang\.jenkins\secrets\initialAdminPassword

*************************************************************
*************************************************************
*************************************************************
```

图 10-3　首次运行产生的随机口令

在 war 包中存在自带的 Jetty 服务器，在浏览器中访问 http://localhost:8080/进入 Jenkins 主页，首次进入需要对 Jenkins 解锁，如图 10-4 所示。

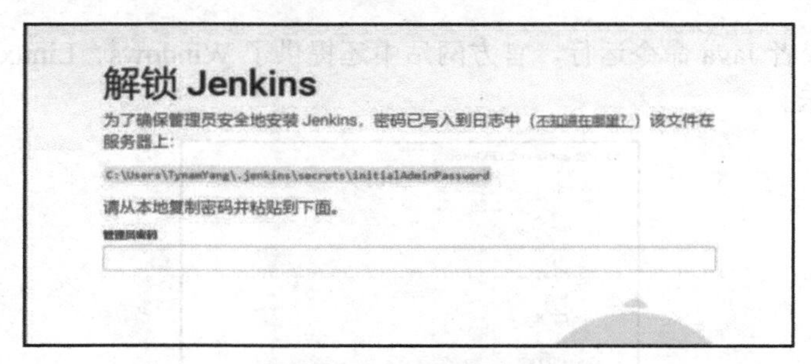

图 10-4　解锁 Jenkins

需要将 Jenkins 启动时在命令行中生成的口令复制粘贴到【管理员密码】文件框中，然后进行下一步操作。

进入选择插件页面如图 10-5 所示，默认选择【安装推荐的插件】，如果需要其他插件可以在设置完成后再行安装。

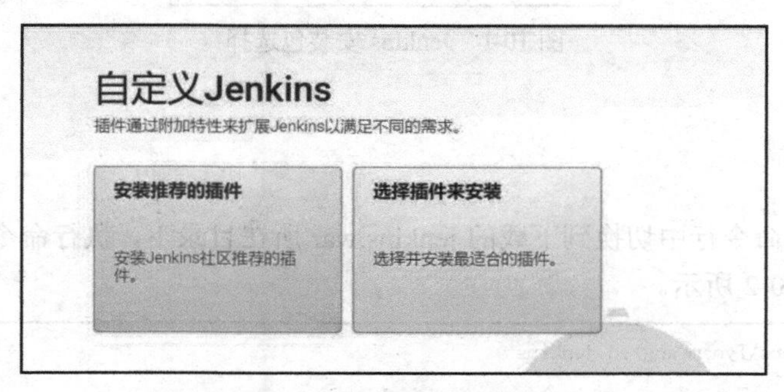

图 10-5　自定义安装 Jenkins

Jenkins 会将可能用到的插件进行安装。等待安装完成，如图 10-6 所示。

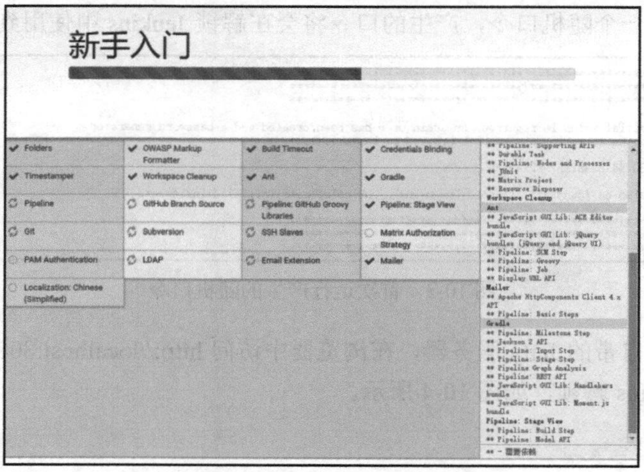

图 10-6　Jenkins 安装中

10.1.3　创建管理员用户

插件安装完成后需要设置管理员用户。如图 10-7 所示，填写用户名、密码、确认密码、全名和电子邮件地址。

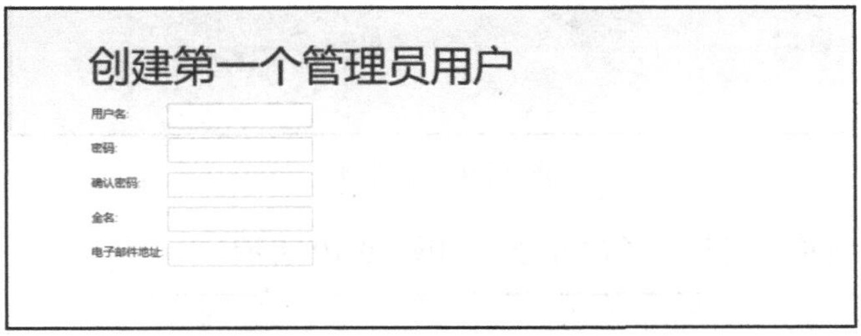

创建第一个管理员用户
用户名:
密码:
确认密码:
全名:
电子邮件地址:

图 10-7　创建第一个管理员用户

用户创建完成后设置默认访问地址。

至此安装完成。进入到 Jenkins 主页画面，如图 10-8 所示。

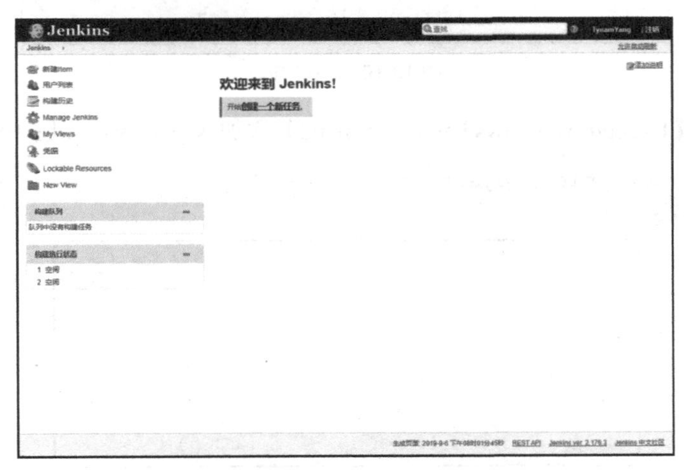

图 10-8　Jenkins 主页

10.2　创建项目

Jenkins 安装完成后，我们开始创建自动化测试项目。

单击左边菜单栏中的【新建 Item】选项，开始创建任务，进入创建项目页面。

然后输入项目名，并且选择自由风格【Freestyle project】，如图 10-9 所示。

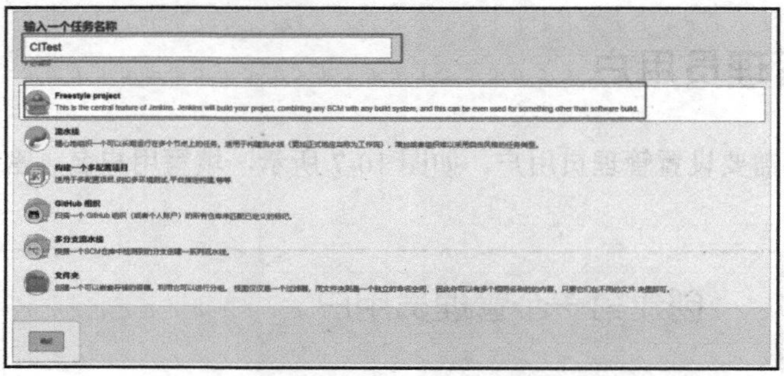

图 10-9　创建项目

填写【描述】，对项目进行简单的介绍，如图 10-10 所示。

图 10-10　项目描述

在构建中选择【Execute Windows batch command】添加执行命令，如图 10-11 所示。

```
cd D:/AutoTestExample/projectTest/chapter9/
python run.py
```

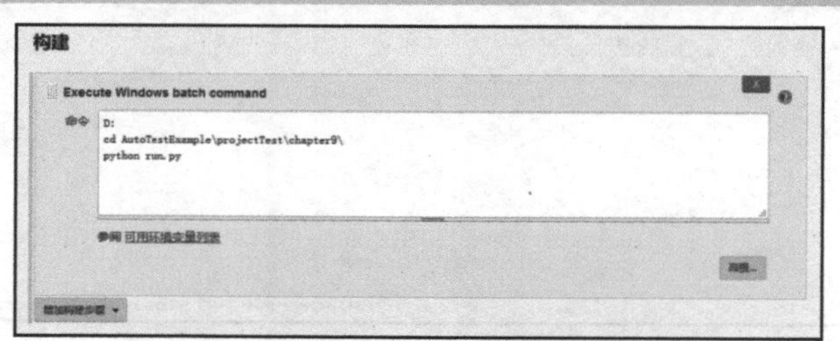

图 10-11　Jenkins 中添加执行命令

这儿的语法与构建的脚本也有关系。例如，项目中 run.py 文件中导入模块使用的是相对路径，则 Python 执行时就必须在该目录下。

```
import sys
sys.path.append('./../../')
```

设置完成后应用并且保存项目设置。

保存后进入项目画面，单击左侧菜单栏中的【Build Now】选项进行构建，执行后控制台会输出运行日志，如图 10-12 所示。

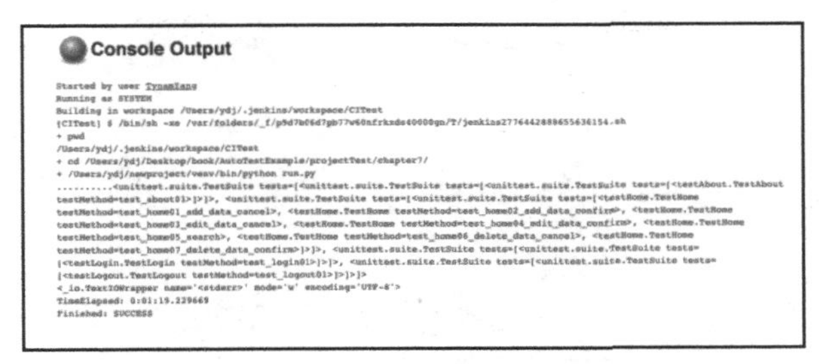

图 10-12　Jenkins 控制台输出日志

执行的结果可以在构建历史【Build History】中查看。如图 10-13 所示，如果运行成功则显示的是蓝色图标，运行失败则显示的是红色。

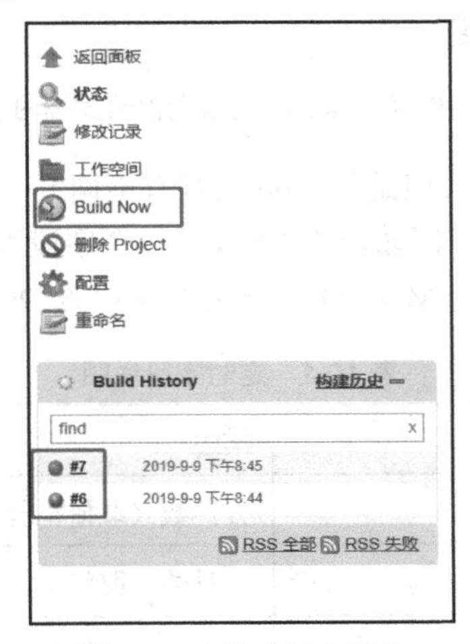

图 10-13　构建历史状态

10.3　任务定时

任务定时是指在指定的时间触发任务构建，即我们计划项目在什么时间开始执行。一般情况下将时间设置在网络、服务器等设备比较空闲的期间，比如每天晚上两点。本节我们来介绍如何构建定时任务。

10.3.1　任务定时构建的设置

在项目配置中单击【构建触发器】并且勾选【Build periodically】选项，对项目进行定时构建设置。构建设置的详细内容可通过右边的问号符号来查看，如图 10-14 所示。

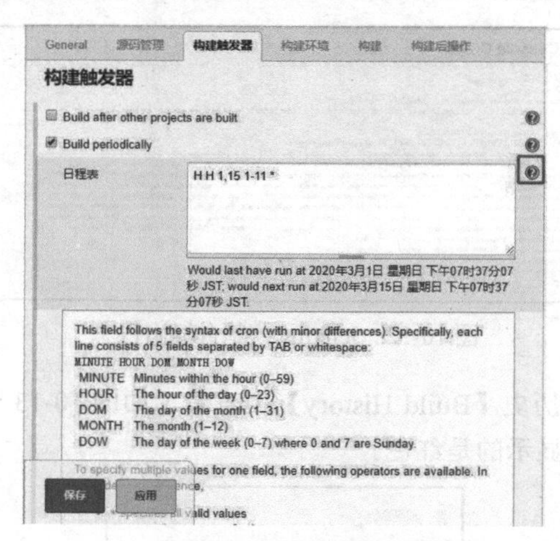

图 10-14 构建触发器设置的详细内容

定时构建字段遵循 cron 语法（但是与 cron 又略有不同），该字段每行包含 5 个字段，5 个字段之间使用 TAB 或空格进行分隔。例如，* * * * *，第一个字段为 MINUTE；第二个字段为 HOUR；第三个字段为 DOM；第四个字段为 MONTH；第五个字段为 DOW。具体描述如表 10-1 所示。

表 10-1 定时字段说明

字段	描述
MINUTE	分钟数（取值范围 0~59）
HOUR	小时数（取值范围 0~23）
DOM	一个月中的第几天（取值范围 1~31）
MONTH	第几个月（取值范围 1~12）
DOW	一周之中的第几天（取值范围 0~7）其中 0 和 7 都表示星期日

如果一个字段需要指定多个值，则可以按照优先顺序使用下面的运算符：

- *：指定所有有效值。
- M-N：指定范围值。
- M-N / X 或*/ X：在指定范围或整个有效范围内以 X 步长进行指定。
- A，B，...，Z：列举多个值。

10.3.2 设置说明

在使用时间字段时需要注意以下几点：

- 应尽可能使用符号 H（哈希）。需要注意的是，如果将“0 0 * * *”用于每天构建一次，将会导致午夜时分资源压力大幅增加，建议使用“H H * * *”的形式（也是每天构建一次），这样设置不会同时执行所有的作业，因此可以更好地使用有限的资源。

- H 符号可以与范围一起使用。例如，“H H(0-7) * * *”表示介于 12:00 AM(午夜)至 7:59 AM 之间的某个时间。
- H 符号可以被当作某个范围内的随机值，但实际上它是工作名称的哈希而不是随机函数，因此该值对于任何给定项目均保持稳定。
- 空行和以 # 开头的行将被视为注释。
- 支持@ yearly、@ annually、@ monthly、@ weekly、@ daily、@ midnight 和@hourly 作为方便的别名。例如，@ hourly 与“H * * * *”相同，可以表示小时中的任何时间；@midnight 表示在 12:00 AM 和 2:59 AM 之间的某个时间。

10.3.3　构建实例

- 每 15 分钟构建一次（可能构建的时间为：07,：22,：37,：52）：H/15 * * * *
- 在每小时的前 30 分钟内(即 0~30 分钟)每 10 分钟构建一次(可能构建的时间为：04,：14,：24)：H(0-29)/10 * * * *
- 每周一至周五上午 9:45 到下午 3:45，每隔 2 小时并且在 45 分钟的时候构建一次：45 9-16/2 * * 1-5
- 每个工作日上午 9 点到下午 5 点每两小时构建一次（可能构建的时间为：上午 10:38，下午 12:38，下午 2:38，下午 4:38）：H H(9-16)/2 * * 1-5
- 除 12 月外，每月 1 号和 15 号每天构建一次：H H 1,15 1-11 *

10.4　邮件发送

邮件发送是一个比较常用的功能，因为在任务运行完成后我们不可能每次都登录服务器查看结果，所以需要以固定的形式进行邮件发送，通知我们任务的执行结果。邮件发送的形式有很多种，比如当执行失败时发送、每次执行完都发送等。本节介绍 Jenkins 在邮件发送中的应用。

10.4.1　插件安装

发送邮箱需要安装邮件发送的插件 email-ext-recipients-column 和 HTML 报告显示插件 HTML Publisher plugin，下面介绍这两种插件的安装方法。

在 Jenkins 主页面中选择【Manage Jenkins】，然后选择【Manage Plugins】进入插件管理，如图 10-15 所示。

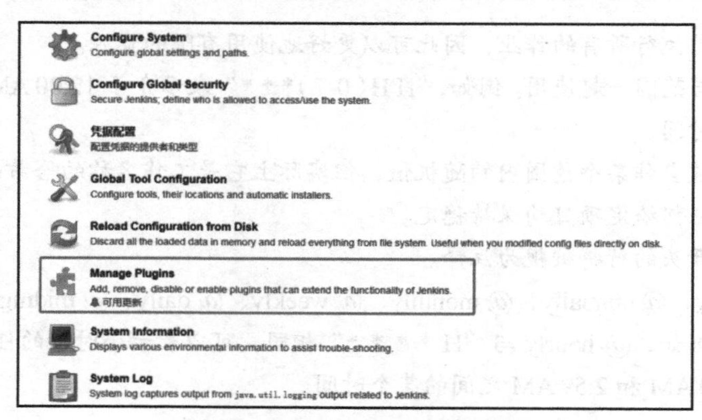

图 10-15　进入 Jenkins 插件管理

选择【可选插件】选项卡，在右上角的【过滤】中搜索 HTML 报告插件 HTML Publisher 进行安装。勾选 HTML Publisher 插件单击直接安装即可，如图 10-16 所示。

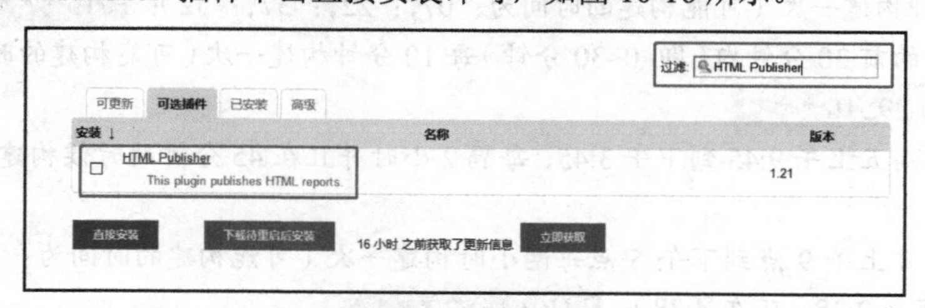

图 10-16　可选插件

重复上面 HTML Publisher 插件的步骤安装邮件发送插件 email-ext-recipients-column 。

如果在安装过程中发现安装比较慢或安装失败的情况，可以在 Jenkins 插件管理站点 http://updates.jenkins-ci.org/download/plugins/ 中下载 email-ext-recipients-column 插件，然后将下载的文件导入到 Jenkins。如图 10-17 所示是 Jenkins 插件管理站点部分插件。

elasticbox/	2019-12-04 01:50	-
elasticsearch-query/	2019-12-04 01:50	-
electricflow/	2019-12-04 01:50	-
email-ext-recipients-column/	2019-12-04 01:50	-
email-ext/	2019-12-04 01:50	-
emailext-template/	2019-12-04 01:50	-
embeddable-build-status/	2019-12-04 01:50	-
embotics-vcommander/	2019-12-04 01:50	-
emma/	2019-12-04 01:50	-

图 10-17　Jenkins 插件管理站点部分插件

下载完成后在 Jenkins 插件管理的【高级】设置中上传插件，如图 10-18 所示，在【上传插件】区域的文本框中添加插件文件，单击【上传】按钮，等待上传完成。至此插件安装成功。

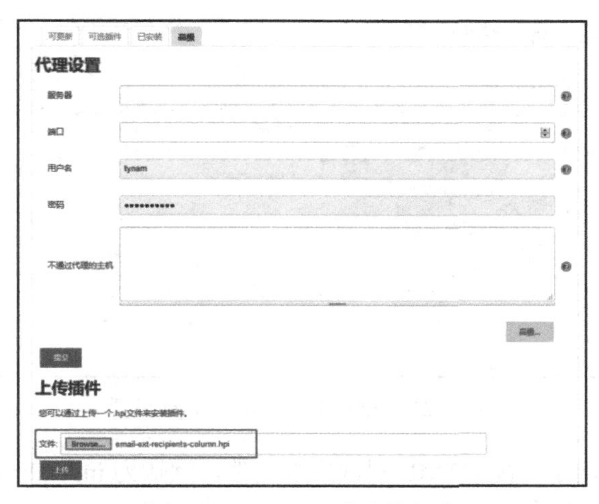

图 10-18　Jenkins 中上传插件

如果插件安装成功则可以在【已安装】下查看系统已经成功安装的所有插件。

10.4.2　HTML 报告配置

插件安装完成后，进入配置管理画面如图 10-19 所示，从项目页面单击【配置】进入项目管理的配置中，对项目进行 HTML 报告配置。

选择【构建后操作】选项卡，在构建后操作区域单击【增加构建后操作步骤】选项，从下拉框中选择【Publish HTML reports】选项发布 HTML 报告，如图 10-20 所示。

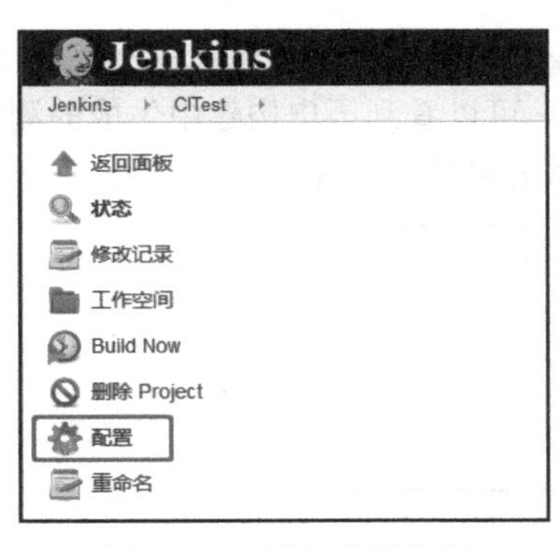

图 10-19　进入配置管理

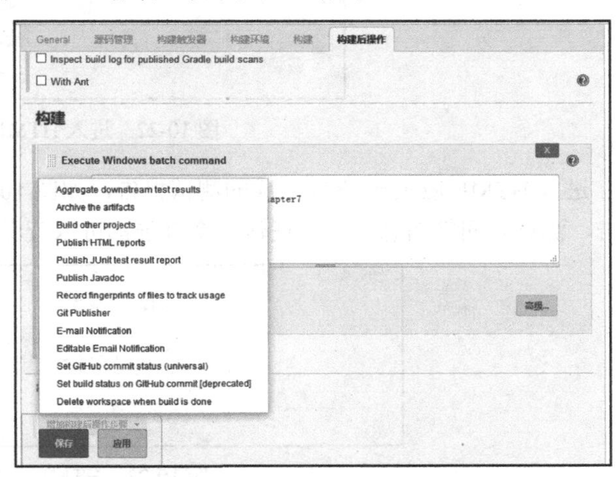

图 10-20　构建后操作中添加发布 HTML 报告

单击 Reports 后面的【新增】对 Reports 进行设置，如图 10-21 所示。在 HTML directory to archive 文件框中填写项目生成的测试报告存放路径，如 D:\AutoTestExample\projectTest\chapter7\report。

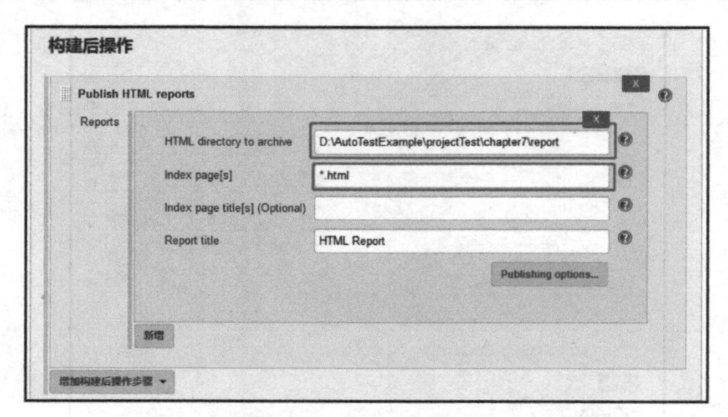

图 10-21 Publish HTML reports 设置

Index page[s]文本框用于匹配 HTML 测试报告文件，默认为 index.html ，改为 *.html，*.html 意味着匹配所有的 HTML 文件。

配置完成后进行应用并且保存。

返回到项目页面，再次执行【build now】对项目进行构建，执行完成后在项目左边菜单处会多出一个 HTML Report 菜单项，其中将会存放所有的测试报告。HTML Report 菜单项如图 10-22 所示。

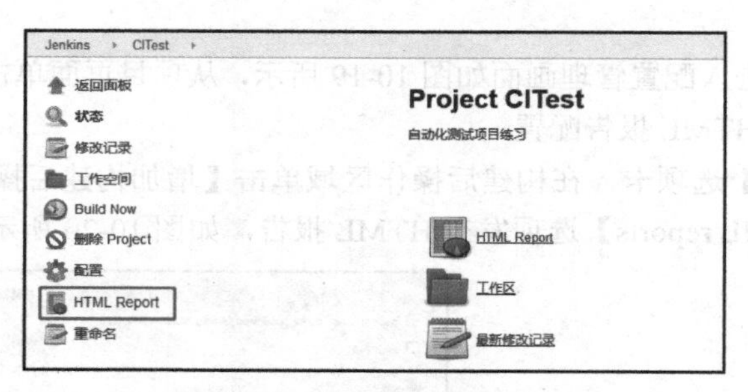

图 10-22 进入 HTML Report

进入 HTML Report 查看生成的测试报告，如图 10-23 所示。可以看到历史构建中生成的测试报告、测试时间等信息，单击任何一个报告都可以查看其测试结果的详细内容。

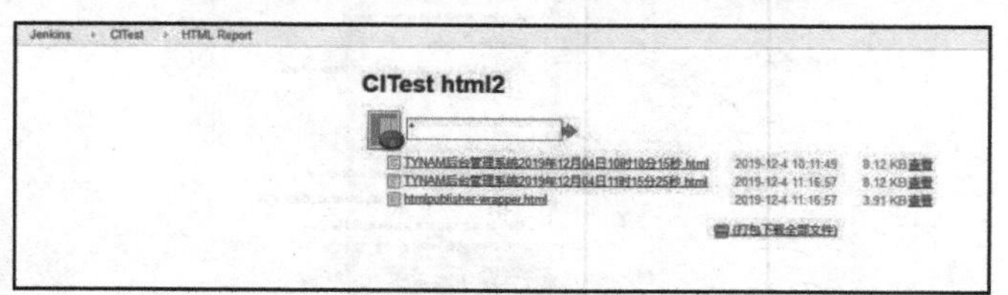

图 10-23 HTML 测试报告

单击“TYNAM 后台管理系统 2019 年 12 月 04 日 10 时 10 分 15 秒.html ”文件查看生成的报告的详细内容，如图 10-24 所示。

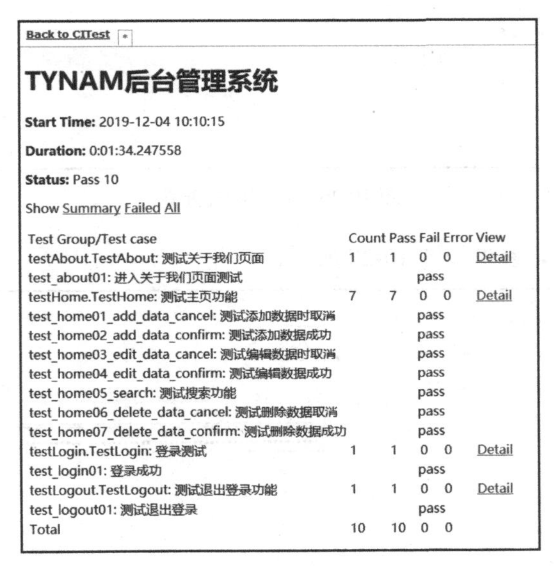

Back to CITest

TYNAM后台管理系统

Start Time: 2019-12-04 10:10:15

Duration: 0:01:34.247558

Status: Pass 10

Show Summary Failed All

Test Group/Test case	Count	Pass	Fail	Error	View
testAbout.TestAbout: 测试关于我们页面	1	1	0	0	Detail
test_about01: 进入关于我们页面测试		pass			
testHome.TestHome: 测试主页功能	7	7	0	0	Detail
test_home01_add_data_cancel: 测试添加数据时取消		pass			
test_home02_add_data_confirm: 测试添加数据成功		pass			
test_home03_edit_data_cancel: 测试编辑数据时取消		pass			
test_home04_edit_data_confirm: 测试编辑数据成功		pass			
test_home05_search: 测试搜索功能		pass			
test_home06_delete_data_cancel: 测试删除数据取消		pass			
test_home07_delete_data_confirm: 测试删除数据成功		pass			
testLogin.TestLogin: 登录测试	1	1	0	0	Detail
test_login01: 登录成功		pass			
testLogout.TestLogout: 测试退出登录功能	1	1	0	0	Detail
test_logout01: 测试退出登录		pass			
Total	10	10	0	0	

图 10-24　HTML 测试报告的内容详情

由于生成的报告缺少 CSS 样式，所以看起来很不美观。出现该现象的原因在于 Jenkins 中配置的 CSP（Content Security Policy），CSP 是 Jenkins 的一个安全策略，默认会设置为一个非常严格的权限集，以防止 Jenkins 用户在 workspace、/userContent、archived artifacts 中受到恶意 HTML/JS 文件的攻击。

10.4.3　邮件配置

在邮件发送配置中需要获取发送邮箱的授权码，关于授权码的获取可以参考本书 7.5.1 小节开启邮箱 SMTP 服务，这里重点介绍邮件配置的方法。

在 Jenkins 中进行邮件配置，需要进行系统配置和项目配置两个部分。

首先介绍系统配置。在 Jenkins 主页中选择【Manage Jenkins】，然后选择【Configure System】进入系统配置，如图 10-25 所示。

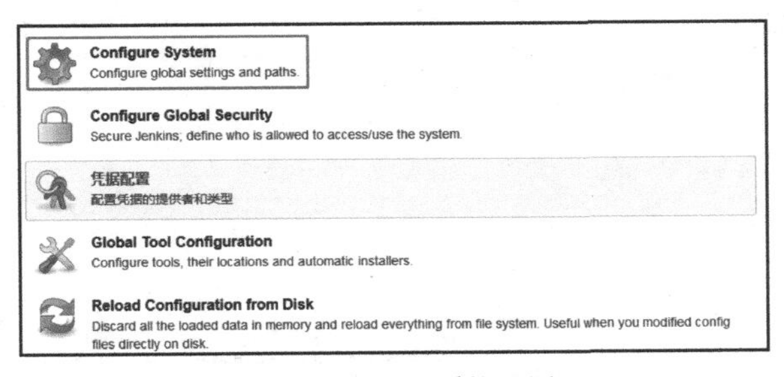

图 10-25　进入系统配置

如图 10-26 所示是管理监控配置页面，在【系统管理员邮件地址】文本框中添加管理员邮箱地址，管理员地址必须和下面发送邮件的邮箱配置的地址相同，否则容易发生许多不必要的错误。

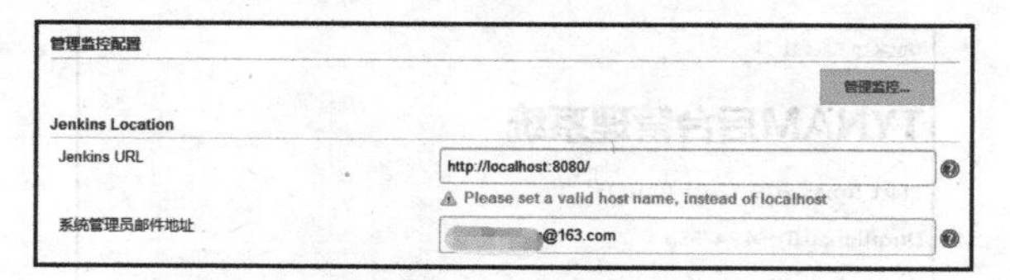

图 10-26 管理监控配置

接下来配置邮箱服务，参考如图 10-27 所示。

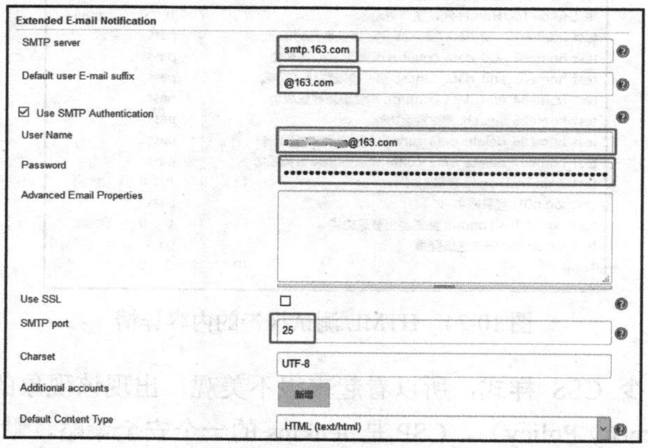

Extended E-mail Notification
SMTP server smtp.163.com
Default user E-mail suffix @163.com
☑ Use SMTP Authentication
User Name @163.com
Password
Advanced Email Properties
Use SSL ☐
SMTP port 25
Charset UTF-8
Additional accounts 新增
Default Content Type HTML (text/html)

图 10-27 配置邮箱服务

图 10-27 中的各配置选项说明如下：

- SMTP server：邮箱 SMTP 服务，例如 163 邮箱为 smpt.163.com。
- Default user E-mail suffix：默认用户电子邮件后缀。
- User Name：用户邮箱地址，要与上面的系统管理员邮件地址一致。
- Password：授权码，填写的是授权密码并非登录密码。
- SMTP port：端口号，分 SSL 协议和非 SSL 协议，需根据不同的邮箱进行设置。

下面编辑发送的邮件内容，如图 10-28 所示。

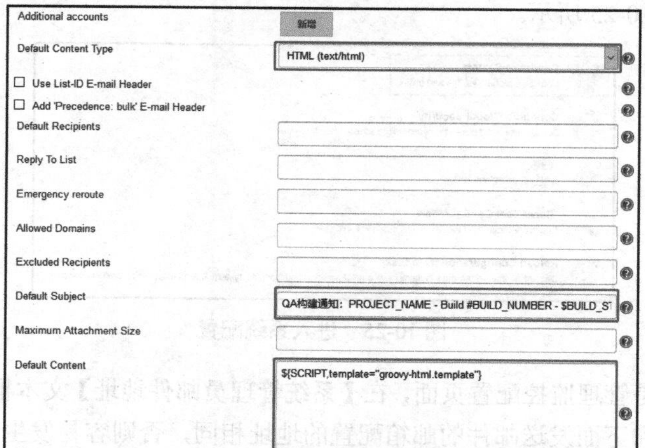

Additional accounts 新增
Default Content Type HTML (text/html)
☐ Use List-ID E-mail Header
☐ Add 'Precedence: bulk' E-mail Header
Default Recipients
Reply To List
Emergency reroute
Allowed Domains
Excluded Recipients
Default Subject QA构建通知：PROJECT_NAME - Build #BUILD_NUMBER - $BUILD_S
Maximum Attachment Size
Default Content ${SCRIPT,template="groovy-html.template"}

图 10-28 邮件内容设置

图 10-28 中的配置选项说明如下：

- Default Content Type：邮件发送内容样式，选择默认 HTML（text/html）。
- Default Subject：邮件主题。例如，QA 构建通知：$PROJECT_NAME - Build # $BUILD_NUMBER - $BUILD_STATUS!。
- Default Content：邮件内容模板，填写${SCRIPT,template="groovy-html.template"}。因为默认提供的邮件内容过于简单，所以使用 Email Extension Plugin 提供的 Groovy 标准 HTML 模板:groovy-html.template，也可以自定义模板。

然后勾选最下方的【通过发送测试邮件测试配置】复选框，可以验证邮箱配置是否成功。如图 10-29 所示，在【Test e-mail recipient】中输入接收邮件的邮箱地址后单击【Test configuration】，如果输入的邮箱中收到了测试邮件，则邮箱配置成功。

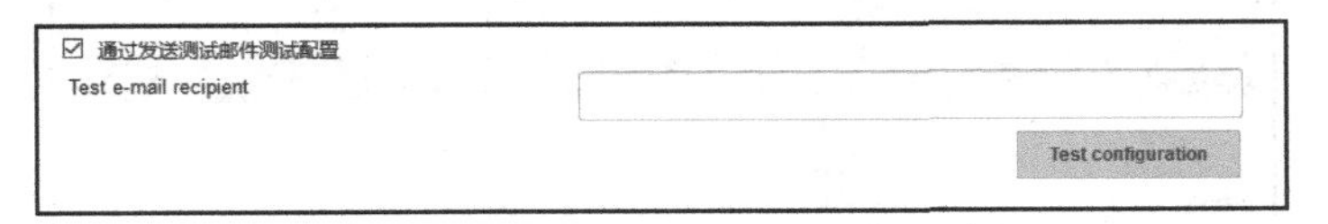

图 10-29　测试邮件配置

配置完成后执行应用并且保存。

系统配置完成后还需要对项目进行邮件发送的配置。进入到项目配置选项卡，在【构建后操作】下添加【Editable Email Notification】电子邮件通知；在【Project Recipient List】中添加收件人，收件人如果有多个则需要用分号分割标识，例如 tynam.yang@gmail.com;tynam.yang@qq.com，如图 10-30 所示。

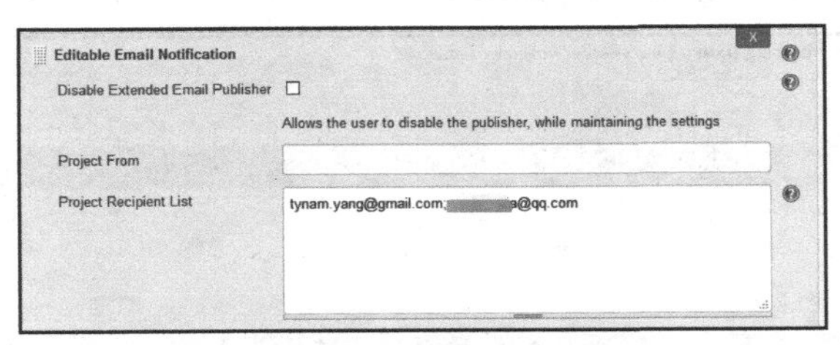

图 10-30　添加收件人

接下来设置触发器。在【advanced setting】中设置触发，删除默认的设置。如图 10-31 所示。

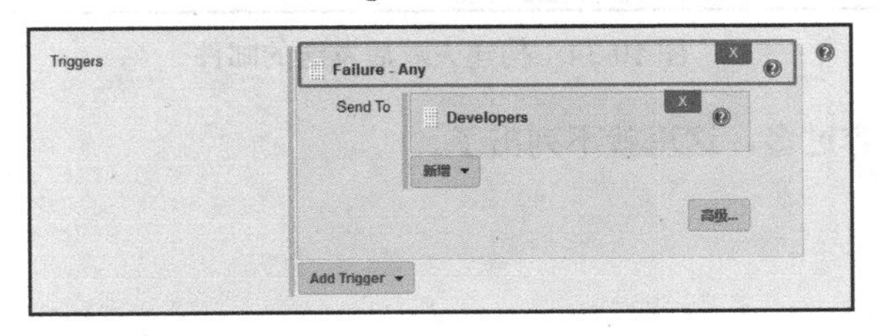

图 10-31　删除默认触发器

删除后在【Add Trigger】下拉列表中添加新的触发，选择【Always】（总是）选项，即每次构建完成后都会触发邮件发送。如图 10-32 所示。

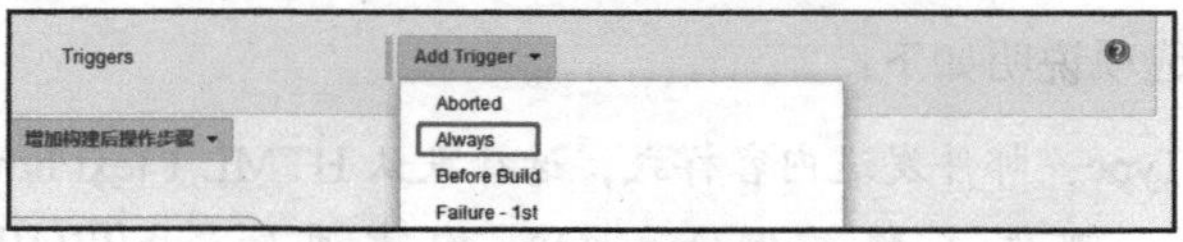

图 10-32　添加 always 触发器

其他设置保持默认即可，然后应用并且保存设置。

返回项目单击【build now】立即构建。

等到自动化脚本执行完成后进入到接收的邮箱中查看邮件。构建成功后发送的邮件如图 10-33 所示，从邮件中可以看到构建成功，同时，也可以看到构建的 URL 地址、项目名称、构建时间、花费时间等信息。

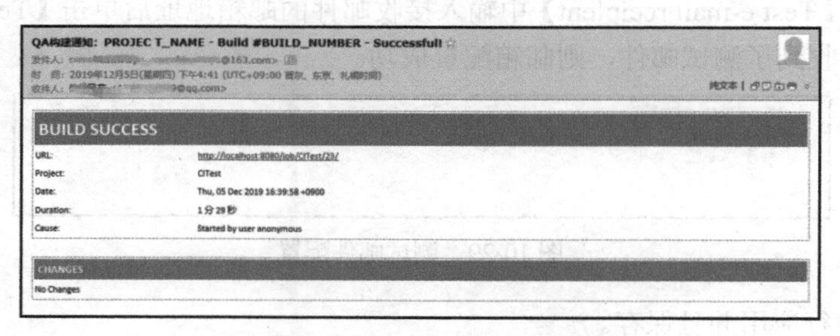

图 10-33　构建成功后发送的邮件

再次使用错误脚本进行构建，查看发送的邮件。修改访问的 URL，使代码不能正常运行。返回到 Jenkins 项目单击【build now】立即构建。等到自动化脚本执行完成再次进入到接收的邮箱查看邮件，在邮件中可以看到失败的原因，如图 10-34 所示。

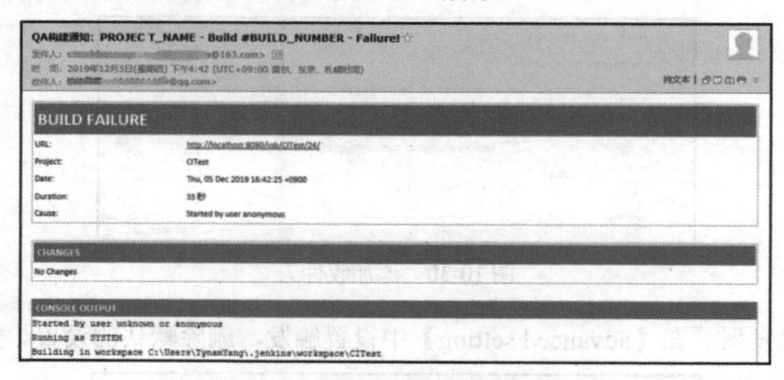

图 10-34　构建失败后发送的邮件

由于错误的原因内容过多，这里就不列出了。

第三篇　卓异篇

第 11 章

自动化测试模型

作为一个优秀的自动化测试工程师，不仅要写出一手漂亮的脚本，还需要有全局观，比如使用哪种测试模型更利于项目的开发和维护，应对项目版本的更迭等，要选择合适的自动化测试模型就需要对各种测试模型的优缺点有所了解。本章将介绍 5 种自动化测试模型（线性模型、模块化驱动模型、数据驱动模型、关键字驱动模型和混合驱动模型）和一种国外比较流行的测试模型（行为驱动模型）。

11.1　自动化测试模型简介

自动化测试模型可以看作是自动化测试框架与工具的设计思想，设计优良的自动化测试模型有利于提高项目运行效率和后期维护。我们知道，在自动化测试中不仅仅是单纯的编写测试脚本，作为一个优秀的自动化测试工程师更需要考虑的是怎样的自动化测试模型适合项目的持续发展、快速应对项目版本的迭代、如何才能提高代码的健壮性等，这些问题在自动化项目开始之前都需要考虑周全。

作为一个测试人员，应该正确理解测试模型、测试框架和测试工具的概念。测试模型是一种思想，也就是在项目中怎么合理地运用工具和测试框架，使脚本开发尽可能地方便，可以达到预期的结果。比如，数据驱动模型、模块化驱动模型。框架是被重用的基础平台，也是组织架构类的东西。自动化测试框架是由一个或多个自动化测试基础模块、管理模块、统计模块等组成的工具集合，比如单元测试框架 unittest。测试工具一般是对底层代码的可视化展示，提供给用户可操作的界面，可用来提高测试效率，比如 QTP、Watir 工具等。

自动化测试模型有线性模型、模块化驱动模型、数据驱动模型、关键字驱动和行为驱动模型，在实际应用中可以对这几种模型进行混合搭配，找出真正适合项目的模式，切不可被理论束缚，要知道，只有实践中探索出的方法才是最有效的方法。

在本章中所有的示例都基于练习项目“登录页面”，如图 11-1 所示。

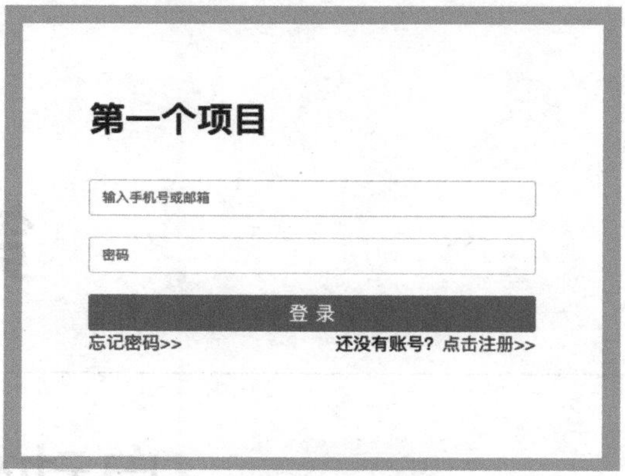

图 11-1　第一个项目

页面 HTML 脚本：

```
<html>
    <head>
        <meta charset="utf-8" />
        <meta content="IE=edge">
        <title>第一个项目</title>
        <link rel="stylesheet" type="text/css" href="index.css" />
    </head>
    <body>
        <div id="main">
            <h1>第一个项目</h1>
             <div class="mail-login">
                 <input id="email" name="email" type="text" placeholder="输入手机号或邮箱">
                 <input type="password" name="password" placeholder="密码">
                 <a id="btn-login" href="#" type="button" onclick="alert('登录成功')">
                     <span class="text">登　录</span>
                 </a>
             </div>
            <div id="forget-pwd">
```

```
                <a class="forget-pwd" href="#">忘记密码>></a>
            </div>
            <div id="register">
                <span class="no-account"></span>还没有账号？</span>
                <a class="register" href="#">单击注册>></a>
            </div>
        </div>
    </body>
</html>
```

11.2 线性模型

线性模型是指将录制或编写的脚本与应用程序的操作步骤对应起来，就像流水线工作一样，每一个步骤对应一行或多行代码。每一条流水线（每个测试脚本）都是相对独立的，且不产生其他依赖与调用，这样产生的脚本叫线性脚本。这是在自动化测试早期采用的一种测试模型，由于工作脚本是线性的，所以也叫线性模型。

由于线性模型的独立性，使得开发的每一个脚本都是独立的，且没有其他依赖和调用。每一个脚本就是一条测试用例，都可单独执行，但是也正是由于它太独立了，使得开发成本比较高，而且代码的复用性特别差。因为相同的步骤在不同的脚本中都要进行重新录制或编写，其应变能力较差，维护成本也特别高，如果项目某一个功能有变动，所有涉及的脚本都需要重新调整。

例如，第一个练习项目脚本，就是简单的模拟用户登录操作流程脚本。

```
    # -*-coding:utf-8-*-

    from selenium import webdriver
    import time

    # 实例化 driver
    driver = webdriver.Chrome()
    # 访问 URL
    driver.get("http://localhost:63342/projectAutoTest/projectHtml/chapter1/pe
riod2/index.html")

    time.sleep(1)
    # 输入用户邮箱
    driver.find_element_by_id('email').send_keys('tynam@test.com')
    # 输入密码
    driver.find_element_by_name('password').send_keys('123')
    # 单击登录
    driver.find_element_by_id('btn-login').click()
    time.sleep(30)

    driver.quit()
```

从示例中可以看出，每一步骤都需对应，且代码几乎没有复用的可能。如果在项目中使用线性模型进行自动化测试开发，将是一件既苦又累的体力劳动。

11.3 模块化驱动模型

在线性模型中我们了解到由于脚本的独立性太强，导致大量的重复代码。模块化驱动模型借鉴了开发编程的模块化思想，该模型将重复的操作独立出来封装成公共模块，在编写测试脚本时如果需要就可以调用，提高了代码的复用性，减少了开发成本。比如，登录模块就可以封装在公共模块中，一旦模块中的元素定位有变动或其他因素影响了模块，只需要在封装的模块中进行调整对应，而不会影响到任何测试用例，机动性、灵活性非常强。

模块化驱动模型可以很大程度地提高开发效率和增强代码的复用性，对于共同的或多次使用的模块独立封装，维护简单方便，模块变动时只需要对相应的模块封装即可。

在本书第 9 章的 Page Object 项目中，使用的就是模块化思想，这里就不举例说明了。

11.4 数据驱动模型

数据驱动模型可以在自动化测试执行中根据数据的改变而引起测试结果的改变同，简单地说，就是数据的参数化，输入不同的参数驱动程序执行，从而输出不同的测试结果。针对不同的测试用例，只需要修改数据就能达到目的，数据的保存形式可以是数据、字典，也可以保存在 Excel、数据库、xml 等外部文件中，数据和脚本分开保存，实现了数据与脚本的分离。比如登录模块，我们在模块驱动模型中调用一次使用一次，而在数据驱动模型中只需调用一次，然后通过传入不同的参数即可循环使用，进一步增强了脚本的复用性。

数据驱动模型在增强脚本的复用性上可以说是非常强悍的。相同的操作步骤，只需要改变测试数据就能完成测试，能够快速地应对测试系统中的大量数据，快速创建数百个测试迭代和排列。但是在这种模型下除了需要编写系统模块代码还需要编写高质量的处理文本数据功能和准备大量能够操作的数据集的代码。

在本书第 8 章数据驱动的测试示例中，使用的就是数据驱动模型思想，这里就不举例说明了。

11.5 关键字驱动模型

关键字驱动模型是通过关键字的改变引起测试结果的改变的一种功能自动化测试模型，也称为表驱动测试或基于动作词的测试。关键字驱动模型将测试用例分为 4 个不同的部分：测试步骤、测试步骤对象、对测试对象的操作和测试对象数据。

- 测试步骤：对测试步骤的一个动作描述，或者说是在测试对象上执行的动作的描述。

- 测试对象：页面中元素对象的名称，例如邮箱、密码和登录等。
- 动作：测试对象上执行的动作名称，例如单击、打开浏览器、输入等。
- 测试数据：数据是指对测试对象执行操作所需的值，例如“邮箱”字段的值为“tynam@test.com”。

Robot Framework 就是遵循关键字驱动模型开发的一个功能强大的测试工具，其封装了底层的代码，提供给用户独立的图像界面，以“填表格”形式编写测试用例，降低了脚本的编写难度。

关键字驱动模型中当底层代码封装好后，手动测试人员或非技术测试人员都可以轻松地编写自动化测试脚本，降低了自动化测试用例的编写难度，提高了工作效率，也降低了维护门槛。但是在关键字驱动模型中如果需要对底层代码进行开发，则需要高技能水平的测试人员，且代码质量要有保证。

11.6 混合驱动模型

混合驱动模型严格来说不能算是一种真正的测试模型，它是将模块化驱动、数据驱动和关键字驱动揉合在一起，取长补短，是在软件自动化测试实际应用中提炼出来的一个产物。它可以针对不同的应用场景，从 UI 层面、业务逻辑层面、数据层面或其他层面进行抽象，所以人们更喜欢称其为场景驱动模型。针对特定场景，混合驱动模型可以实现快速编写场景测试脚本和准备测试数据，以达到效率的最大化。

例如，针对登录模块，我们将页面封装成单独的模块，测试登录模块时利用数据驱动方式将测试数据保存在外部测试脚本中，只需要改变测试数据就能达到预期的测试结果，其他功能模块调用登录模块时，使用模块化驱动模型传入一个特定的值就可以达到登录的目的。

总之，混合驱动模型可以根据整个项目的特点选择测试实现的测试模式，在可读性、可维护性等方面有着显而易见的优点。

11.7 行为驱动模型

行为驱动开发英文名为 Behave Driven Development，简称 BDD，是一种敏捷开发方法，主要是从用户的需求出发强调系统行为。将此模型借鉴到自动化测试中称其为行为驱动测试模型，它是一种通过使用自然描述语言确定自动化脚本的模型。也就是说，用例的写法基本和功能测试用例的写法类似，具有良好协作的益处。这种测试模型使每个人都可以参与到行为开发中，而不仅仅是程序员。每个测试场景都是一个独立的行为，以避免重复，并且已有的行为可以重复使用。

目前在 Python 中最流行的 BDD 框架是 Behave（这也是我们本节要讲解的重点），它与其他基于 Gherkin 的 Cucumber 框架非常相似，当然还有其他 BDD 框架，比如 pytest-bdd 和 radish 等。

11.7.1 安装 Behave

Behave 是 Python 语言的一个库，在使用时需要导入行为库 Behave，可以使用 Python 的安装命令安装 Behave，即 pip install behave。

```
    C:\Users\TynamYang>pip install behave
    Collecting behave
      Downloading https://files.pythonhosted.org/packages/a8/6c/ec9169548b6c4c
b877aaa6773408ca08ae2a282805b958dbc163cb19822d/behave-1.2.6-py2.py3-none-any.w
hl (136kB)
        100% |████████████████████████████████████████████████████████
| 143kB 139kB/s
    Requirement already satisfied: six>=1.11 in c:\users\tynamyang\appdata\loc
al\programs\python\python37-32\lib\site-packages (from behave) (1.13.0)
    Collecting parse-type>=0.4.2
      Downloading https://files.pythonhosted.org/packages/1b/81/2a168b41acb57f
1ea8e1e09937f585a0b9105557b13562ff8655fea81c09/parse_type-0.5.2-py2.py3-none-a
ny.whl
    Collecting parse>=1.8.2
      Downloading https://files.pythonhosted.org/packages/4a/ea/9a16ff91675224
1aa80f1a5ec56dc6c6defc5d0e70af2d16904a9573367f/parse-1.14.0.tar.gz
    Installing collected packages: parse, parse-type, behave
        Running setup.py install for parse ... done
    Successfully installed behave-1.2.6 parse-1.14.0 parse-type-0.5.2

    C:\Users\TynamYang>
```

安装完成后可以使用命令 behave –lang-list 查看支持的语言：

```
    C:\Users\TyanmYang>behave --lang-list
    Languages available:
    ar: العربية / Arabic
    bg: български / Bulgarian
    ca: català / Catalan
    cs: Česky / Czech
    cy-GB: Cymraeg / Welsh
    da: dansk / Danish
    de: Deutsch / German
    en: English / English
    en-Scouse: Scouse / Scouse
    en-au: Australian / Australian
    en-lol: LOLCAT / LOLCAT
    en-pirate: Pirate / Pirate
    en-tx: Texan / Texan
    eo: Esperanto / Esperanto
    es: español / Spanish
    et: eesti keel / Estonian
    fi: suomi / Finnish
```

```
fr: français / French
gl: galego / Galician
he: עברית / Hebrew
hr: hrvatski / Croatian
hu: magyar / Hungarian
id: Bahasa Indonesia / Indonesian
is: Íslenska / Icelandic
it: italiano / Italian
ja: 日本語 / Japanese
ko: 한국어 / Korean
lt: lietuvių kalba / Lithuanian
lu: Lëtzebuergesch / Luxemburgish
lv: latviešu / Latvian
nl: Nederlands / Dutch
no: norsk / Norwegian
pl: polski / Polish
pt: português / Portuguese
ro: română / Romanian
ru: русский / Russian
sk: Slovensky / Slovak
sr-Cyrl: Српски / Serbian
sr-Latn: Srpski (Latinica) / Serbian (Latin)
sv: Svenska / Swedish
tr: Türkçe / Turkish
uk: Українська / Ukrainian
uz: Узбекча / Uzbek
vi: Tiếng Việt / Vietnamese
zh-CN: 简体中文 / Chinese simplified
zh-TW: 繁體中文 / Chinese traditional
C:\Users\TyanmYang>
```

使用命令 behave --lang-help zh-CN 查看对应语言的关键字：

```
C:\Users\TyanmYang>behave --lang-help zh-CN
Translations for Chinese simplified / 简体中文
             And: 而且<
            Then: 那么<
Scenario Outline: 场景大纲
             But: 但是<
        Examples: 例子
      Background: 背景
           Given: 假如<
        Scenario: 场景
            When: 当<
         Feature: 功能
C:\Users\TyanmYang>
```

在编写测试用例时需要依靠这些关键字，下面会做具体说明。

11.7.2 Behave 的使用

我们以登录页面为例说明 Behave 的使用。因为行为驱动模型主要在国外运用，国内使用的还比较少，所以，本节只做成功登录页的示例说明。

1. 搭建工程结构

首先，搭建一个基本的行为驱动工程结构，如图 11-2 所示。

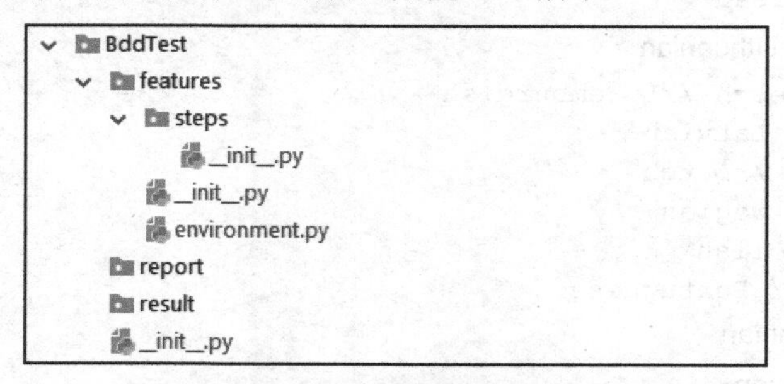

图 11-2　行为驱动模型项目结构

说明：

- features：存放场景文件。
- steps：features 目录下场景.feature 文件对应的执行文件。
- environment.py：环境配置文件。
- report：存放测试报告文件。
- result：存放测试数据 JSON 文件。

工程中各个目录的作用将会在下文做具体说明。

2. 编写 feature 文件

在 features 目录下新建 login. feature 文件，作为登录场景测试用例，在文件中编写测试用例。根据登录的操作步骤，测试用例可写成如下的形式：

```
Feature: 登录功能测试

    Scenario: 进入登录页面
        When 打开登录页面【url】
        Then 进入登录页面

    Scenario: 用户成功登录
        When 输入邮箱地址【邮箱地址】和密码【密码】并且登录
        Then 登录成功
```

上面示例中用到的关键字说明如下：

- Feature：功能测试名称
- Scenario：场景名称

- When：可以理解为测试步骤
- Then：预期结果

在测试场景中经常还会用到 given（测试前提条件）和 and（测试步骤和 when 类似）关键字。上面示例中的【url】、【邮箱地址】和【密码】是动态变化的，所以需要以参数的形式传入。

3．配置 enviroment.py 文件

environment.py 文件主要用来定义一些测试执行前后的操作，比如启动和退出浏览器，类似于单元测试框架里的测试前置条件 setUp 和测试销毁 tearDown。例如，before_step(context, step)和 after_step(context, step)是在每一个测试步骤之前和之后执行一次；before_scenario(context, scenario)和 after_scenario(context, scenario)是在每一个测试场景之前和之后执行一次；before_feature(context, feature)和 after_feature(context, feature)是在每一个测试 feature 文件之前和之后执行一次；before_all(context)和 after_all(context)是在所有的测试之前和之后执行一次。

针对本示例，在测试 feature 文件之前和之后添加预置条件和测试销毁内容。使用方法 before_scenario(context, scenario)添加测试用例执行前的操作，使用方法 after_scenario(context, scenario) 添加测试用例执行后的操作。

```
# -*- coding: utf-8 -*-
from selenium import webdriver

def before_feature(context, feature):
    context.driver = webdriver.Chrome()
    context.driver.maximize_window()

def after_feature(context, feature):
    context.driver.quit()
```

上述代码，将浏览器启动并且最大化浏览器放在测试用例执行前的方法 before_featrue 中，将退出浏览器放在测试用例执行后的方法 after_featrue 中。在函数中有一个参数 context，用于存储信息以及在不同的 step 中分享信息，可以理解为超级全局变量。context 在 given when 和 then 三个 level 中都会运行，并且由 Behave 自动管理。

4．编写 steps

在 steps 目录下新建 login_steps.py 文件，用于存放登录页面的操作，且所有的测试 steps 都必须放在 steps 目录下，命名没有要求。steps 是通过修饰符来进行匹配的，修饰符是一串字符串，如果 feature 文件中 scenario 使用的关键字和字符串与 steps 中某一个 step 关键字和字符串一致，则执行对应的 step 下的函数。

如下代码定义了打开登录页面{url}、进入登录页面、输入邮箱地址{email}和密码{password}并且登录，登录成功 4 个 step，与 feature 文件中操作步骤的语言字符串相匹配。

```
# -*- coding: utf-8 -*-
from behave import *
import time

@When('打开登录页面"{url}"')
```

```
def step_open(context, url):
    context.driver.get(url)
    time.sleep(10)

@Then('进入登录页面')
def step_assert_open(context):
    title = context.driver.title
    assert title == "第一个项目"

@When('输入邮箱地址"{email}"和密码"{password}"并且登录')
def step_login(context, email, password):
    time.sleep(1)
    email_element = context.driver.find_element_by_id('email')
    email_element.send_keys(email)

    time.sleep(1)
    password_element = context.driver.find_element_by_name('password')
    password_element.send_keys(password)

    time.sleep(1)
    login_button_element = context.driver.find_element_by_id('btn-login')
    login_button_element.click()

@Then('登录成功')
def step_assert_login(context):
    time.sleep(1)
    login_text = context.driver.switch_to.alert.text
    assert login_text == "登录成功"
```

修饰符@given、@when、@then 下的方法名以 step_xxx 命名方法实现，传递参数以大括号{参数名}来表示，当然还可以使用正则表达式来匹配。

根据 steps 的操作修改 feature 文件，给对应的参数赋值，结果如下：

```
Feature: 登录功能测试

    Scenario: 进入登录页面
        When 打开登录页面
" http://localhost:63342/projectAutoTest/projectHtml/chapter1/period2/index.ht
ml"
        Then 进入登录页面

    Scenario: 用户成功登录
        When 输入邮箱地址"tynam@test.com"和密码"123"并且登录
        Then 登录成功
```

11.7.3 运行

在命令行模式下进入到 BddTest 目录，直接运行 behave 命令，结果如下：

```
C:\Users\TynamYang\BddTest>behave
```

```
    Feature: 登录功能测试 # login.feature:1

      Scenario: 进入登录页面

            # login.feature:3
        When 打开登录页面
"http://localhost:63342/projectAutoTest/projectHtml/chapter1/period2/index.htm
l" # steps/login_steps.py:7 10.403s
        Then 进入登录页面

              # steps/login_steps.py:13 0.011s

      Scenario: 用户成功登录                         # login.feature:7
        When 输入邮箱地址"tynam@test.com"和密码"123"并且登录
     # steps/login_steps.py:19 3.408s
        Then 登录成功
                                        # steps/login_steps.py:34 1.008s

    1 feature passed, 0 failed, 0 skipped
    2 scenarios passed, 0 failed, 0 skipped
    4 steps passed, 0 failed, 0 skipped, 0 undefined
    Took 0m14.830s
    C:\Users\TynamYang\BddTest>
```

从运行结果中可以看出：

（1）测试功能 Feature 以及测试场景 Scenario 和测试步骤 When、Then。
（2）测试每一步骤的耗时时间，总的耗时时间。
（3）每一个行代码在哪个文件中的哪一行。
（4）测试结果统计，即 feature、scenarios、steps 通过、失败及跳过。

11.7.4 生成测试报告

Behave 库可以很好地与 Allure 结合生成测试报告，操作也很简单，在本书 6.6 Allure 测试报告一节中有过详细说明，使用方法都是相同的，在此就不做详细说明。

生成测试报告时需要导入 allure-behave，使用 pip 命令：

```
    pip install allure-behave
```

使用命令生成 JSON 格式的测试数据并保存在 result 目录下，即 behave -f allure_behave.formatter:AllureFormatter -o result ./features。

```
    C:\Users\TynamYang\BddTest>behave -f allure_behave.formatter:AllureFormatt
er -o result ./features
    1 feature passed, 0 failed, 0 skipped
    2 scenarios passed, 0 failed, 0 skipped
    4 steps passed, 0 failed, 0 skipped, 0 undefined
    Took 0m14.876s
    C:\Users\TynamYang\BddTest>
```

在 result 目录下生成 JSON 数据文件，如图 11-3 所示。

```
result
    547ecc1c-c480-48a3-9612-49b68174c49e-result.json
    4327258c-0ee6-49d6-bcff-8656a2a6a735-result.json
```

图 11-3　生成的 JSON 数据文件

使用命令将 result 目录下的 JSON 格式的测试数据转换成测试报告并且保存在 report 目录下：allure generate ./result/ -o ./report/ --clean

```
C:\Users\TynamYang\BddTest>allure generate ./result/ -o ./report/ --clean
Report successfully generated to ./report
C:\Users\TynamYang\BddTest>
```

在 report 目录下生成测试报告文件，如图 11-4 所示。

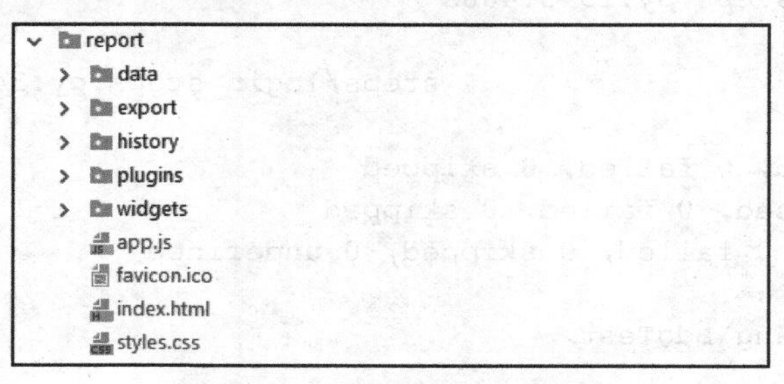

图 11-4　生成的测试报告文件

打开 index.html 查看生成的测试报告，如图 11-5 所示。

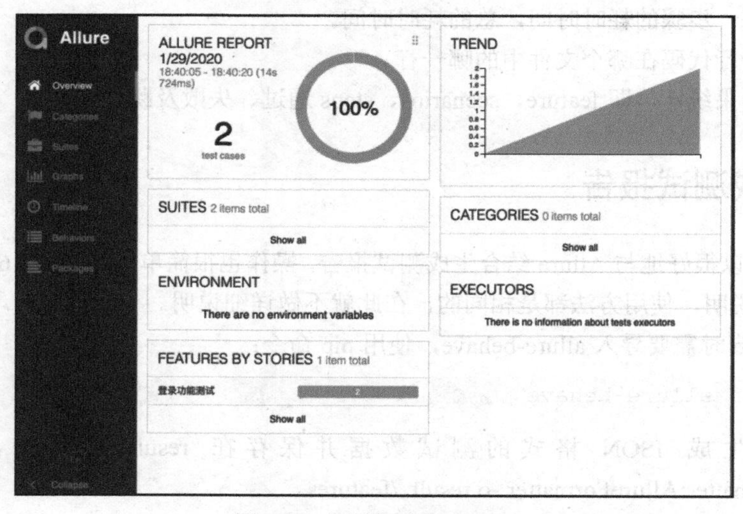

图 11-5　测试报告内容详情

第 12 章

高质量测试代码的编写

编写出高质量的测试代码是对每一位参与项目开发人员的要求。高质量代码具有高可读性、统一的代码风格，结构清晰、简练，方便维护等特点。阅读高质量代码能够读出每个变量、方法、类等的生命力，传递出工程师的意图和想法。本章将从编码规范、分层与结构、阅读源码、持续学习等方面介绍如何提升代码质量，提高测试开发人员的代码编写能力。

12.1 编码规范

规范的编码和统一的风格可以提高代码的阅读性，减少出错率并且降低维护成本。PEP8 文档可以看作是 Python 的官方标准编码规范，用于规范 Python 主发行版中的标准库的代码，其网址为：https://www.python.org/dev/peps/pep-0008/。一个好的编码规范可以使源代码严谨且具有意义，接下来列出一些比较常用的规范：

1. 命名规范

模块命名使用小写单词加下画线“_”构成。例如：test_module

类名使用驼峰命名风格，首字母大写，私有类以下画线“_”开头，示例如下：

```
class TestClass():
    pass

class _PrivateClass():
    pass
```

函数名使用小写单词加下画线“_”组成，私有函数以下画线“_”开头，示例如下：

```
def test_func():
```

```
    pass

def _private_func():
    pass
```

变量名尽量小写，如有多个单词，使用下画线“_”分割，示例如下：

```
variable = 'name'
variable_id = 1123
```

常量使用大写字符串，如有多个单词，使用下画线“_”分割，示例如下：

```
TIMEOUT = 300
MAX_TIMEOUT= 600
```

异常类命名需要在名字后面添加“Error”，因为异常一般都是类，所以也遵循类的命名规则。示例如下：

```
class SomeCustomError(Exception):
    pass
```

2. 默认值

不要使用可变对象作为默认值，因为在 def 声明被执行时默认参数总是被评估。

示例：设置一个默认值为空列表。

```
# 不推荐
def func(l=[]):
    pass

# 推荐写法
def func(l=None):
    if l is None:
        l = []
```

3. 变量赋值

两个变量赋值要写在一行。

示例：

```
# 一行赋值
a, b = 1, 2

# 分开赋值
a = 1
b = 2
```

上述示例给两个变量同时赋值，写在一行比分开来写看起来更清晰。

4. 变量交换

变量交换不要引用中间变量，以免增加额外的开销。示例如下：

```
# 推荐使用
a, b = b, a
```

5. 列表推导

使用列表推导可提高效率，同时，在创建新列表时尽量保持代码简短。示例如下：

```
list = [n for n in range(5)]
```

在列表推导中如果代码量过大，建议使用 for 循环。如果继续坚持使用一行代码表达反而影响阅读，不易理解。

6. 字符串拼接

字符串拼接中推荐使用“join”，而不是 “+”。 示例如下：

```
letter = ['t', 'y', 'n', 'a', 'm']
str = ''.join(letter)
```

7. 上下文管理

上下文管理器能够处理文件关闭并抛出异常，使用 with 可以很好地实现该功能。示例如下：

```
with open('tynam.py', 'w') as f:
    f.write('Hello, World!')
```

不推荐直接使用 open-close 方法，因为一旦该方法在文件写入过程中出现异常，而文件未正确关闭，将导致写入文件的数据损坏或者丢失。

```
# 不推荐使用
f = open('tynam.py', 'w')
f.write('Hello, World!')
f.close()
```

8. 空行

类与类、类与函数之间空两行，类成员函数之间、不同的逻辑块之间空一行。示例如下：

```
class Test():
    def __init__(self):
        pass

    def func1(self):
        pass

    def func2(self):
        pass


def func3():
    pass
```

9. import

所有 import 尽量放在文件开头，导入时以标准库、第三方库、本项目 package 或 module 顺序进行导入，且一个 import 单独占一行，同一个 package/module 下的内容可以写一起。示例如下：

```
import sys
import time
```

```
from selenium import webdriver
```

10. 其他的一些规范

- 如无特殊情况，文件头部必须加入 #-*-coding:utf-8-*- 编码标识。
- 使用 4 个空格缩进，不要使用 Tap，更不能混合使用 Tap 和空格。
- 在注释符号 # 后面添加一个空格，但是 #!/usr/bin/python 不需要空格。
- import 过长需要放在多行时使用 from xxx import（a, b, c）。
- 二元操作符两端要添加一个空格，如=、==、<、>、!=、<>、<=、>=二元操作符。
- 每行最大长度 79，换行可以使用反斜杠，最好使用圆括号。换行点要在操作符的后边敲回车。
- 使用内置函数 sorted 和 list.sort 进行排序。
- 适量使用 map、reduce、filter 和 lambda
- 使用内置的 all、any 处理多个条件的判断。

12.2 分层与结构

分层是指从代码上由上至下的一种层级。这种层级之间关系应该是清晰的、明确的，并且每一层都分工明确。与分层平级的便是结构，结构是指从业务逻辑上每个功能模块之间有很明显的区分。分层是纵向的，结构是横向的，两者之间耦合关系的构建在很大程度上决定着整个项目工程的代码质量。

例如，在本书的实例中，第 1 章第 2 节的实例项目层次，如图 12-1 所示。

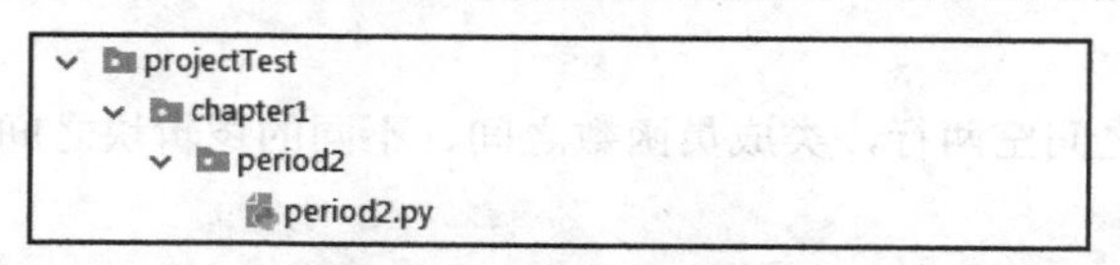

图 12-1 项目层次示例 1

~/projectTest/chapter1/period2，就很清楚地看出是测试项目下的第 1 章第 2 节内容。如果将来项目有变化，目录结构也不需要做太大的改动，只需要将变动的地方进行调整即可。

再比如，本书中第 8 章数据驱动的示例结构，如图 12-2 所示。

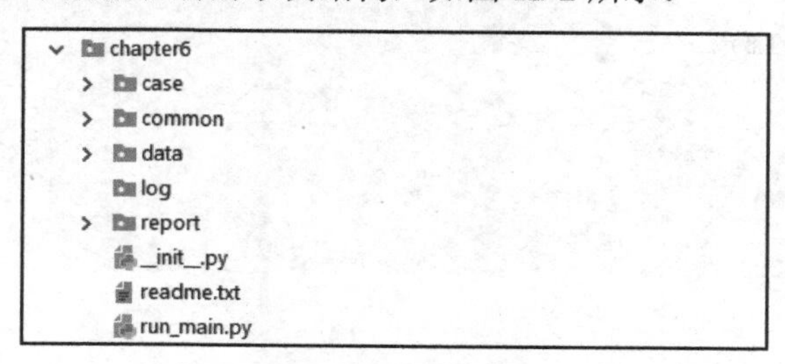

图 12-2 项目层次示例 2

按照模块划分，case 目录存放测试用例的生成文件，common 目录为公共层目录，data 目录存放数据文件，log 目录存放日志，report 目录存放测试报告，run_main.py 运行脚本并生成测试报告，

readme.txt 对项目进行说明。

这样划分可以很清楚地知道每个目录存放的是什么，扩展性也好，如果还有其他目录只需在新建目录存放即可。同一个目录下存放类似的文件，结构清晰易懂。

良好的目录结构和层次划分可以使项目具有直观的可读性和扩展性。在项目结构层次上没有标准和固定的模式，要根据实际场景进行选择、更改或变通，作出适合项目的模式。

12.3　阅读源码的技巧

很多人为了提高代码质量，就会模仿一些像谷歌的《Google xxx style guide》、阿里的《阿里巴巴 xxx 开发手册》、华为的《华为公司软件编程规范和范例》等大公司制定的条框规矩来约束自己，但是这些代码手册真的适合自己的项目吗？建议阅读大量的源码来总结，尤其是一些比较优秀的开源项目，从而制定出适合自己项目的规范条例。

阅读源码应该是一种自发的习惯，比如笔者在自动化测试代码中使用了开源项目 selenium，那么首先需要知道它是做什么的，有什么优缺点，运行原理又是什么。其次需要熟悉 Selenium 的架构层次、核心内容、经常使用的一些细节方面的东西。这样一旦在使用过程中出现问题，也会知道为什么会出这样的问题，从而找到解决问题的方法。

示例：阅读 Python 语言中的 selenium 库源码。

阅读地址：https://github.com/SeleniumHQ/selenium/tree/master/py/selenium/webdriver，如图 12-3 所示。

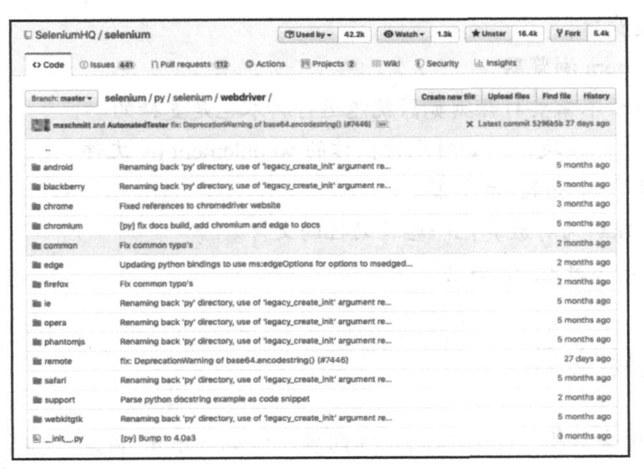

图 12-3　selenium-webdriver 的目录结构

下面我们来介绍源码阅读的步骤和方法。

12.3.1　分析层次

从图 12-3 中的 selenium-webdriver 的目录结构可以看到，Python 语言中 Selenium 层次为

/selenium/py/selenium/webdriver/，每一层含义都很明确，分别说明如下：

- 第一层 selenium/ 为项目名称。
- 第二层 selenium/py/ 表示在 Python 语言中使用。
- 第三层 selenium/py/selenium/ 表示在 Python 语言下使用 selenium。
- 第四层 selenium/py/selenium/webdriver/ 表示不同平台、不同浏览器中驱动的使用。

12.3.2 分析结构

我们再来看 webdriver 目录下的结构，不同的运行平台或浏览器在同一个目录下，如果还想支持更多的平台或浏览器只需要在第四层 webdriver 目录下添加，对整个项目的结构层次不需要过大的修改就可完成。

从 webdriver 目录下也可以看出 selenium 所支持的浏览器和平台：

- android：支持 Android 平台。
- blackberry：支持 blackberry 黑莓平台。
- chrome：支持谷歌浏览器。
- chromium：支持 chromium 驱动。
- common：公共类文件，例如存放浏览器弹窗处理 alert.py 文件，鼠标操作 action_chains.py 文件。
- edge：支持 edge 浏览器。
- firefox：支持火狐浏览器。
- ie：支持 IE 浏览器。
- opera：支持 Opera 浏览器。
- phantomjs：对于不需要打开浏览器就能运行脚本也是支持的。
- remote：核心功能模块，例如对元素操作的 webelement.py 文件。
- safari：支持苹果的 Safari 浏览器。
- support：可以理解为存放其他一些辅助性的文件。
- webkitgtk：支持 webkitgtk 驱动。

12.3.3 分析具体文件

分析完结构层次再来分析一个具体的文件内容，例如 remote 目录下的 webelement.py 文件。

1. 分析文件的导入

webelement.py 文件中模块导入源码如下：

```
import base64
import hashlib
import os
import pkgutil
import warnings
```

```
import zipfile

from selenium.common.exceptions import WebDriverException
from selenium.webdriver.common.by import By
from selenium.webdriver.common.utils import keys_to_typing
from .command import Command
```

可以看出，遵循标准库、第三方库、本项目 package 或 module 顺序导入且一个 import 单独占一行的规范。如果是从项目中当前文件所在的目录中导入前面加点‘.’标识，例如 from .command import Command 就是从当前文件所在的目录 command 下导入 Command。

2. 分析类

这里我们分析类是怎样定义的，例如，WebElement 类的定义源码如下：

```
class WebElement(object):
    """Represents a DOM element.

    Generally, all interesting operations that interact with a document wi
ll be
    performed through this interface.

    All method calls will do a freshness check to ensure that the element
    reference is still valid.  This essentially determines whether or not
the
    element is still attached to the DOM.  If this test fails, then an
    ``StaleElementReferenceException`` is thrown, and all future calls to
this
    instance will fail."""
```

定义 class 类后紧接着就给出了说明，说明该类是做什么用的；从命名中可以看到使用的是驼峰命名风格，首字母大写，且 WebElement 词很清楚地表达了是 Web 页面中的元素，据此可以想到此类是对元素的处理；从注释中也可以得到信息，是一个 DOM 元素，如果查找的元素无效则抛出“StaleElementReferenceException”错误，表示测试失败。

3. 分析方法

例如，分析方法 find_element_by_name，源码如下：

```
def find_element_by_name(self, name):
    """Finds element within this element's children by name.

    :Args:
     - name - name property of the element to find.

    :Returns:
     - WebElement - the element if it was found

    :Raises:
     - NoSuchElementException - if the element wasn't found
```

```
    :Usage:
        element = element.find_element_by_name('foo')
    """
    return self.find_element(by=By.NAME, value=name)
```

文件命名遵循函数名的命名规范，由小写单词加下画线“_”组成。名字表达的也很直接，通过 name 属性查找元素，并且使用块注释对函数进行说明。

首先总体说明方法的作用，以属性 name 查找，如果一个元素的子属性中存在 name 的值等于查找的值，即为寻找的元素。

其次说明方法的参数，参数 name 为要查找的元素的 name 属性。

再次说明该方法的返回值，从代码中可以看到如果找到了，则返回该元素；如果没找到，则抛出异常 NoSuchElementException。

最后给出了一个方法使用的实例，element = element.find_element_by_name('foo')。

4．全局分析

分析代码的规范、风格、类之间的继承关系、方法之间的依赖关系、部分细节的逻辑处理等，从中找寻乐趣。

总之，在阅读源码时要有重点、有目的地阅读，把握住全局思想，精准阅读，认真思考。

12.4 持续学习

持续学习来越来越受到人们的重视，特别是在更新迭代频繁的 IT 圈，不进步就等于退步。持续学习可以使一个人不断地接触新的事物，保持自身技术的先进性，紧跟时代的步伐，更好地担负起自己的责任和做好项目测试工作。这也就隐形的对测试人员有了更高的要求，只有善于捕捉新概念、研读新理论、实践新技术，才能提升技能，成为一名更有担当的测试人员。

只有持续学习才能在项目测试中使用更优秀的方法，保证产品的测试更全面。例如，Python 3.8 版本发布后新增了“:= ”语法，可在表达式内部为变量赋值，请看如下示例：

```
if (n := len(a)) > 10:
    print(f"List is too long ({n} elements, expected <= 10)")
```

在上面的示例中，赋值表达式的使用避免了两次调用 len( )方法，使代码看起来更简洁直观。再比如 Python 3.8 版本发布后，UnitTest 单元测试框架中添加了 addModuleCleanup( )和 addClassCleanup( )以支持对 setUpModule( ) 和 setUpClass( ) 进行清理。我们如果在自动化测试中使用了 UnitTest 框架，那么就可以使用它更好地进行数据处理。因此学习新特性是一件非常重要的事。

第 13 章

用 Git 管理项目

Git 是一个先进的、非常流行的分布式版本控制和软件配置管理工具，在自动化脚本开发中使用 Git 进行项目版本管理，可以做到有效且高速。本章将介绍 Git 的简单使用和如何利用 GitHub 进行项目管理。

13.1 Git 简介

Git 是一个分布式版本控制和软件配置管理软件，采用的是分布式版本库的做法。各个开发者可以把代码仓库完整地从服务器上克隆到本地，本地拥有仓库所有的文件和历史记录。Git 则是目前最为流行的分布式版本控制系统。

Git 的一般使用流程如下：

（1）从服务器上克隆完整的仓库到本地。

（2）在本地创建分支，修改代码。

（3）代码修改完成后合并本地分支。

（4）fetch 服务器的最新版本并和本地主分支合并。

（5）解决冲突，进行提交。

Git 的特点：

- 速度快、灵活。
- 可以离线工作。
- 时刻保持数据的完整性。
- 允许多个并行开发的分支。

13.2 安装 Git

Git 在 Linux、Unix、Mac 和 Windows 平台都可稳定运行，下面以在 Windows 系统安装 Git 为例。进入 Git 官网下载页面 https://git-scm.com/download/下载 Git 工具，如图 13-1 所示。

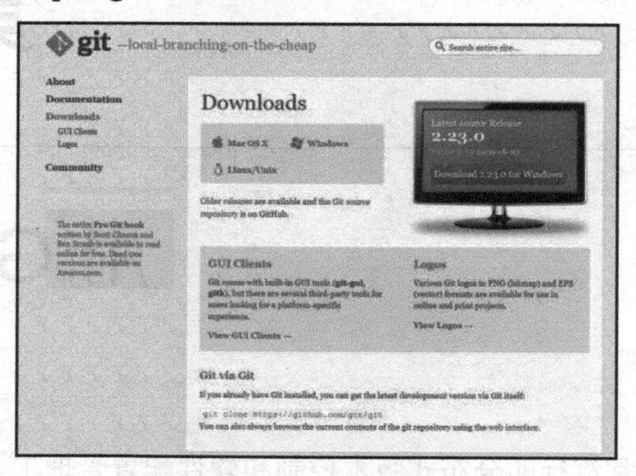

图 13-1 Git 下载页面

选择 Windows 平台进行下载，然后默认安装即可。安装完成后会出现 Git Bash、Bit CMD 和 Git GUI 程序，如图 13-2 所示。

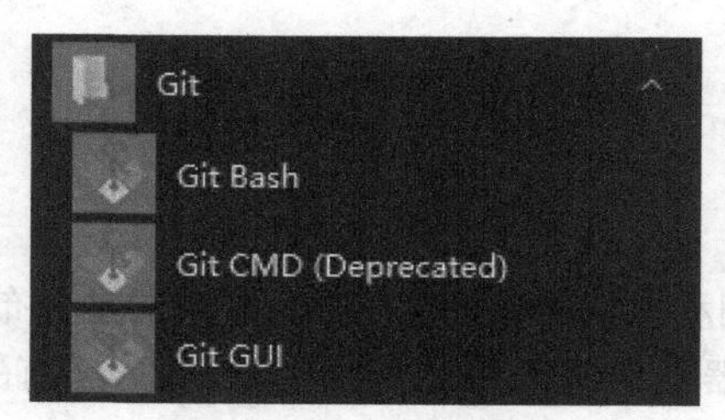

图 13-2 Git 程序

- Git CMD：允许通过命令行使用所有 Git 功能。
- Git Bash：在 Windows 上模拟 Bash 环境，允许在命令行中使用所有的 Git 功能以及 standard unix commands 的大部分功能。
- Git GUI：一个图形化的用户操作界面，可在图形界面中进行各种操作，Git 图形界面的主页如图 13-3 所示。

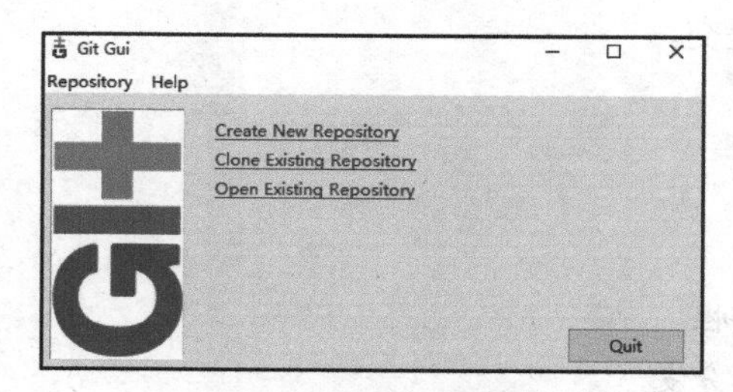

图 13-3 Git 图形界面

13.3　Git 的配置

Git 安装完成后初次使用需要进行 Git 工作环境的配置，Git 提供了 git config 工具专门用来配置或读取相应的工作环境变量。

13.3.1　配置用户信息

首先配置个人用户名和电子邮箱，因为 Git 是分布式版本控制，所以需要一个标识，例如在 Git 提交时会记录是哪个用户提交的。

示例：配置用户名“tynam”，配置邮箱“tynam.yang@gmail.com”。

使用命令：git config --global user.name "tynam"

git config --global user.email tynam.yang@gmail.com

```
C:\Users\TynamYang>git config --global user.name "tynam"
C:\Users\TynamYang>git config --global user.email tynam.yang@gmail.com
```

说明：

--global 参数：表示这台机器上所有的 Git 仓库都会使用这个配置。

13.3.2　文本编辑器配置

设置默认使用的文本编辑器，一般使用 Vi 或 Vim，也可以使用其他编辑器，比如 Emacs，但需要重新设置。

示例：将 emacs 设置为默认文本编辑器。

使用命令：git config --global core.editor emacs

```
C:\Users\TynamYang>git config --global core.editor emacs
```

13.3.3　配置差异分析工具

为了解决合并冲突的问题，用户还需要配置使用哪种差异分析工具，这些工具包括：kdiff3、tkdiff、meld、xxdiff、emerge、vimdiff、gvimdiff、ecmerge 和 opendiff 等。

示例：设置差异分析工具为 vimdiff。

使用命令：git config --global merge.tool vimdiff

```
C:\Users\TynamYang>git config --global merge.tool vimdiff
```

13.3.4 查看配置信息

可以使用命令 git config --list 检查自己已经设置的配置信息，示例如下：

```
C:\Users\TynamYang>git config --list
core.symlinks=false
core.autocrlf=true
core.fscache=true
color.diff=auto
color.status=auto
color.branch=auto
color.interactive=true
help.format=html
rebase.autosquash=true
http.sslcainfo=C:/Program Files/Git/mingw64/ssl/certs/ca-bundle.crt
http.sslbackend=openssl
diff.astextplain.textconv=astextplain
filter.lfs.clean=git-lfs clean -- %f
filter.lfs.smudge=git-lfs smudge -skip -- %f
filter.lfs.process=git-lfs filter-process --skip
filter.lfs.required=true
credential.helper=manager
user.name=tynam
user.email=tynam.Yang@gmail.com
core.editor=emacs
merge.tool=vimdiff
```

13.4 常用命令

在命令行中可直接使用 Git 查看常用的命令，示例如下：

```
usage: git [--version] [--help] [-C <path>] [-c <name>=<value>]
           [--exec-path[=<path>]] [--html-path] [--man-path] [--info-path]
           [-p | --paginate | -P | --no-pager] [--no-replace-objects] [--b
are]
           [--git-dir=<path>] [--work-tree=<path>] [--namespace=<name>]
           <command> [<args>]

These are common Git commands used in various situations:

start a working area (see also: git help tutorial)
   clone      Clone a repository into a new directory
   init       Create an empty Git repository or reinitialize an existing o
ne

work on the current change (see also: git help everyday)
```

```
   add        Add file contents to the index
   mv         Move or rename a file, a directory, or a symlink
   reset      Reset current HEAD to the specified state
   rm         Remove files from the working tree and from the index

examine the history and state (see also: git help revisions)
   bisect     Use binary search to find the commit that introduced a bug
   grep       Print lines matching a pattern
   log        Show commit logs
   show       Show various types of objects
   status     Show the working tree status

grow, mark and tweak your common history
   branch     List, create, or delete branches
   checkout   Switch branches or restore working tree files
   commit     Record changes to the repository
   diff       Show changes between commits, commit and working tree, etc
   merge      Join two or more development histories together
   rebase     Reapply commits on top of another base tip
   tag        Create, list, delete or verify a tag object signed with GPG

collaborate (see also: git help workflows)
   fetch      Download objects and refs from another repository
   pull       Fetch from and integrate with another repository or a local
branch
   push       Update remote refs along with associated objects

'git help -a' and 'git help -g' list available subcommands and some
concept guides. See 'git help <command>' or 'git help <concept>'
to read about a specific subcommand or concept.
```

Git的官方文档（https://git-scm.com/docs）中对以上命令做了详细的解释，下面介绍一些常用的命令。

1. 基本命令

- git init [project-name]：创建一个代码库。
- git clone [url]：克隆仓库包括历史记录。
- git status：查看变更情况。
- git branch –v：查看当前工作的分支。
- git checkout [branch]：切换到指定的分支。
- git add .：将当前目录及其子目录下的所有变更都加入到暂存区，主要add后面的点。
- git add –A：将仓库内的所有变更都加入到暂存区。
- git commit：提交当前所有的修改文件。

2. 暂存区与工作区命令

- git diff：比较工作区与暂存区的所有差异。
- git diff [fileName]：比较文件工作区与暂存区的差异。

- git checkout [fileName1] [fileName2] ... [fileNameN]：将工作区指定的文件恢复成暂存区的文件。

3．分支与标签命令

- git branch：查看本地所有的分支。
- git branch [branch]：基于当前分支创建新分支。
- git branch -d [branch]：安全删除本地分支。
- git branch -D [branch]：强行删除本地分支。
- git tag：查看所有标签。
- git tag [name]：基于当前 commit 创建一个标签。
- git tag -d [name]：删除本地标签。

4．与远程仓库进行交互的命令

- git remote -v：查看远程仓库。
- git remote add [name] [url]：添加远程仓库。
- git remote rm [name]：删除远程仓库。
- git pull [remoteName] [localBranchName]：将远程仓库拉到本地且 merge（合并）到本地分支。
- git pull remote[remoteName] [localBranchName]：将本地指定分支上传到远程仓库。
- git push remote --delete [branchName]：删除远程仓库的分支。
- git push remote [tagName]：向远程仓库提交指定的标签。
- git push remote --tags：向远程仓库提交所有的标签。
- git push [remote] –all：上传所有分支到远程仓库。

5．其他操作命令

- git merge [branch]：合并指定分支到当前分支。
- git status：列出当前分支所有变更的文件。
- git log：查看版本演变历史。
- git fetch [remote]：获取最新的所有修改。
- git mergetool：使用 mergetool 解决冲突。
- git blame [fileName]：查看文件各行最后修改对应的 commit 及其作者。

13.5 GitHub

Github 是一个社交编程及代码托管平台，平台地址为：https://github.com/，在平台中可以使用 Git 来管理自己的项目代码。

13.5.1 账号注册

使用 GitHub 首先需要注册一个账号。进入 GitHub 首页 https://github.com/，Github 登录页面如

图 13-4 所示。单击【Sign Up】进行注册，【Sign Up】左侧的【Sign in】为登录按钮。

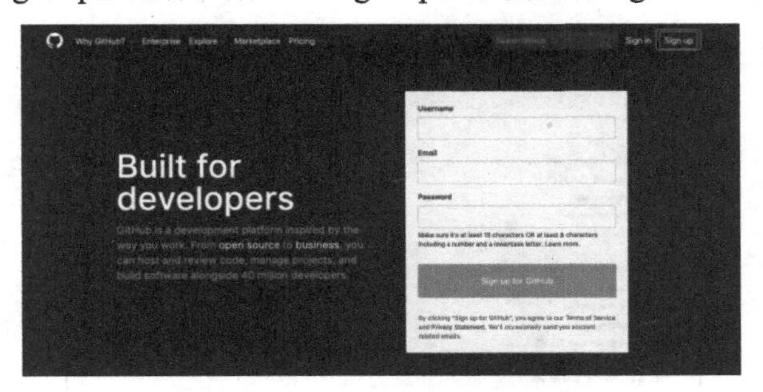

图 13-4　github 登录页面

下一步进行注册，如图 13-5 所示。输入用户名、邮箱地址和密码，单击【Create an ccount】创建账号，进入到第二步【Chose your Subscription】页面。

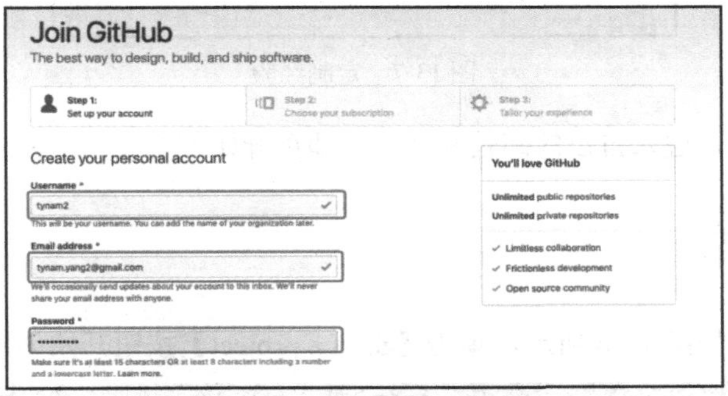

图 13-5　创建 Github 账号

第二步是使用权益选择，如图 13-6 所示。选择使用免费的还是收费的，单击【continue】继续下一步。

免费使用不限制公共和私有存储仓库，但是私有仓库最大允许三个人共同参与，提供版本信息和问题追踪。收费的每月收取七美元，但是项目参与的人数不限制。

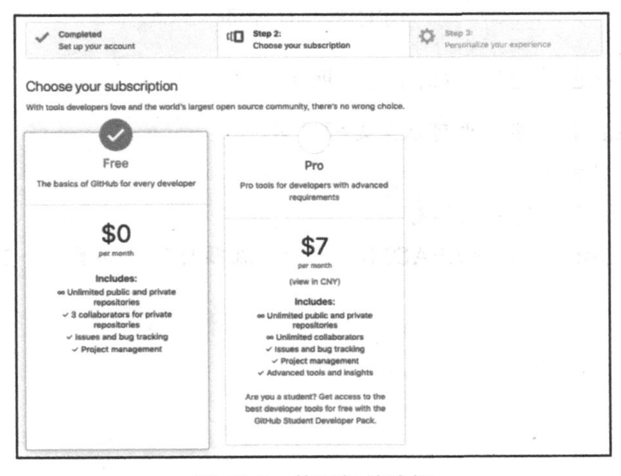

图 13-6　使用权益选择

第三步为一些自己的经验或掌握的技术，如图 13-7 所示，单击【skip this step】直接跳过即可。

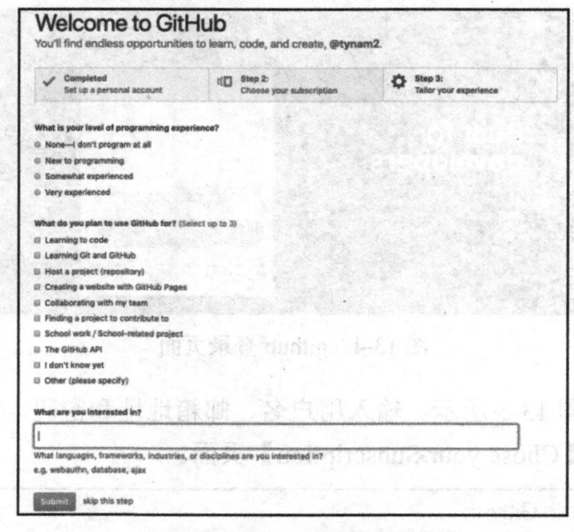

图 13-7　定制经验

最后进入邮箱验证，进入自己的邮箱验证一下即可开始使用。

13.5.2　创建仓库

进入自己的首页，如图 13-8 所示，单击【Start a project】按钮开始创建仓库。

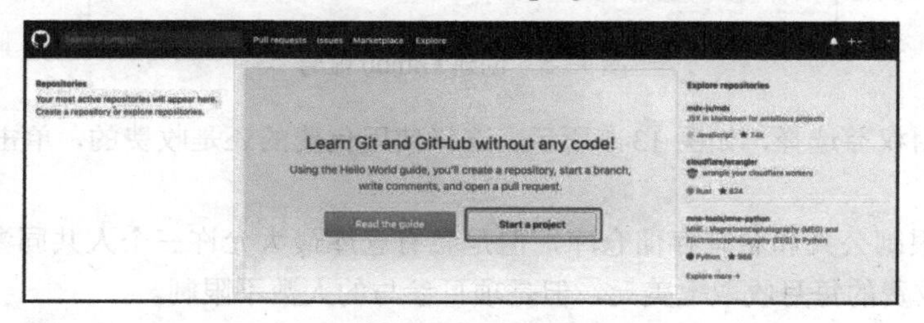

图 13-8　用户首页

填写仓库的一些信息创建仓库，如图 13-9 所示。

- Repository name：仓库名，也可认为是项目名。
- Description：项目描述。
- Public/Private：仓库公有还是私有。
- Initialize this repository with a README：勾选，在项目下则会多一个 README 文件，用来详细描述项目。

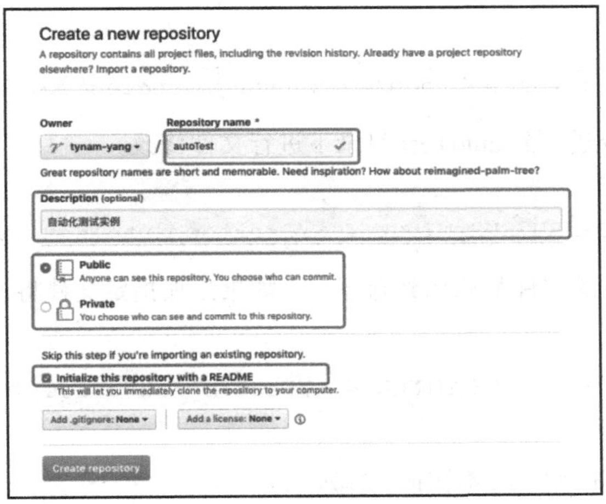

图 13-9 创建仓库

以上信息设置完成后单击【Create repository】创建仓库。

仓库创建完成后进入仓库主页，如图 13-10 所示，主页中可以看到一些仓库的信息和基本操作。

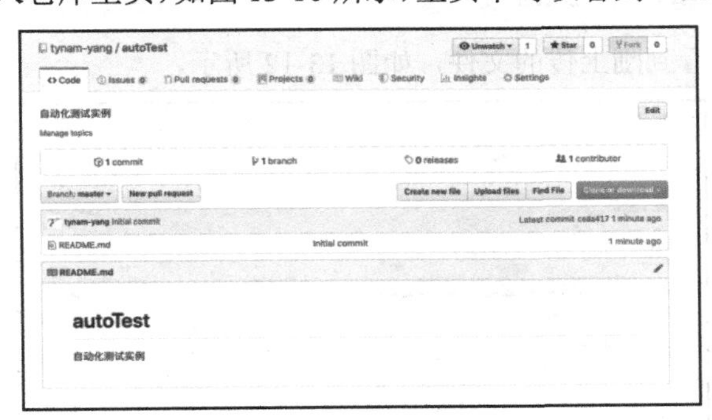

图 13-10 仓库主页

13.5.3 上传项目

复制项目 URL 地址，如图 13-11 所示。

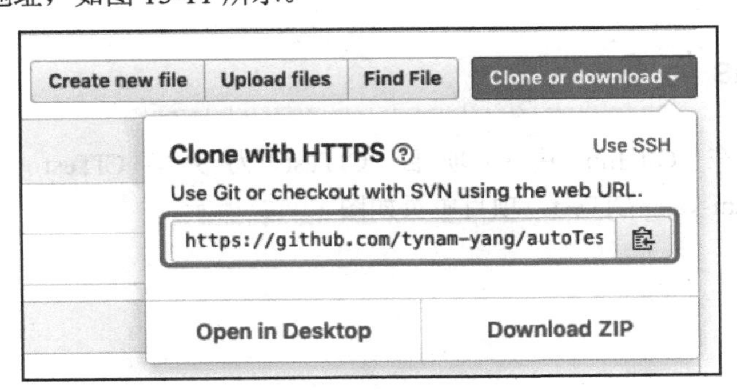

图 13-11 仓库 url

打开 Git 命令行窗口，使用命令 git clone https://github.com/tynam-yang/autoTest.git 将项目克隆

到本地。

```
$ git clone https://github.com/tynam-yang/autoTest.git
```

使用 cd autoTest 命令进入到 autoTest 目录下进行文件修改。

```
$ cd autoTest/
TynamYang@DESKTOP-3RU7SKH MINGW64 ~/Desktop/autoTest (master)
```

使用 git add. 将所有的文件都添加到仓库中。如果添加指定文件将 add 后面的点（.）替换成需要添加的文件名即可。

```
TynamYang@DESKTOP-3RU7SKH MINGW64 ~/Desktop/autoTest (master)
$ git add .
```

使用 git commit -m "注释"，对本次提交添加注释。

```
$ git commit -m "首次添加"
```

使用 git push -u origin master，将代码上传到 GitHub 仓库。

```
$ git push -u origin master
```

进入 GitHub 仓库可看到刚上传的文件，如图 13-12 所示。

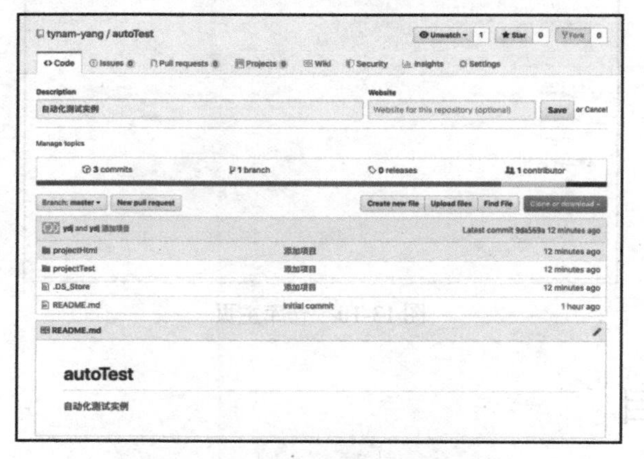

图 13-12　上传文件后的仓库主页

13.5.4　Jenkins 与 Git

我们以存放在 GitHub 中的项目 CITest 为例。CITest 项目的地址为：https://github.com/tynam-yang/CITest，项目主页如图 13-13 所示。

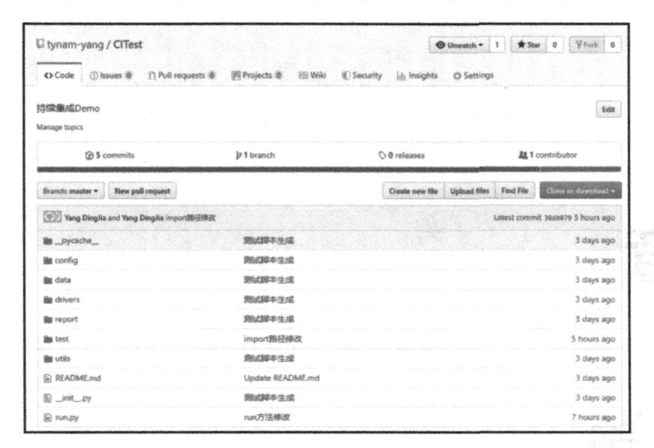

图 13-13　CITest 项目

在 Jenkins 中创建项目 PyCiTest。

在配置源码管理中选择 Git，如图 13-14 所示，直接复制 Git 地址填入 Repository URL 中即可。

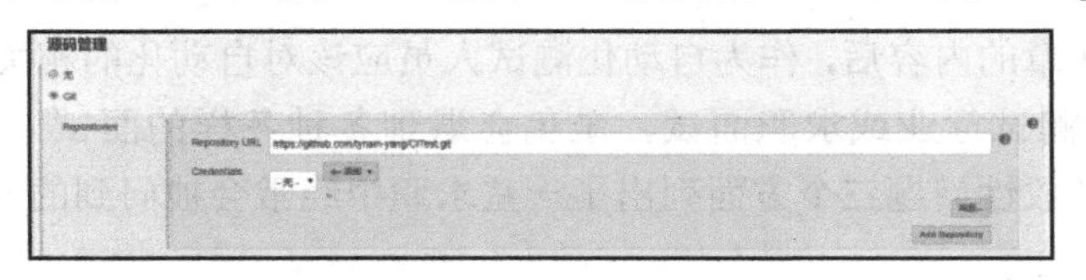

图 13-14　Jenkins 中源码管理

如果项目是公共类型的则可跳过添加账户信息，如果是私有类型，则需要单击 Credentials 后面的【Add】添加账户信息，添加账户信息的页面如图 13-15 所示。

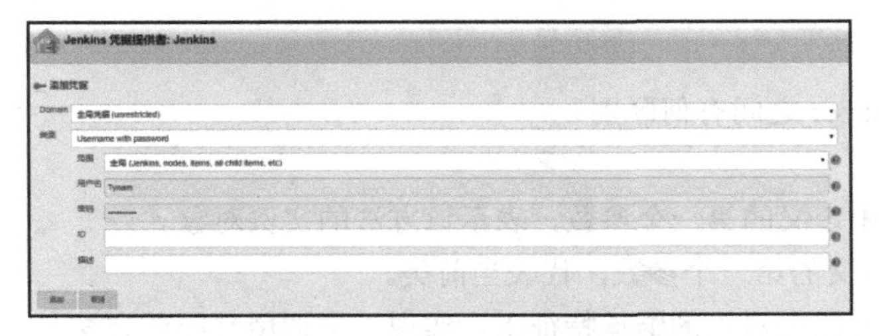

图 13-15　Jenkins 中添加凭据

然后设置构建并进行保存，结果如图 13-16 所示。

图 13-16　设置构建

至此设置完成，返回项目，单击【Build Now】按钮便可运行项目。

第 14 章

精选面试题

在学习完第 1~13 章的内容后，作为自动化测试人员应该对自动化的相关知识有了一个基本的掌握。如果你想入行测试行业或求职面试，难免会遇到各种各样的面试方面的问题。本章将从 Python、Selenium 和开放性问题三个方面列出了一些求职中经常会被问到的问题，有希望对求职需求的读者有所帮忙。

14.1 Python 题

1．self、cls 和 super 之间有何区别？

解答：

self 是实例方法中定义的第一个参数，表示该方法的实例对象。

cls 是类方法中定义的第一个参数，代表当前类。

super 是在 Python 面向对象的继承特征下，实现子类调用父类的方法。

2．@classmethod 和@staticmethod 有什么区别？

解答：

@classmethod 是类装饰器，使用装饰器方法定义类方法，Python 解释器会认为该方法为类方法。

@staticmethod 是静态方法装饰器，使用装饰器方法定义静态方法， Python 解释器会认为该方法为静态方法。

使用装饰器可以优化方法的执行效率。

3．*args 和 **kwargs 的有哪些异同点？

解答：

（1）*args 参数表示传入的参数可以任意多，是一个元组类型的数据。

（2）**kwargs 参数表示关键字参数，是一个字典类型的数据。

（3）*args 和**kwargs 都是可变参数，在函数定义中都会放在参数列表中最后位置。如果同时使用*args 和**kwargs，*args 参数必须列在**kwargs 之前，否则报语法错误。

4．函数和方法有什么区别？

解答：

两者都是用 def 关键字定义。函数在 py 文件中可以直接定义，而方法只能写在 class 类中定义。

函数可直接调用，即：函数名(参数)，而方法的调用需要通过对象调用，即：类名.方法名(参数)。

5．请说明单引号、双引号和三引号各自的用法。

解答：

单引号和双引号没有什么区别，只不过单引号写起来比双引号快，单引号只需要一个键而双引号需要 shift 键的配合。

三引号用来注释大篇幅的字符串。

6．标识符在什么时候需要使用下画线开头？

解答：在 Python 中以下画线开头的变量为私有变量，如果要使变量私有，就需要使用下画线开头。

7．Python 中的 pass 是什么意思？

解答：

pass 是 Python 中的空操作语句，或者说是一个空间占位符。

例如，定义一个函数，如果什么都不写则会报错，这时候就需要 pass 进行占位。

8．如何正确理解 if __name__ == '__main__'?

解答：

name 为当前模块名，当模块被直接运行时，模块名为 main。

if __name__ == '__main__'可以使当前模块独立运行，也可以当做模块导入到其他文件，当导入到其他脚本文件的时候，__name__的名字其实是导入模块的名字而不是'__main__'，此时 main 中的代码将不会被执行。

9．is 和==有什么区别？

解答：

is：比较的是两个对象的 id 值是否相等，即内存地址。

==：比较两个对象的值是否相等，默认执行的是 eq()方法。

10．模块和包有什么区别？

解答：

在 Python 中，模块就是一种构建程序的方式，每一个.py 程序文件都是一个模块，这个文件还可以引入其他模块如对象和属性等。

Python 程序的文件夹就是模块的包，每个包下面都会有一个__init__.py 文件，一个包可以包含多个模块和子文件夹。

11．为什么选择 Python，或者 Python 有哪些优点？

解答：易上手、可解释，面向对象、开源，具有强大的社区支持。

12．Python 的数据类型有哪些？

解答：共有 6 种，分别是：整型（int）、布尔型（bool）、字符串（str）、列表（list）、元组（tuple）和字典（dict）。

13．请解释一下Python的可变数据类型和不可变数据类型？

解答：

可变数据类型：当该数据类型的对应变量值发生改变时，其对应的内存地址不会改变，这种数据类型称为可变数据类型。例如，列表（list）和字典（dict）。

不可变数据类型：当该数据类型的对应变量值发生改变时，其对应的内存地址也会改变，这种数据类型称为不可变数据类型。例如，整型（int）、浮点型（float）、字符串型（string）和元组（tuple）。

14．怎样避免字符串的转义？

解答：在字符串前面加r可以保持原始字符串，例如，r'/Users/project/test'。

15．列表和字典有什么区别？

解答：主要有两点，一是获取元素的方式不同，列表通过索引获取，字典通过键获取；二是数据结构不同，列表中每一个元素对应一个值，字典是以键值对方式存储数据，占有内存不同。

16．JSON和字典有什么区别？

解答：从形式上看，都是“Key：Value”的形式，但是从本质上讲，字典是一种数据结构，而JSON是一种格式；字典有很多内置函数，多种调用方法，而JSON是数据打包的一种格式，并不像字典具备操作性，并且是格式就会有一些形式上的限制，比如JSON的格式要求必须且只能使用双引号作为key或者值的边界符号，不能使用单引号，而且“key”必须使用边界符（双引号），但字典就无所谓。例如：{'a':1, 'b': 2}是字典。'{'a': 1, 'b': 2}'则是JSON格式数据。

17．简述join()和split() 函数的功能。

解答：

join ( )用于连接字符串数组，即可以将字符串、元组、列表中的元素以指定的字符（分隔符）连接生成一个新的字符串。

split( )函数可以用指定的字符分割字符串。

示例：

```
>>> list = ['love', 'me']
>>> ' '.join(list)
'love me'
>>> url = 'www.baiducom'
>>> url = 'www.baidu.com'
>>> url.split('.')
['www', 'baidu', 'com']
```

18．遍历和迭代有什么区别？

解答：

迭代是重复运行一段代码语句块，分为两种方式，使用递归函数和使用循环（for 或 while 循环）。遍历是对一个序列中的所有元素都执行动作。

19．下面代码的输出结果是什么？

```
name = "xiaoming"

def func1():
```

```
    print(name)

def func2():
    name = "wangsan"
    func1()

func2()
```

解答：

输出结果：xiaoming

20．请用一行代码实现 1~100 之和。

解答：

```
sum(range(1, 101))
```

21．L = [1, 2, 3, 22, 2, 1, 3, 2, 7] 怎么快速得到 [1, 2, 3, 22, 7]?

解答：

```
list(set(L))
```

22．写一个简单的定时器。

解答：

```
import datetime, time

def loopMonitor():
    while True:
        print(datetime.datetime.now())
        # 2s 检查一次
        time.sleep(3)

loopMonitor()
```

23．已知 numb = list(range(10))，求 numb[3:6:4]和 numb[3:6:-1]的结果。

解答：

```
>>>numb = list(range(10))
>>>numb[3:6:4]
[3]
>>>numb[3:6:-1]
[]
```

24．计算 n 个自然数的平方和。

解答：

```
def sumOfSeries(n):
    sum = 0
    for i in range(1, n + 1):
        sum += i * i

    return sum
```

```
print(sumOfSeries(10))

# 打印结果：385
```

25．计算 n 的阶乘 n！。

解答：

```
def factorial(n:int):
    if n < 0:
        return "Error: n has to be greater than 0"
    elif n == 0:
        return "0! = 1"
    else:
        f = 1
        for i in range(1, n + 1):
            f = f * i
        return str(n) + '! = ' + str(f)

print(factorial(6))

# 打印结果：6! = 720
```

26．对数组 list = [2, 17, 5, 3, 76, 23, 11]进行冒泡排序。

解答：

```
def bubbleSort(list):
    l = len(list)
    for i in range(l):
        for j in range(l-i-1):
            if list[j] > list[j+1]:
                list[j], list[j+1] = list[j+1], list[j]

list = [2, 17, 5, 3, 76, 23, 11]
bubbleSort(list)
print(list)
```

27．打印九九乘法表。

解答：

```
print('\n'.join('  '.join(['{}*{}={}'.format(i,j,i*j) for i in range(1,j+1
)])
for j in range(1,10)))
```

28．已知 num = int('111', 2)，num 的值是多少？

解答：

```
>>> num = int('111', 2)
>>> print(num)
7
>>>
```

29．求斐波那契数列前 n 项。

解答：

```
def fibonacci(n):
    a, b = 1, 1
    for _ in range(n):
        yield a
        a, b = b, a + b

list(fibonacci(6))
```

30．如下函数：

```
def hello(a=[]):
    a.append(1)
    return a
```

连续打印三次，结果是多少？

解答：

```
print(hello())
print(hello())
print(hello())

# 第一次打印结果：[1]
# 第二次打印结果：[1, 1]
# 第三次打印结果：[1, 1, 1]
```

31．什么是 lambda 函数？它有什么好处？

解答：lambda 表达式（lambda arguments : expression）通常是在需要一个函数但是又不想命名的场合下使用，也就是匿名函数。lambda 函数首要的用途是指比较短小的回调函数，如下所示的例子：

```
>>> x = lambda a, b : a * b
>>> x(3, 4)
12
```

32．Python 2 与 Python 3 的最大区别是什么？

解答：最核心的区别在编码上。Python 2 默认使用 ASCII 编码，所以 string 有两种类型（str 和 unicode）。Python 3 默认使用 utf-8 编码，只支持 unicode 的 string。

33．请解释一下局部变量和全局变量。

解答：全局变量是在整个 py 文件中声明，全局范围内都可以访问；局部变量是在某个函数中声明的，只能在该函数中调用，出了函数则不能访问。如果全局变量和局部变量命名相同，函数执行时会优先执行内部的局部变量。

34．如何在一个 function 里面设置一个全局变量？

解答：解决方法是在 function 的开始插入一个 global 声明，即：

```
def func():
    global x
```

35．线程与进程的关系是什么？

解答：

（1）一个线程只能属于一个进程，而一个进程可以包含多个线程。

（2）多线程共享同个地址空间、打开的文件以及其他资源，而多进程共享物理内存、磁盘、打印机以及其他资源。

（3）新线程的创建很简单而新进程的创建需要对父进程进行克隆。

（4）线程是指进程内的一个执行单元，也是进程内的可调度实体。

36．请说明线程与进程的区别。

解答：

（1）调度：线程作为调度和分配的基本单位，进程作为拥有资源的基本单位。

（2）并发性：进程之间可以进行并发，同一进程的多个线程之间也可以并发执行。

（3）拥有资源：进程拥有资源的一个独立单位，线程不拥有系统资源，但可以访问隶属于进程的资源。

（4）系统开销：在创建或撤销进程的时候，由于系统都要为之分配和回收资源，因此占用系统开销明显大于线程。但进程有独立的空间，进程崩溃后在保护模式下不会对其他的进程产生影响，而线程只是一个进程中的不同的执行路径。

37．什么是装饰器？

解答：装饰器是对其他函数在不需要做任何代码变动的前提下增加额外功能。本质上是 Python 的一个闭包函数，返回的是一个函数对象。有了装饰器就可以抽离出大量与函数功能本身无关的雷同代码并继续重用。

38．装饰器的作用是什么？

解答：

（1）不修改已有函数的源代码。

（2）不修改已有函数的调用方式。

（3）为已有函数添加额外的功能。

39．简述生成器、迭代器、可迭代对象。

解答：

生成器（generator）：列表元素可以按照某种算法推算出来（有规律的数组），可以在循环的过程中不断推算出后续的元素，这种方式不必创建完整的 list，可以节省大量的空间。Python 中这种一边循环一边计算的机制，称为生成器 generator。

迭代器（Iterator）：可以被 next()函数调用并不断返回下一个值的对象称为迭代器（Iterator）。

可迭代对象（Iterable）：可以直接作用于 for 循环的对象，包含集合数据类型列表（list）、元组（tuple）、字典（dict）、集合（set）、字符串（str），还包含生成器表达式和生成器函数。

40．怎样提高 Python 的运行效率？

解答：

（1）可以使用多进程、多线程和协程。

（2）多个 if⋯elif 使用时尽量将优先发生的判断写在前面，减少程序的判断。

（3）循环代码优化，避免过多重复代码的执行。

（4）使用生成器。

14.2　Selenium 题

1．什么是自动化测试？

解答：自动化测试是指把大量需要人工回归的用例由计算机代替执行的一种测试方式，即使用脚本控制计算机打开网页、单击链接、输入文字、单击按钮等模拟人工执行一系列操作，抓取并判断结果是否符合预期的过程。

2．自动化测试有什么优缺点？

解答：

优点：节省人力，执行速度快，随时都可执行，方便持续集成和持续交付。

缺点：成本较高，不太适合快速迭代的项目，一般执行原有固定逻辑，不容易发现新 bug，需要稳定的环境，对测试人员要求高。

3．项目开发中 Java 比 Python 使用的人多，为什么自动化测试选择 Python 而不是 Java？

解答：

（1）Web 自动化测试中主要使用的是 Selenium，而与 Selenium 结合使用时 Python 比 Java 更适合。

（2）在运行速度上 Java 比 Python 更慢。

（3）与 Java 相比，Python 更简单、更紧凑，测试人员更容易上手。

4．如何设计高质量的自动化测试脚本？

解答：

（1）使用 PO 设计模式，将一个页面用到的元素和操作步骤封装在一个页面类中。如果一个元素定位发生了改变，我们只用修改该页面的元素属性。

（2）对于页面类的方法，要从客户的角度进行正向逻辑分析，使每一个方法都是一个独立场景。

（3）在测试用例设计中，尽量减少测试用例之间的耦合度。

（4）使用分层设计结构。

5．你了解哪些自动化框架？使用过哪些框架？

解答：根据个人情况回答，比如单元测试框架 UnitTest、Pytest。

6．你了解哪些自动化测试模型？在工作中使用的是哪种模型？

解答：请根据个人情况回答，比如自动化测试模型有线性模型、模块化驱动模型、数据驱动模型、关键字驱动模型和行为驱动模型。

7．自动化测试一般用来做哪种类型的测试？

解答：主要做冒烟测试和回归测试，也做线上问题紧急对应的测试。通过自动化测试可以快速检查项目的功能逻辑，耗时短，速度快。

8．简单介绍一下 PO 模型？

解答：PO 模型即 Page Object 模型，中文称之为页面对象模型。它是将每一个页面作为一个 page class 类，页面中所有的测试元素封装成方法。在自动化测试过程中通过页面类得到元素方法从而对元素进行操作。这样可以将页面定位和业务操作分离，标准化了测试与页面的交互方式。通过对页面元素和功能模块封装可以减少冗余代码，同时利于后期维护和代码复用。

9．请简单介绍一下数据驱动模型？

解答：数据驱动模型是从某个数据文件（例如txt文件、Excel文件、CSV文件、数据库等）中读取输入或输出的测试数据，然后以变量的形式传入事先录制好的或手工编写好的测试脚本中。在这个过程中作为传递（输入/输出）的变量被用来验证应用程序的测试数据，而测试数据只包含在数据文件中并不是脚本里。测试脚本只是作为一个“驱动”，相同的测试脚本使用不同的测试数据来执行，测试数据和测试行为进行了完全的分离，这样的测试脚本设计模式叫做数据驱动模型。

10．你使用什么样的策略执行自动化用例？

解答：

（1）按照固定周期执行：每天、每周或每月构建一次。

（2）按照代码变动执行：每次代码更新后构建一次。

（3）按照版本执行：每次发布版本前构建一次。

11．简述Selenium的工作原理。

解答：Selenium启动以后，driver充当服务器的角色在client和浏览器之间通信，client根据webdriver协议发送请求给driver，driver解析请求并在浏览器上执行相应的操作，然后将执行结果返回给client。

12．简述Selenium的优点。

解答：

（1）支持c#、PHP、Java、Perl、Python等多种语言。

（2）支持不同的操作系统，如Windows、Linux和Mac OS。

（3）拥有强大的定位元素方法（Xpath、Id、CSS）。

（4）拥有谷歌支持的开发社区。

13．在使用Seleium的过程中如何提高脚本的执行效率？

解答：影响脚本执行速度有许多方面的原因，如网速、浏览器渲染机制、自动化测试用例步骤的烦琐程度、脚本中的等待时间、线程数等，所以不能单方面追求运行速度，要确保脚本稳定、保证测试质量才是关键。

在保证测试质量的情况下可以通过以下几个方面来提高速度：

（1）简化测试用例的操作步骤。

（2）使用 try 对异常进行处理。

（3）在允许的情况下使用selenium grid 分布式执行脚本。

（4）对于一些不稳定的控件，使用 JavaScript进行操作。

14．如何判断元素是否存在？

解答：判断元素是否存在，可通过使用try…except在HTML中查找该元素进行判断，如果except到NoSuchElementException，则返回False，即表明元素不存在。

15．如何判断元素是否显示？

解答：元素显示存在两种情况，一种是元素根本就不存在；另外一种是元素存在但是被隐藏掉，即处于hidden状态，这种情况可以使用is_displayed方法进行判断。

16．请解释一下什么是页面加载超时。

解答：selenium 中提供了 set_page_load_timeout(time)方法可设置页面加载超时时间。如果页面在加载中超过 time 时间还没有完成，则抛出页面加载超时的错误。

17．Selenium 操作时如何控制 a 链接是在当前页面打开还是重新打开一个页面？

解答：在 HTML 编码中，控制 a 链接在哪个页面打开是由属性 target=“_black”控制的。如果存在属性 target=“_black”，则会重新打开一个页面，反之在当前页面打开。因此可以借助 JavaScript 对属性 target=“_black”进行添加或移除而达到目的。

添加 target=“_black” 属性的方法如下：

```
js = "var el = document.getElementsByName('xxxx')[0];" \
     "el.setAttribute('target','_blank');"
driver.execute_script(js)
```

移除 target=“_black” 属性的方法如下：

```
js = "var el = document.getElementsByName('xxxx')[0];" \
     "el.removeAttribute('target');"
driver.execute_script(js)
```

18．Selenium 自动化测试过程中经常会遇到哪些异常？

解答：

（1）ElementNotSelectableException：元素不能选择。

（2）ElementNotVisibleException：元素不可见。

（3）NoSuchAttributeException：属性查找失败。

（4）NoSuchElementException：元素查找失败 。

（5）NoSuchFrameException：frame 查找失败。

（6）TimeoutException：超时。

（7）Element not visible at this point：在当前点元素不可见。

19．元素在页面中存在但是 Selenium 查找失败，可能存在的原因是什么？

解答：

（1）元素定位错误。

（2）未设置等待时间，造成页面还未加载完成程序已执行完成。

（3）嵌套的存在，元素可能被包含在 iframe/frame 里面。

（4）元素被遮挡，可以查找到但是操作失败。

（5）如果元素通过坐标定位，页面的变化也会受到影响。例如，在 Chrome 浏览器中下载一个文件会在页面下方出现下载记录，导致页面向上偏移，坐标出现错误。

20．怎么使用 Selenium 对表单进行提交?

解答：在表单元素上使用 submit 方法 form-element.submit( )；或者对执行表单提交的元素使用 click 方法 form-element.click( )。

21．Selenium 怎么上传图片？

解答：根据上传标签确定。如果上传的是 input 标签则可直接使用 send_key()方法。如果是非 input 标签则需要借助第三方工具 AutoIt 上传。

22．如何使用 Webdriver 判断页面中的图片是否损坏？

解答：

（1）首先定位到图片并且获取所有图片的链接。

（2）然后在页面中单击每一个图片链接。

（3）当单击图片链接后返回的状态码是404或500时，则认为图片已损坏。

23．XPath定位中使用单斜杠和双斜杠有什么区别？

解答：

以单斜杠开始则为绝对路径表达式，例如 “/ html / body / p”匹配段落元素。

以双斜杠开始则为相对路径表达式，例如 “// p”匹配段落元素。

24．Selenium支持用例执行的引擎吗？

解答：Selenium 没有关于测试用例和测试套件管理和执行的模块，如果要使用必须借助第三方单元测试框架来实现用例管理和用例的执行。例如，Unittest单元测试框架。

25．find_elements和find_element有什么区别?

解答：

find_element使用的“定位机制”是查找当前页面中的第一个元素，返回的是一个元素。

find_elements使用的“定位机制”是查找当前页面中的所有元素，返回的是一个元素列表。

26．time.sleep(3)和implicitly_wait(3)有什么区别？

解答：

time.sleep(3)时间固定，一定会等待3秒。implicitly_wait(3)，不一定要等待3秒，在等待的时间内只要设定的操作可以继续则立即进行下一步操作，但是最多等待3秒。

27．在id、name、class、xpath、css selector定位中，哪种定位方式用得最多，为什么？

解答：xpath和css定位灵活，几乎所有的定位都可以确定。

28．怎么定位Tooltip文本内容？

解答：Tooltip 也叫悬浮文本，一般是鼠标放在元素上面显示的说明或提示文本。定位时可使用Actions类中提供的方法move_to_element(element)，使鼠标移动到元素上，再通过get_attribute( )方法获取Tooltip的属性值。

29．怎么定位动态变化的元素？

解答：先找到离该元素最近的固定元素，然后通过css 或xpath定位方式根据父子关系、兄弟关系等关系进行定位，或者通过遍历查找进行定位。

30．关闭浏览器中quit和close有什么区别？

解答：quit和close都可以实现退出浏览器session功能。close是关闭当前聚焦的tab页面，而quit是关闭浏览器的全部tab页面，并退出浏览器session。

31．如何处理日历控件?

解答：如果是一个文本输入框，则可直接使用sendKeys()方法传入时间数据。如果可以定位到相关元素，则单击选择日期。还可借助JavaScript实现。

32．什么时候使用AutoIt?

解答：Selenium 主要是对浏览器上对应用程序进行操作，但是要处理应用程序中的 Window GUI和非HTML弹出窗口则需要借助AutoIt工具进行操作。

33．Selenium支持桌面应用软件的自动化测试吗？

解答：不支持。Selenium是定位Web页面元素，而桌面应用程序定位需要根据桌面元素的位置确认，两者定位是有区别的。

34．Selenium 存在哪些限制？

解答：Selenium 不支持桌面软件的自动化测试、软件测试报告的生成和用例管理，要想使用只能依赖第三方插件，例如 unittest。

由于是免费的软件，所以没有供应商提供支持和服务，如有问题只能求助 Selenium 社区。

Selenium 入门门槛高，需要具备一定的编程语言基础才能熟练使用。

35．自动化测试中常用的库有哪些？

解答：主要列举自动化测试过程中使用的库：

（1）requests：接口自动化。

（2）Selenium：Web UI 自动化。

（3）appium：App UI 自动化。

（4）re：正则表达式。

（5）其他一些库：随机数库 random、日志库 logging、日期和时间库 datetime 等。

36．自动化测试过程中产生的垃圾数据如何清理？

解答：可以通过操作清理的在后置操作 tearDown 中清理，不能通过正常操作清理的则需要连接数据库，做增删改查操作。

37．什么是 Selenium Server，它与 Selenium Hub 有什么不同？

解答：Selenium Server 是使用单个服务器作为测试节点的一个独立的应用程序，Selenium hub 则是用来代理一个或多个 Selenium 的节点实例。一个 hub 和多个 node 被称为 Selenium grid，运行 Selenium Server 与在同一主机上用一个 hub 和单个节点创建 de Selenium grid 类似。

38．简述什么是持续集成。

解答：持续集成是指多次将所有代码合并到一个共享的主干里，每次合并都会触发持续集成服务器进行自动构建，这个过程包括了编译、单元测试、集成测试、质量分析等步骤。如果构建失败则表示存在不合格的代码，以达到及时发现问题的目的。

39．在自动化开发中使用 Github 有什么好处？

解答：

（1）本地拥有自动化开发环境，随时可以对版本进行回退。

（2）方便建立分支。

（3）使用 Git 命令进行操作，简单快速。

14.3　开放性题

1．你为什么选择软件测试行业？

提示：建议从两个方面来回答，比如，自身方面比较喜欢和前景比较看好。

2．你对测试的兴趣在哪儿？

提示：工作有挑战性，工作时间越久经历越丰富，难度则越多。最好结合自己的实际经历谈，有理有据。

3．你有什么业余爱好？

4．你认为做好测试的关键在哪里？

提示：明确需求，切合实际，提升技能。利用“5w”规则给出切实可行的方案。

“5w”规则：what（怎么做）、why（为什么做）、when（什么时间）、where（什么地点）、how（怎么做）。

5．如何理解QA，谈一谈你对QA工作内容的理解？

6．结合自己的经验谈谈怎样才能做好测试？

7．你对自己的测试职业有什么规划？

提示：建议分两个部分说明，1~3年的短期规划和5年左右的长期规划。短期规划需要详细说明，长期规划概要说明。

8．谈谈自己的优点和缺点？

提示：优点随便谈，与工作相关的重点说明。

缺点要表达成自己的优点，最好表达成测试工程师普遍存在的缺点。例如，对项目框架不够了解，某些功能方法只知业务逻辑，代码实现过程知道的太少等。

9．与其他测试人员相比你的优点在哪里？

10．与其他测试人员相比你的缺点在哪里？

11．你认为在工作中什么因素是最重要的？

12．你是怎么安排自己工作的？

提示：按事情的轻重缓急进行安排。如果可能会出现完不成的情况，提前向上级说明情况。

13．作为软件测试工程师，应该具备哪些素质和技能？

提示：比如，沉稳、仔细等，建议举例说明。

14．依你对软件测试行业的了解，你觉得未来软件测试行业的发展趋势是怎么样的？

15．你认为你为什么能做好测试？

16．你认为测试人员与开发人员在沟通中如何提高沟通效率和改善沟通的效果？

提示：真诚，尽量面对面地沟通。注意表达的方式和态度。

17．我们公司的测试人员不但需要和开发、运维等人员进行沟通，还需要和客户直接沟通，面对不同的对象，你怎么获得他们的支持和帮助？

建议的回答：真诚、平易待人。

18．维持测试人员在团队中的良好人际关系的关键在哪里？

建议的回答：真诚、团队精神、相互有共同的语言。

19．你最近在读什么书？

提示：可从两方面来回答。一方面回答技术类的书籍，用来提高自身能力；另一方面回答自己喜欢的书籍，做一个有涵养的人。

20．你最喜欢哪本书，为什么？

21．你平时都看哪些技术博客/论坛？

22．谈谈你之前是怎么写自动化测试脚本的？

提示：有重点，有来龙去脉，真实的表达。

23．怎么看待加班？

提示：加班允许，但是会利用自身的能力做到减少加班，甚至避免加班。

24．每天早上八点上班，并且需要加班和出差，可以接受吗？

25．在技术方面，你最擅长哪方面？

26．你平时是怎么提升自己的？

提示：持续学习。在工作中、实际项目上学习，工作外能力的提升。

27．你一般怎么解决工作中遇到的问题？

提示：具体问题具体分析。业务上的查看项目文档，理解不透彻的情况下请教熟悉业务的同事。技术上的问题自己先查找资料解决，还是解决不了的话请教前辈。不管什么问题，首先要自己尝试解决。

28．你在上一家公司，领导、同事对你的评价怎样？

29．你觉得你的上一家公司怎么样？

30．谈谈你对我们公司的初步形象？

31．谈谈你对公司有什么期望？

提示：从两方面回答，公司层面和个人层面。

32．你对我们公司了解吗？

33．谈谈为什么从上一家公司离职？

提示：公司原因和个人原因两方面谈。多谈客观原因，尽量不要设计主观思想。要以感恩的心态做正能量的评价。

34．对跳槽有什么看法？

提示：分两种情况，正常的跳槽和非正常的跳槽。正常的跳槽对个人对行业都有促进的作用。非正常的跳槽会扰乱公司秩序，影响公司和个人利益。

35．你平时是怎么和上级进行交流的？

提示：提问、汇报都在自己做了充分准备后进行的。

36．与上级意见不一致的时候，怎么办？

提示：沟通非常重要，明确地向上级表明自己的意见和担心所在，一般问题服从上级安排。如果上级的意见可能会造成非常严重的后果，与更高层领导进行交流。

37．在薪资上有什么要求？

38．你这次选择工作主要考虑哪些因素？

提示：坦率地说明个人的利益，有说服力的进步要求，要以正确的择业观表达。

39．你之前的公司有没有技术分享、生活分享等分享会议？频率怎么样？

40．你觉得在公司进行技术分享有必要吗？为什么？

提示：分享是很有必要，但要根据公司的实际情况而定。

41．你在上一家公司最大的收获是什么？

提示：工作上和生活上，举例说明。

42．除了来这儿面试，你还去过哪些公司面试？

43．你怎么看待团队协作的？

提示：一致的目标，合理的分工，资源共享，协作增效。

附录1

示例代码

示例代码是本书对部分知识点的示例演示，可在 GitHub 中获取。GitHub 下载地址：https://github.com/tynam-yang/AutoTestExample。

示例结构说明：

projectAutoTest 目录下有两个目录 projectHtml 和 projectTest，projectHtml 和 projectTest 目录下以 chapter 开头命名的目录为对应的章节。

- projectHtml：示例中所使用的 HTML 脚本。
- projectTest：示例中所产生的 py 文件和项目结构。

示例代码对应表如表附录 1-1 所示。

表附录 1-1 示例代码对应表

HTML 代码	应用位置	py 文件	py 文件说明
projectHtml/chapter1/period2/index.html	1.2 第一个项目	projectTest/chapter1/period2/period2.py	第一个项目示例操作
projectHtml/chapter3/period3.html	3.3 元素定位	projectTest/chapter3/period3.py	元素定位示例操作
projectHtml/chapter3/period4.html	3.4 定位一组元素	projectTest/chapter3/period4.py	定位一组元素，多选框示例操作
projectHtml/chapter3/period5-1-1.html	3.5.12 切换浏览器窗口	projectTest/chapter3/period5-1.py	浏览器窗口切换
projectHtml/chapter3/period5-2.html	3.5.13 滚动条操作	projectTest/chapter3/period5-2.py	滚动条操作
projectHtml/chapter3/period5-3.html	3.6.7 对象显示状态 3.6.8 对象编辑状态 3.6.9 对象选择状态	projectTest/chapter3/period5-3.py	元素显示状态、输入框编辑状态、元素选中状态

（续表）

HTML 代码	应用位置	py 文件	py 文件说明
projectHtml/chapter3/period7.html	3.7 键盘操作	projectTest/chapter3/period7.py	模拟键盘操作
projectHtml/chapter3/period9.html	3.9 下拉框操作	projectTest/chapter3/period9.py	下拉列表框选择元素
projectHtml/chapter3/period10-1.html	3.10.1 Windows 弹窗 3.10.2 非 Windows 弹窗	projectTest/chapter3/period10-1.py	Windows 弹窗操作
		projectTest/chapter3/period10-2.py	非 Windows 弹窗操作
projectHtml/chapter3/period10-2.html	3.10.3 frame 与 iframe 操作	projectTest/chapter3/period10-3.py	iframe 操作
projectHtml/chapter3/period11.html	3.11 文件上传操作	projectTest/chapter3/period11-1.py	send_keys 文件上传
		projectTest/chapter3/period11-2.py	AutoIt 工具文件上传
		projectTest/chapter3/period11-3.py	WinSpy 工具文件上传
projectHtml/chapter3/period12/period12.html	3.12 文件下载操作	projectTest/chapter3/period12.py	文件下载
	4.2 Test fixture	projectTest/chapter4/period2.py	测试数据的准备与销毁
	4.3 Test Case	projectTest/chapter4/period3.py	测试用例
	4.4 断言 Assert	projectTest/chapter4/period4.py	测试断言
	4.6 TestLoader	projectTest/chapter4/period6/main.py	测试用例添加到测试套件（TestSuit）
	4.8 生成 HTML 报告	projectTest/chapter4/period8/main.py	HTML 报告生成
	7.5 邮件模块 smtplib	projectTest/chapter7/period5.py	邮件模块 smtplib 的使用
	7.6 日志模块 logging	projectTest/chapter7/period6.py	日志 logging 模块的使用
	7.7 CSV 文件读写模块 CSV	projectTest/chapter7/period7/period7.py	CSV 文件的读写
projectHtml/chapter8/index.html	第 8 章数据驱动模型及项目应用	projectTest/chapter8	数据驱动目录结构及测试 py 文件
projectHtml/chapter9/period4-1/index.html	9.4.2 Tab 切换		
projectHtml/chapter9/period4-2/index.html	9.4.3 多级菜单		

（续表）

HTML 代码	应用位置	py 文件	py 文件说明
projectHtml/chapter9/period4-5/index.html	9.4.5 分页		
		projectTest/chapter9	PO 模型，目录结构及测试 py 文件

附录 2

项目搭建

本书在对一些概念、方法和模型进行说明时用到了一个 TYNAM 后台管理系统，但是没有明确该项目具体是怎么搭建的，在此做一下补充说明。项目存放地址为：https://github.com/tynam-yang/AutoTestProject，具体安装步骤如下：

（1）使用 git clone https://github.com/tynam-yang/AutoTestProject.git 将项目下载到本地。

```
TynamYang@DESKTOP-3RU7SKH MINGW64 ~/Desktop
$ git clone https://github.com/tynam-yang/AutoTestProject.git
```

（2）本地安装 nodeJs 程序。进入 nodeJs 下载页面 https://nodejs.org/en/download/，如图附录 2-1 所示，选择适配平台下载，下载后直接安装即可。

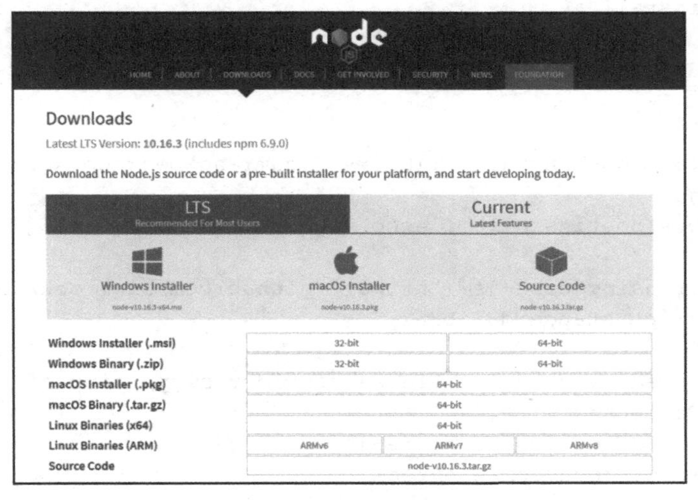

图附录 2-1　NodeJs 下载

使用 node –v 命令可查看是否安装成功。

使用 npm –v 命令可查看 npm 管理工具是否安装成功。

```
C:\Users\TynamYang>node -v
v10.16.3

C:\Users\TynamYang>npm -v
6.9.0
```

（3）使用 VS code 打开项目。

VS code 中选择【File】>>【Open Folder】打开项目，如图附录 2-2 所示。

选择【Terminal】>>【New Terminal】打开命令行。

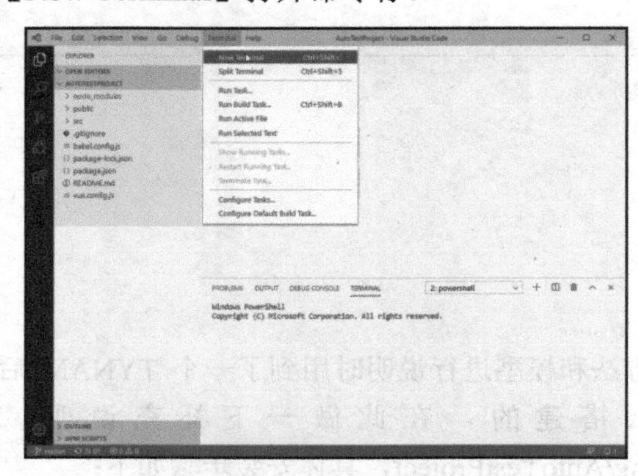

图附录 2-2　vscode 中打开项目

在命令行中输入 npm install 命令安装项目所依赖的包。

```
PS C:\Users\TynamYang\Desktop\AutoTestProject> npm install

> yorkie@2.0.0 install C:\Users\TynamYang\Desktop\AutoTestProject\node_mod
ules\yorkie
> node bin/install.js

setting up Git hooks
done

> core-js@2.6.9 postinstall C:\Users\TynamYang\Desktop\AutoTestProject\nod
e_modules\core-js
> node scripts/postinstall || echo "ignore"

Thank you for using core-js ( https://github.com/zloirock/core-js ) for po
lyfilling JavaScript standard library!

The project needs your help! Please consider supporting of core-js on Open
 Collective or Patreon:
> https://opencollective.com/core-js
> https://www.patreon.com/zloirock

Also, the author of core-js ( https://github.com/zloirock ) is looking for
 a good job -)
```

```
    npm WARN optional SKIPPING OPTIONAL DEPENDENCY: fsevents@1.2.9 (node_modul
es\fsevents):
    npm WARN notsup SKIPPING OPTIONAL DEPENDENCY: Unsupported platform for fse
vents@1.2.9: wanted {"os":"darwin","arch":"any"} (current: {"os":"win32","arch
":"x64"})

    added 1230 packages from 930 contributors in 46.022s
    PS C:\Users\TynamYang\Desktop\AutoTestProject>
```

在命令行中输入 npm run serve 命令运行项目，运行后可以看到访问的 URL 为 http://localhost:21915 或 http://10.32.1.186:21915，如下所示：

```
PS C:\Users\TynamYang\Desktop\AutoTestProject> npm run serve

> my-project@0.1.0 serve C:\Users\TynamYang\Desktop\AutoTestProject
> vue-cli-service serve

 INFO  Starting development server...
 98% after emitting CopyPlugin

 DONE  Compiled successfully in 5559ms

  App running at:
  - Local:   http://localhost:21915
  - Network: http://10.32.1.186:21915

  Note that the development build is not optimized.
  To create a production build, run npm run build.
```

在浏览器中访问 http://localhost:21915 进入项目，结果如图附录 2-3 所示。

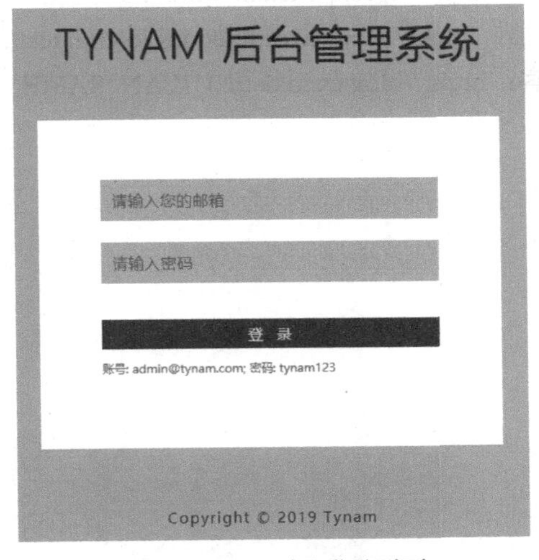

图附录 2-3　项目登录页面

参考文献

1．[美]AI Sweigart. Python 编程快速上手——让繁琐工作自动化. 王海鹏，译. 北京：人民邮电出版社，2016.

2．[印]冈迪察. U. Selenium 自动化测试——基于 Python 语言. 金鑫，熊志男，译. 北京：人民邮电出版社，2018.

3．陈冬严，绍杰明，王东刚，蒋涛. 精通自动化测试框架设计. 北京：人民邮电出版社，2016.

4．朱菊，王志坚，杨雪. 基于数据驱动的软件自动化测试框架. 计算机技术与发展. 2006，16（5）：68—70.

5．Python 3.7 官方指导文档：https://docs.python.org/3.7/tutorial/index.html.

6．w3school 网站：https://www.w3school.com.cn/.

7．Selenium 开发指导文档：https://selenium.dev/selenium/docs/api/py/index.html.

8．Selenium Grid 官方文档：https://github.com/SeleniumHQ/selenium/wiki/Grid2.

9．Git 官方指导文档：https://git-scm.com/book/zh/v2.

10．GitHub 官方指导文档：https://guides.github.com/activities/hello-world/.

11．Jenkins 官方指导文档：https://jenkins.io/zh/doc/.

12．Pytest 指导文档：https://www.osgeo.cn/pytest/.

13．Allure 官方指导文档：https://docs.qameta.io/allure.

14．Behave 官方指导文档：https://behave.readthedocs.io/en/latest/.

15．CSDN 网站灰蓝博客：https://blog.csdn.net/HUILAN_SAME.